U0291878

安徽省安装工程计价定额

（第三册·下）

静置设备与工艺金属结构
制作安装工程

主编部门：安徽省建设工程造价管理总站

批准部门：安徽省住房和城乡建设厅

施行日期：2018年1月1日

中国建材工业出版社

目　录

第三章　金属储罐制作安装

第四章 球形罐组对安装

第五章 气柜制作安装

第六章 工艺金属结构制作安装

第七章 撬块安装

第八章 综合辅助项目

第三章 金属储罐制作安装

说　　明

一、本章内容包括顶罐、浮顶罐、内浮顶罐的预制安装，储罐附件安装，储罐水压试验及储罐胎具预制、安装、拆除等工作。其中空气泡沫产生器安装，喷淋冷却管线、泡沫管线及反射板预制安装仅适用于储罐、球罐本体附属工程。

本章按地上储罐编制，不适用于地下、半地下或洞内储罐施工。

二、每个项目除标注的工作内容外，均包括施工准备、场内运输以及现场清理工作。

三、本章不包括以下工作内容：

1. 除锈、刷油、防腐、保温及衬里工程。

2. 罐体外防雷接地。

3. 无损探伤。

4. 钢板卷材的开卷平直。

5. 储罐基础工程。

6. 平台、梯子、栏杆、扶手的制作安装。

7. 机加工件、锻件的外委加工费用。

8. 储罐壁板的复验，包括化学成分、力学性能及焊接工艺评定。

9. 预热、后热及热处理。

10. 阴极保护工程。

11. 储罐标定费用。

12. 罐本体以外各类系统的安装。

13. 现场组装平台铺设与拆除、卷材场外成品运输等辅助项目。

14. 水压试验排水管线的安装拆除。

四、储罐预制安装项目是按一个工地同时建造同系列两座以上（含两座）储罐考虑的，如果只建造一座时，人工、机械乘以系数1.25。

五、整体充水试压是按同容量两座以上（含两座）储罐连续交替试压考虑的，如只有一座储罐单独试压时，人工、水、机械均乘以系数1.3；水压试验用水为未计价材料。

六、内浮顶储罐与拱顶储罐的水压试验同列为一个子目，但内浮顶储罐水压试验中的人工、机械应乘以系数1.1。

七、浮顶罐船舱胎具制作中150000 m³储罐按照100000 m³储罐的单座定额乘以系数1.38。

八、储罐附件均成成品合格件供货考虑，如附件到货不带孔颈或加强板时，在计算主材费时应单列孔颈和加强板的费用。

3

九、储罐附件如为自制，仍按外购件价格计算费用。

十、本章储罐施工方法已做了综合考虑，如采用不同施工方法时，消耗量不得调整。

十一、储罐预制安装的主要材料损耗率按下表计算：

主要材料及名称	供 应 条 件	损耗率（%）
平板	设计选用的规格钢板	5
	非设计选用的规格钢板	按实际情况
毛边钢板	一	按实际情况
型钢	设计选用的规格钢板	5

主要材料及名称	供 应 条 件	损耗率（%）
钢管	设计选用的规格钢板	3.5
卷板	卷筒钢板	按钢板卷材平直项目执行
不锈钢钢板	设计选用的规格钢板	6.5
	非设计选用的规格钢板	按实际情况确定

十二、储罐胎具包括在罐主体预制安装项目内，按规定摊销量分别列项进入消耗量定额。胎具均能重复使用，每套胎具的预制项目按一个工地同一时期安装同结构、同容量的台数一次摊入，并规定胎具的周转次数，即：如同一工地建造的同结构、同容量的台数在周转使用次数范围以内，按配置一套计算，批量超过周转使用次数范围时，可增加计算一套。胎具的周转使用次数详见下表：

序号	胎 具 项 目	适用储罐容量（m³）	周转使用次数
1	立式储罐壁板卷弧胎具制作	100～150000	一个工地一套
2	拱顶、内浮顶储罐顶板预制胎具制作	100～20000	一个工地一套
3	拱顶、内服定储罐顶板组装胎具制作	100～100000	10
4	拱顶、内浮顶储罐顶板组装胎具安装、拆除	100～100000	每座罐计算一次
5	拱顶、内浮顶储罐钢制浮盘组装胎具制作	100～10000	10
6	拱顶、内浮顶储罐钢制浮盘组装胎具安装、拆除	100～10000	每座罐计算一次
7	浮顶储罐内脚手架正装胎具制作	3000～150000	10
8	浮顶储罐内脚手架正装胎具安装、拆除	3000～150000	每座罐计算一次
9	浮顶储罐外教授级正装胎具安装、拆除	50000～150000	每座罐计算一次

| 10 | 浮顶储罐船舱预制胎具制作 | 3000～150000 | 10 |

十三、储罐板幅调整说明：

1. 底板幅调整

序号	罐容积（m³）	每块中幅板（m）		
		长	宽	周长
1	5000	6.4	1.6	16
2	30000	12	1.8	27.6
3	50000 对接	12.5	2.2	29.4
4	100000 对接	14.78	2.98	35.52
5	150000 对接	13.78	2.78	33.12

每块中幅板周长不足或超过上表时，执行底板板幅调整相应项目，如周长减少，人工、材料、机械增加，如周长增加，人工、材料、机械减少。罐底边缘板板幅变化不予调整。

底板板幅调整计量单位为"10t"，工程量按整个储罐中幅板重量计算。

2. 壁板板幅调整：

序号	储罐容量（m³）	每块板长×宽（m）	每座罐节数	平均每节张数
1	5000	6.4×1.6	8	11
2	30000	11.8×1.8	9	13
3	50000	11.8×2.45	8	16
4	100000	12.57×2.45	9	20
5	150000	14.65×2.4	10	20

如壁板节数和张数不足或超过上表时，执行壁板板幅调整相应项目。节数、张数增加，人工、材料、机械增加。节数、张数减少，人工，材料、机械减少。

十四、罐体手段用料制作摊销项目是按内脚手架正装的施工方法考虑的，按罐容量分别以"座"计量，定额不得调整。

十五、除已列出手段用料制作摊销项目以外的胎具、工卡具手段用料已按摊销量分别计入底板、壁板、浮船预制安装项目中，不得另计。

十六、50000 m³以上（含 50000 m³）内浮顶钢制浮盘组装胎具制作、安装、拆除，发生时按实际价格计取，10000 m³～50000 m³内浮顶钢制浮盘组装胎具制作、安装、拆除套用 10000 m³的定额子目。

工程量计算规则

一、罐本体制作安装

1.区别不同构造形式和储罐容量。按设计排版图（如无设计排版图时，可按经过批准的制作下料排版图）所示几何尺寸计算金属重量，以"t"为计量单位。

2.罐本体的金属重量包括底板、罐壁板、罐顶板（浮顶、网壳顶）、包边角钢、加强圈、抗风圈以及罐体上垫板、补强板等总重量，50000 ㎥（含 50000 ㎥）以上不包括加强圈、抗风圈。

3.罐本体按构造部位的几何尺寸的实际面积展开计算，但不扣除罐体上所有开孔所占面积。

4.罐本体消耗量均不包括附件、加热器、胎具和压力试验等的工作内容，以上各项均另列计算。

5.储罐上的梯子、平台、栏杆另执行其他相关定额。

二、附件安装

1.附件安装区分不同种类、规格、型号，分别规定以"个""套""台""t""10m"等为计量单位。

2.储罐搅拌器安装，按照整体到货考虑，散件到货组装，定额乘以系数 1.5。

三、加热器制作安装

1.排管式加热器以"10 个"为计量单位。

2.盘管式加热器以"10m"为计量单位。

3.加热器联接管以"10 个"为计量单位。

4.加热器支座制作，按不同构造分别以"10 个"为计量单位。

四、储罐水压试验，区别不同的容量以"座"为计量单位。定额内已包括储罐至试压泵临时水管线敷设、拆除及材料摊销量，不包括水源地至试压泵前水箱的临时管线敷设，拆除。

五、胎具的制作，安装及拆除

1.胎具按储罐不同构造，不同施工方法和不同规格，分别以"座"、"套"为计量单位。

2.按定额规定储罐胎具摊销次数及材料摊销量，不得调整。

一、拱顶油罐制作、安装

1.搭接式拱顶油罐制作安装

工作内容：散板堆放、放样号料、切割、坡口、卷弧、摵制、吊装、组对焊接、打磨、试漏等。

计量单位：t

定 额 编 号			A3-3-1	A3-3-2	A3-3-3	A3-3-4
项 目 名 称			油罐容量(m³以内)			
			100	200	300	400
基 价（元）			3153.86	3014.86	2663.98	2453.60
其中	人 工 费（元）		812.42	944.30	701.26	666.12
	材 料 费（元）		167.87	159.76	156.46	152.79
	机 械 费（元）		2173.57	1910.80	1806.26	1634.69
名 称	单位	单价(元)	消 耗 量			
人工 综合工日	工日	140.00	5.803	6.745	5.009	4.758
材料 白垩	kg	0.35	1.120	1.110	1.100	1.080
低碳钢焊条	kg	6.84	13.960	12.950	12.530	12.160
煤油	kg	3.73	1.390	1.380	1.370	1.350
木方	m³	1675.21	0.010	0.010	0.010	0.010
尼龙砂轮片 φ150	片	3.32	3.490	3.630	3.780	3.930
氧气	m³	3.63	3.660	3.520	3.430	3.250
乙炔气	kg	10.45	1.220	1.170	1.140	1.080
其他材料费占材料费	%	—	8.000	8.000	8.000	8.000
机械 半自动切割机 100mm	台班	83.55	0.638	0.628	0.495	0.486
电动空气压缩机 6m³/min	台班	206.73	0.590	0.581	0.571	0.562
电焊条恒温箱	台班	21.41	0.521	0.493	0.464	0.430
电焊条烘干箱 75×105×135cm³	台班	68.00	0.521	0.493	0.464	0.430
剪板机 20×2500mm	台班	333.30	0.162	0.105	0.086	0.067
卷板机 30×2000mm	台班	352.40	0.048	0.048	0.048	0.048
汽车式起重机 16t	台班	958.70	1.285	1.095	1.057	0.933
载重汽车 10t	台班	547.99	0.343	0.286	0.248	0.228
真空泵 204m³/h	台班	57.07	0.067	0.067	0.067	0.067
直流弧焊机 32kV·A	台班	87.75	5.209	4.922	4.635	4.296

工作内容：散板堆放、放样号料、切割、坡口、卷弧、揣制、吊装、组对焊接、打磨、试漏等。

计量单位：t

定 额 编 号				A3-3-5	A3-3-6	A3-3-7
项 目 名 称				油罐容量（m³以内）		
				500	700	1000
基 价 （元）				2241.00	2197.65	2064.79
其中	人 工 费 （元）			648.20	639.66	625.10
	材 料 费 （元）			151.55	157.52	178.08
	机 械 费 （元）			1441.25	1400.47	1261.61
名 称		单位	单价（元）	消 耗 量		
人工	综合工日	工日	140.00	4.630	4.569	4.465
材料	白垩	kg	0.35	1.070	1.074	0.979
	低碳钢焊条	kg	6.84	12.020	11.873	12.775
	煤油	kg	3.73	1.340	1.340	1.197
	木方	m³	1675.21	0.010	0.014	0.014
	尼龙砂轮片 φ150	片	3.32	4.090	4.284	4.284
	碳精棒 φ8～12	根	1.27	—	—	11.590
	氧气	m³	3.63	3.150	3.040	2.860
	乙炔气	kg	10.45	1.050	1.010	0.950
	其他材料费占材料费	%	—	8.000	8.000	8.000
机械	半自动切割机 100mm	台班	83.55	0.164	0.164	0.162
	电动空气压缩机 6m³/min	台班	206.73	0.552	0.533	0.524
	电焊条恒温箱	台班	21.41	0.396	0.393	0.389
	电焊条烘干箱 75×105×135cm³	台班	68.00	0.396	0.393	0.389
	剪板机 20×2500mm	台班	333.30	0.029	0.021	0.019
	卷板机 30×2000mm	台班	352.40	0.048	0.048	0.038
	汽车式起重机 16t	台班	958.70	0.809	0.777	0.647
	载重汽车 10t	台班	547.99	0.228	0.228	0.219
	真空泵 204m³/h	台班	57.07	0.057	0.057	0.057
	直流弧焊机 32kV·A	台班	87.75	3.962	3.925	3.894

工作内容：散板堆放、放样号料、切割、坡口、卷弧、揻制、吊装、组对焊接、打磨、试漏等。

计量单位：t

定额编号				A3-3-8	A3-3-9	A3-3-10
项目名称				油罐容量(m^3以内)		
				2000	3000	5000
基价（元）				1855.99	1723.28	1692.75
其中	人工费（元）			521.08	466.06	398.44
	材料费（元）			177.05	174.43	171.83
	机械费（元）			1157.86	1082.79	1122.48
名称		单位	单价(元)	消耗量		
人工	综合工日	工日	140.00	3.722	3.329	2.846
材料	白垩	kg	0.35	0.855	0.713	0.656
	低碳钢焊条	kg	6.84	13.648	13.881	14.783
	煤油	kg	3.73	1.074	0.893	0.817
	木方	m^3	1675.21	0.014	0.014	0.012
	尼龙砂轮片 Φ150	片	3.32	3.820	3.820	3.715
	碳精棒 Φ8～12	根	1.27	10.260	9.405	8.265
	氧气	m^3	3.63	2.410	2.090	1.660
	乙炔气	kg	10.45	0.800	0.700	0.550
	其他材料费占材料费	%	—	8.000	8.000	8.000
机械	半自动切割机 100mm	台班	83.55	0.164	0.129	0.129
	电动空气压缩机 $6m^3/min$	台班	206.73	0.495	0.447	0.400
	电焊条恒温箱	台班	21.41	0.361	0.337	0.265
	电焊条烘干箱 $75\times105\times135cm^3$	台班	68.00	0.361	0.337	0.265
	剪板机 20×2500mm	台班	333.30	0.007	0.007	0.007
	卷板机 30×2000mm	台班	352.40	0.038	0.038	0.029
	汽车式起重机 16t	台班	958.70	0.578	0.538	0.396
	载重汽车 10t	台班	547.99	0.219	0.219	0.209
	真空泵 $204m^3/h$	台班	57.07	0.054	0.050	0.043
	直流弧焊机 32kV·A	台班	87.75	3.608	3.363	5.654

2. 对接式拱顶油罐制作安装

工作内容：散板堆放、放样号料、切割、坡口、卷弧、揾制、吊装、组对焊接、打磨、试漏等。

计量单位：t

定 额 编 号			A3-3-11	A3-3-12	A3-3-13	A3-3-14
项 目 名 称			油罐容量（m³以内）			
			100	200	300	400
基 价（元）			3458.26	3098.89	2944.28	2720.68
其中	人 工 费（元）		987.70	896.00	852.46	809.90
	材 料 费（元）		222.06	219.65	215.62	209.82
	机 械 费（元）		2248.50	1983.24	1876.20	1700.96
名 称	单位	单价（元）	消 耗 量			
人工	综合工日	工日	140.00	7.055	6.400	6.089	5.785
材料	白垩	kg	0.35	1.120	1.110	1.100	1.080
	低碳钢焊条	kg	6.84	20.260	19.670	18.860	17.800
	煤油	kg	3.73	1.390	1.380	1.370	1.350
	木方	m³	1675.21	0.010	0.010	0.010	0.010
	尼龙砂轮片 φ150	片	3.32	3.490	3.630	3.780	3.930
	氧气	m³	3.63	4.660	4.840	5.040	5.240
	乙炔气	kg	10.45	1.550	1.620	1.680	1.750
	其他材料费占材料费	%	—	8.000	8.000	8.000	8.000
机械	半自动切割机 100mm	台班	83.55	0.638	0.628	0.495	0.486
	电动空气压缩机 6m³/min	台班	206.73	0.590	0.581	0.571	0.562
	电焊条恒温箱	台班	21.41	0.521	0.493	0.464	0.430
	电焊条烘干箱 75×105×135cm³	台班	68.00	0.521	0.493	0.464	0.430
	剪板机 20×2500mm	台班	333.30	0.162	0.105	0.086	0.067
	卷板机 30×2000mm	台班	352.40	0.048	0.048	0.048	0.048
	汽车式起重机 16t	台班	958.70	1.285	1.095	1.057	0.933
	载重汽车 10t	台班	547.99	0.343	0.286	0.248	0.228
	真空泵 204m³/h	台班	57.07	0.067	0.067	0.067	0.067
	直流弧焊机 32kV·A	台班	87.75	5.209	4.922	4.635	4.296
	轴流通风机 30kW	台班	131.23	0.571	0.552	0.533	0.505

工作内容：散板堆放、放样号料、切割、坡口、卷弧、揿制、吊装、组对焊接、打磨、试漏等。

定　额　编　号			A3-3-15	A3-3-16	A3-3-17	A3-3-18
项　目　名　称			油罐容量(m³以内)			
			500	700	1000	2000
基　　　　价（元）			2487.34	2416.35	2288.76	2060.12
其中	人　工　费（元）		788.06	756.28	754.46	630.14
	材　料　费（元）		195.56	203.44	219.02	222.12
	机　械　费（元）		1503.72	1456.63	1315.28	1207.86
名　　　称	单位	单价（元）	消　　耗　　量			
人工 综合工日	工日	140.00	5.629	5.402	5.389	4.501
材料 白垩	kg	0.35	1.070	1.070	0.979	0.855
低碳钢焊条	kg	6.84	15.580	15.580	15.620	16.856
煤油	kg	3.73	1.340	1.340	1.197	1.074
木方	m³	1675.21	0.010	0.014	0.014	0.014
尼龙砂轮片 φ150	片	3.32	4.090	4.284	4.284	3.820
碳精棒 φ8～12	根	1.27	—	—	11.590	10.260
氧气	m³	3.63	5.450	5.449	5.449	5.188
乙炔气	kg	10.45	1.820	1.816	1.816	1.729
其他材料费占材料费	%	—	8.000	8.000	8.000	8.000
机械 半自动切割机 100mm	台班	83.55	0.164	0.164	0.162	0.164
电动空气压缩机 6m³/min	台班	206.73	0.552	0.533	0.524	0.495
电焊条恒温箱	台班	21.41	0.396	0.393	0.389	0.361
电焊条烘干箱 75×105×135cm³	台班	68.00	0.396	0.393	0.389	0.361
剪板机 20×2500mm	台班	333.30	0.029	0.021	0.019	0.007
卷板机 30×2000mm	台班	352.40	0.048	0.048	0.038	0.038
汽车式起重机 16t	台班	958.70	0.809	0.777	0.647	0.578
载重汽车 10t	台班	547.99	0.228	0.228	0.219	0.219
真空泵 204m³/h	台班	57.07	0.057	0.057	0.057	0.054
直流弧焊机 32kV·A	台班	87.75	3.962	3.925	3.894	3.608
轴流通风机 30kW	台班	131.23	0.476	0.428	0.409	0.381

工作内容：散板堆放、放样号料、切割、坡口、卷弧、撮制、吊装、组对焊接、打磨、试漏等。

计量单位：t

定 额 编 号				A3-3-19	A3-3-20	A3-3-21
项 目 名 称				油罐容量（m³以内）		
				3000	5000	10000
基 价（元）				1904.97	1590.51	1445.18
其中	人 工 费（元）			557.20	480.20	409.92
	材 料 费（元）			218.79	211.05	220.10
	机 械 费（元）			1128.98	899.26	815.16
名 称		单位	单价（元）	消 耗 量		
人工	综合工日	工日	140.00	3.980	3.430	2.928
材料	白垩	kg	0.35	0.713	0.656	0.447
	低碳钢焊条	kg	6.84	16.755	16.625	18.494
	煤油	kg	3.73	0.893	0.817	0.551
	木方	m³	1675.21	0.014	0.012	0.012
	尼龙砂轮片 φ150	片	3.32	3.820	3.715	3.700
	碳精棒 φ8～12	根	1.27	9.405	8.265	7.125
	氧气	m³	3.63	5.106	4.990	4.586
	乙炔气	kg	10.45	1.702	1.663	1.627
	其他材料费占材料费	%	—	8.000	8.000	8.000
机械	半自动切割机 100mm	台班	83.55	0.129	0.129	0.129
	电动空气压缩机 6m³/min	台班	206.73	0.447	0.400	0.333
	电焊条恒温箱	台班	21.41	0.337	0.265	0.250
	电焊条烘干箱 75×105×135cm³	台班	68.00	0.337	0.265	0.250
	剪板机 20×2500mm	台班	333.30	0.007	0.007	0.007
	卷板机 30×2000mm	台班	352.40	0.038	0.029	0.019
	汽车式起重机 16t	台班	958.70	0.538	0.396	0.345
	载重汽车 10t	台班	547.99	0.219	0.209	0.209
	真空泵 204m³/h	台班	57.07	0.050	0.043	0.036
	直流弧焊机 32kV·A	台班	87.75	3.363	2.654	2.499
	轴流通风机 30kW	台班	131.23	0.352	0.305	0.286

工作内容：散板堆放、放样号料、切割、坡口、卷弧、捆制、吊装、组对焊接、打磨、试漏等。

计量单位：t

定　额　编　号			A3-3-22	A3-3-23	A3-3-24
项　目　名　称			油罐容量（m³以内）		
			20000	30000	50000
基　　　　价（元）			1306.99	1236.15	1464.24
其中	人　工　费（元）		337.40	314.44	252.84
	材　料　费（元）		201.09	197.25	180.98
	机　械　费（元）		768.50	724.46	1030.42
名　　　称		单位	单价（元）	消　　耗　　量	
人工	综合工日	工日	140.00	2.410	2.246	1.806
材料	白垩	kg	0.35	0.400	0.380	0.250
	低碳钢焊条	kg	6.84	16.813	15.904	10.406
	二氧化碳气体	m³	4.87	—	—	0.682
	埋弧焊剂	kg	21.72	—	—	0.567
	煤油	kg	3.73	0.432	0.388	0.350
	木方	m³	1675.21	0.013	0.014	0.008
	尼龙砂轮片 φ150	片	3.32	3.500	3.400	3.200
	碎焊丝 H08A	kg	7.69	—	—	0.378
	碳钢 CO_2 焊丝	kg	7.69	—	—	1.287
	碳钢埋弧焊丝	kg	7.69	—	—	1.133
	碳精棒 φ8～12	根	1.27	5.807	5.764	5.244
	氧气	m³	3.63	4.040	4.580	3.819
	乙炔气	kg	10.45	1.340	1.300	1.273
	其他材料费占材料费	%	—	8.000	8.000	8.000
机械	半自动切割机 100mm	台班	83.55	0.129	0.121	0.119
	电动空气压缩机 6m³/min	台班	206.73	0.248	0.238	0.228
	电焊条恒温箱	台班	21.41	0.231	0.230	0.253
	电焊条烘干箱 75×105×135cm³	台班	68.00	0.231	0.230	0.253
	二氧化碳气体保护焊机 250A	台班	63.53			0.175
	剪板机 20×2500mm	台班	333.30	0.007	0.007	0.007
	角缝自动焊机	台班	326.91	—	—	0.481
	卷板机 30×2000mm	台班	352.40	0.019	0.019	0.019
	卷板机 40×3500mm	台班	514.10			0.002
	平板拖车组 30t	台班	1243.07	—	—	0.119
	汽车式起重机 16t	台班	958.70	0.276	0.238	—
	汽车式起重机 25t	台班	1084.16	0.048	0.057	0.259
	载重汽车 10t	台班	547.99	0.209	0.190	0.148
	真空泵 204m³/h	台班	57.07	0.324	0.267	0.239
	直流弧焊机 32kV·A	台班	87.75	2.304	2.294	2.206
	直流弧焊机 40kV·A	台班	93.03	—	—	0.326
	轴流通风机 30kW	台班	131.23	0.190	0.190	0.190

3. 双盘式浮顶油罐制作安装

工作内容：散板堆放、放样号料、切割、坡口、卷弧、揿制、吊装、组对焊接、打磨、试漏等。

计量单位：t

定 额 编 号				A3-3-25	A3-3-26	A3-3-27	A3-3-28
项 目 名 称				油罐容量（m³以内）			
				5000	10000	20000	30000
基 价（元）				1812.27	1725.66	1731.68	1478.68
其中	人 工 费（元）			723.80	673.82	570.64	553.14
	材 料 费（元）			285.77	280.11	271.56	267.53
	机 械 费（元）			802.70	771.73	889.48	658.01
名 称		单位	单价（元）	消 耗 量			
人工	综合工日	工日	140.00	5.170	4.813	4.076	3.951
材料	白垩	kg	0.35	0.335	0.285	0.219	0.142
	低碳钢焊条	kg	6.84	25.802	25.667	25.522	25.180
	煤油	kg	3.73	0.168	0.159	0.110	0.071
	木方	m³	1675.21	0.013	0.013	0.010	0.010
	尼龙砂轮片 φ150	片	3.32	4.400	4.220	4.010	3.810
	碳精棒 φ8～12	根	1.27	6.574	5.824	5.605	5.420
	氧气	m³	3.63	5.994	5.612	5.512	5.466
	乙炔气	kg	10.45	1.998	1.871	1.837	1.822
	其他材料费占材料费	%	—	8.000	8.000	8.000	8.000
机械	半自动切割机 100mm	台班	83.55	0.209	0.200	0.171	0.162
	电动空气压缩机 6m³/min	台班	206.73	0.018	0.017	0.076	0.015
	电焊条恒温箱	台班	21.41	0.457	0.445	0.407	0.377
	电焊条烘干箱 75×105×135cm³	台班	68.00	0.457	0.445	0.407	0.377
	剪板机 20×2500mm	台班	333.30	0.038	0.033	0.029	0.029
	卷板机 30×2000mm	台班	352.40	0.019	0.019	0.019	0.019
	汽车式起重机 16t	台班	958.70	0.095	0.086	0.359	0.067
	载重汽车 10t	台班	547.99	0.395	0.382	0.190	0.340
	真空泵 204m³/h	台班	57.07	0.228	0.209	0.015	0.171
	直流弧焊机 32kV·A	台班	87.75	4.567	4.448	4.075	3.772

工作内容：散板堆放、放样号料、切割、坡口、卷弧、摵制、吊装、组对焊接、打磨、试漏等。

计量单位：t

定 额 编 号				A3-3-29	A3-3-30	A3-3-31
项 目 名 称				油罐容量(m³以内)		
				50000罐底	50000罐壁	50000浮顶
基 价 （元）				1116.04	1921.51	1700.05
其中	人 工 费 （元）			338.38	340.20	1066.52
	材 料 费 （元）			215.59	157.40	177.80
	机 械 费 （元）			562.07	1423.91	455.73
名 称		单位	单价（元）	消 耗 量		
人工	综合工日	工日	140.00	2.417	2.430	7.618
材料	白垩	kg	0.35	—	—	0.421
	低碳钢焊条	kg	6.84	0.319	0.412	18.896
	电焊条	kg	5.98	0.445	—	—
	二氧化碳气体	m³	4.87	0.483		
	合金钢焊丝	kg	7.69	—	1.862	—
	埋弧焊剂	kg	21.72	2.802	1.002	
	煤油	kg	3.73	—	—	0.211
	木方	m³	1675.21	—	0.016	—
	尼龙砂轮片 φ180	片	3.42	5.676	4.485	2.684
	碎焊丝 H08A	kg	7.69	1.125		
	碳钢 CO₂ 焊丝	kg	7.69	0.910	—	—
	碳钢埋弧焊丝	kg	7.69	5.603	2.004	
	碳精棒 φ8～12	根	1.27	—	5.567	
	氧气	m³	3.63	7.510	5.935	3.551
	乙炔气	kg	10.45	2.503	1.978	1.184
	其他材料费占材料费	%	—	8.000	8.000	8.000
机械	半自动切割机 100mm	台班	83.55	0.150	0.107	0.094

15

定 额 编 号				A3-3-29	A3-3-30	A3-3-31
项 目 名 称				油罐容量（m³以内）		
				50000罐底	50000罐壁	50000浮顶
名 称		单位	单价（元）	消	耗	量
机 械	电动空气压缩机 6m³/min	台班	206.73	—	0.095	0.089
	电焊条恒温箱	台班	21.41	0.127	0.186	0.306
	电焊条烘干箱 60×50×75cm³	台班	26.46	0.081	0.082	—
	电焊条烘干箱 75×105×135cm³	台班	68.00	0.046	0.104	0.306
	二氧化碳气体保护焊机 250A	台班	63.53	0.430	—	—
	横向自动焊机	台班	385.18	—	0.666	—
	剪板机 20×2500mm	台班	333.30	—	—	0.124
	角缝自动焊机	台班	326.91	—	0.174	—
	卷板机 30×3000mm	台班	457.41	—	0.035	—
	卷板机 40×3500mm	台班	514.10	—	0.019	—
	立缝自动焊机	台班	355.42	—	0.295	—
	履带式起重机 50t	台班	1411.14	—	0.312	—
	汽车式起重机 16t	台班	958.70	0.040	0.030	0.026
	汽车式起重机 25t	台班	1084.16	0.338	0.292	0.027
	载重汽车 10t	台班	547.99	0.124	0.107	0.069
	真空泵 204m³/h	台班	57.07	0.018	—	0.017
	直流弧焊机 32kV·A	台班	87.75	0.461	0.397	3.052
	直流弧焊机 40kV·A	台班	93.03	—	0.634	—

工作内容：散板堆放、放样号料、切割、坡口、卷弧、摁制、吊装、组对焊接、打磨、试漏等。

计量单位：t

定 额 编 号			A3-3-32	A3-3-33	A3-3-34
项 目 名 称			油罐容量（m³以内）		
			100000罐底	100000罐壁	100000浮顶
基 价（元）			872.67	1926.86	1574.70
其中	人 工 费（元）		281.82	388.36	972.72
	材 料 费（元）		177.05	162.83	121.26
	机 械 费（元）		413.80	1375.67	480.72
名 称	单位	单价（元）	消 耗 量		
人工 综合工日	工日	140.00	2.013	2.774	6.948
材料 白垩	kg	0.35	—	—	0.306
低碳钢焊条	kg	6.84	0.190	0.336	12.303
电焊条	kg	5.98	0.445	—	—
二氧化碳气体	m³	4.87	0.477	—	—
合金钢焊丝	kg	7.69	—	2.104	—
埋弧焊剂	kg	21.72	1.962	1.012	—
煤油	kg	3.73	—	—	0.158
木方	m³	1675.21	—	0.019	—
尼龙砂轮片 φ180	片	3.42	3.154	3.416	1.633
碎焊丝 H08A	kg	7.69	3.250	—	—
碳钢 CO₂ 焊丝	kg	7.69	0.900	—	—
碳钢埋弧焊丝	kg	7.69	3.923	2.024	—
碳精棒 φ8~12	根	1.27	—	4.382	—
氧气	m³	3.63	5.929	6.421	3.071
乙炔气	kg	10.45	1.976	2.140	1.024
其他材料费占材料费	%	—	8.000	8.000	8.000
机械 半自动切割机 100mm	台班	83.55	0.115	0.113	0.080
电动空气压缩机 6m³/min	台班	206.73	—	0.108	0.081

续表

定 额 编 号			A3-3-32	A3-3-33	A3-3-34
项 目 名 称			油罐容量（m³以内）		
			100000罐底	100000罐壁	100000浮顶
名 称	单位	单价（元）	消	耗	量
电焊条恒温箱	台班	21.41	0.119	0.226	0.365
电焊条烘干箱 60×50×75cm³	台班	26.46	0.069	0.095	—
电焊条烘干箱 75×105×135cm³	台班	68.00	0.505	0.131	0.365
二氧化碳气体保护焊机 250A	台班	63.53	0.436	—	—
横向自动焊机	台班	385.18	—	0.695	—
剪板机 20×2500mm	台班	333.30	—	—	0.113
角缝自动焊机	台班	326.91	—	0.177	—
卷板机 30×3000mm	台班	457.41	—	0.030	—
卷板机 40×3500mm	台班	514.10	—	0.010	—
卷板机 70×3000mm	台班	1055.69	—	0.006	—
立缝自动焊机	台班	355.42	—	0.313	—
履带式起重机 50t	台班	1411.14	—	0.305	—
汽车式起重机 16t	台班	958.70	0.027	0.027	0.019
汽车式起重机 25t	台班	1084.16	0.198	0.226	0.019
载重汽车 10t	台班	547.99	0.095	0.084	0.048
真空泵 204m³/h	台班	57.07	0.015	—	0.017
直流弧焊机 32kV·A	台班	87.75	0.505	0.606	3.657
直流弧焊机 40kV·A	台班	93.03	—	0.700	—

（机械，左侧纵排竖写）

18

工作内容：散板堆放、放样号料、切割、坡口、卷弧、撅制、吊装、组对焊接、打磨、试漏等。

计量单位：t

定 额 编 号			A3-3-35	A3-3-36	A3-3-37
项 目 名 称			油罐容量（m³以内）		
			150000罐底	150000罐壁	150000浮顶
基 价（元）			780.20	1844.04	1351.81
其中	人 工 费（元）		283.22	389.62	892.22
	材 料 费（元）		188.96	179.29	104.48
	机 械 费（元）		308.02	1275.13	355.11
名 称	单位	单价（元）	消 耗		量
人工	综合工日	工日	140.00	2.023	2.783	6.373
材料	白垩	kg	0.35	—	—	0.273
	低碳钢焊条	kg	6.84	0.180	0.319	10.675
	电焊条	kg	5.98	0.350	—	—
	二氧化碳气体	m³	4.87	0.342	—	—
	合金钢焊丝	kg	7.69	—	2.027	—
	埋弧焊剂	kg	21.72	3.130	1.993	—
	煤油	kg	3.73	—	—	0.140
	木方	m³	1675.21	—	0.019	—
	尼龙砂轮片 Φ180	片	3.42	2.746	2.968	1.298
	碎焊丝 H08A	kg	7.69	3.004	—	—
	碳钢 CO_2 焊丝	kg	7.69	0.645	—	—
	碳钢埋弧焊丝	kg	7.69	3.255	1.958	—
	碳精棒 Φ8～12	根	1.27	—	4.108	—
	氧气	m³	3.63	5.554	6.002	2.624
	乙炔气	kg	10.45	1.851	2.001	0.875
	其他材料费占材料费	%	—	8.000	8.000	8.000
机械	半自动切割机 100mm	台班	83.55	0.101	0.099	0.064
	电动空气压缩机 6m³/min	台班	206.73	—	0.108	0.074

19

续表

定 额 编 号			A3-3-35	A3-3-36	A3-3-37
项 目 名 称			油罐容量(m³以内)		
			150000罐底	150000罐壁	150000浮顶
名 称	单位	单价(元)	消	耗	量
电焊条恒温箱	台班	21.41	0.108	0.206	0.262
电焊条烘干箱 60×50×75cm³	台班	26.46	0.069	0.096	—
电焊条烘干箱 75×105×135cm³	台班	68.00	0.039	0.109	0.262
二氧化碳气体保护焊机 250A	台班	63.53	0.464		
横向自动焊机	台班	385.18	—	0.877	—
剪板机 20×2500mm	台班	333.30	—	—	0.088
角缝自动焊机	台班	326.91	—	0.208	—
卷板机 30×3000mm	台班	457.41	—	0.023	—
卷板机 70×3000mm	台班	1055.69	—	0.019	—
立缝自动焊机	台班	355.42	—	0.415	—
履带式起重机 50t	台班	1411.14	—	0.320	—
汽车式起重机 16t	台班	958.70	0.023	0.023	0.014
汽车式起重机 25t	台班	1084.16	0.142	0.023	0.014
数控火焰切割机	台班	181.70	0.083	0.074	—
载重汽车 10t	台班	547.99	0.067	0.064	0.042
真空泵 204m³/h	台班	57.07	0.015	—	0.014
直流弧焊机 32kV·A	台班	87.75	0.395	0.465	2.613
直流弧焊机 40kV·A	台班	93.03	—	0.628	—

4.单盘式浮顶罐预制、安装

工作内容：散板堆放、放样号料、切割、坡口、卷弧、摁制、吊装、组对焊接、打磨、试漏等。

计量单位：t

定　额　编　号			A3-3-38	A3-3-39	A3-3-40
项　目　名　称			油罐容量(m³以内)		
			3000	5000	10000
基　　　价（元）			2085.24	1883.32	1756.37
其中	人　工　费（元）		794.92	723.80	662.76
	材　料　费（元）		296.31	275.81	267.24
	机　械　费（元）		994.01	883.71	826.37
名　　　称	单位	单价（元）	消　　耗　　量		
人工 综合工日	工日	140.00	5.678	5.170	4.734
材料 白垩	kg	0.35	0.570	0.523	0.475
低碳钢焊条	kg	6.84	25.579	25.375	25.004
煤油	kg	3.73	0.600	0.550	0.500
木方	m³	1675.21	0.020	0.010	0.010
尼龙砂轮片 φ150	片	3.32	4.181	4.095	3.812
碳精棒 φ8～12	根	1.27	6.574	6.574	5.824
氧气	m³	3.63	5.797	5.748	5.284
乙炔气	kg	10.45	1.932	1.916	1.761
其他材料费占材料费	%	—	8.000	8.000	8.000
机械 半自动切割机 100mm	台班	83.55	0.228	0.209	0.190
电动空气压缩机 6m³/min	台班	206.73	0.086	0.076	0.076
电焊条恒温箱	台班	21.41	0.434	0.370	0.349
电焊条烘干箱 75×105×135cm³	台班	68.00	0.434	0.370	0.349
剪板机 20×2500mm	台班	333.30	0.038	0.038	0.029
卷板机 30×3000mm	台班	457.41	0.029	0.019	0.019
立式钻床 25mm	台班	6.58	0.057	0.048	0.038
汽车式起重机 16t	台班	958.70	0.396	0.365	0.343
载重汽车 10t	台班	547.99	0.238	0.219	0.200
真空泵 204m³/h	台班	57.07	0.019	0.019	0.019
直流弧焊机 32kV·A	台班	87.75	4.341	3.701	3.481

工作内容：散板堆放、放样号料、切割、坡口、卷弧、�`制、吊装、组对焊接、打磨、试漏等。

计量单位：t

定 额 编 号			A3-3-41	A3-3-42
项 目 名 称			油罐容量（m³以内）	
			20000	30000
基 价（元）			1610.48	1526.25
其中	人 工 费（元）		570.64	538.16
	材 料 费（元）		263.79	259.79
	机 械 费（元）		776.05	728.30
名 称		单位	单价（元）	消 耗 量	
人工	综合工日	工日	140.00	4.076	3.844
材料	白垩	kg	0.35	0.380	0.333
	低碳钢焊条	kg	6.84	24.686	24.380
	煤油	kg	3.73	0.400	0.350
	木方	m³	1675.21	0.010	0.010
	尼龙砂轮片 φ150	片	3.32	3.710	3.519
	碳精棒 φ8~12	根	1.27	5.605	5.320
	氧气	m³	3.63	5.284	5.227
	乙炔气	kg	10.45	1.761	1.742
	其他材料费占材料费	%	—	8.000	8.000
机械	半自动切割机 100mm	台班	83.55	0.171	0.162
	电动空气压缩机 6m³/min	台班	206.73	0.067	0.067
	电焊条恒温箱	台班	21.41	0.322	0.298
	电焊条烘干箱 75×105×135cm³	台班	68.00	0.322	0.298
	剪板机 20×2500mm	台班	333.30	0.029	0.029
	卷板机 30×3000mm	台班	457.41	0.019	0.019
	立式钻床 25mm	台班	6.58	0.029	0.029
	汽车式起重机 25t	台班	1084.16	0.293	0.277
	载重汽车 10t	台班	547.99	0.181	0.171
	真空泵 204m³/h	台班	57.07	0.019	0.019
	直流弧焊机 32kV·A	台班	87.75	3.221	2.970

工作内容：散板堆放、放样号料、切割、坡口、卷弧、揾制、吊装、组对焊接、打磨、试漏等。

计量单位：t

定 额 编 号			A3-3-43	A3-3-44	A3-3-45
项 目 名 称			油罐容量（m³以内）		
			50000罐底	50000罐壁	50000浮顶
基 价（元）			1204.33	1752.66	1150.48
其中	人 工 费（元）		453.32	586.04	585.76
	材 料 费（元）		235.84	236.83	154.79
	机 械 费（元）		515.17	929.79	409.93
名 称	单位	单价（元）	消 耗 量		
人工	综合工日	工日	140.00	3.238	4.186	4.184
材 料	白垩	kg	0.35	—	—	0.149
	低碳钢焊条	kg	6.84	0.753	0.820	17.680
	二氧化碳气体	m³	4.87	2.815	—	—
	合金钢焊丝	kg	7.69	—	1.908	—
	埋弧焊剂	kg	21.72	2.336	3.361	—
	煤油	kg	3.73	—	—	0.132
	木方	m³	1675.21	—	0.014	—
	尼龙砂轮片 φ180	片	3.42	5.443	5.083	1.172
	碎焊丝 H08A	kg	7.69	1.558	—	—
	碳钢 CO₂ 焊丝	kg	7.69	5.313	—	—
	碳钢埋弧焊丝	kg	7.69	4.671	4.814	—
	碳精棒 φ8～12	根	1.27	—	9.811	—
	氧气	m³	3.63	5.819	5.017	2.507
	乙炔气	kg	10.45	1.940	1.672	0.836
	其他材料费占材料费	%	—	8.000	8.000	8.000
机 械	半自动切割机 100mm	台班	83.55	0.198	0.171	0.086
	电动空气压缩机 6m³/min	台班	206.73	—	0.100	0.075

续表

定 额 编 号				A3-3-43	A3-3-44	A3-3-45
项 目 名 称				油罐容量（m³以内）		
				50000罐底	50000罐壁	50000浮顶
名 称		单位	单价(元)	消	耗	量
机械	电焊条恒温箱	台班	21.41	0.163	0.199	0.151
	电焊条烘干箱 60×50×75cm³	台班	26.46	0.133	0.134	—
	电焊条烘干箱 75×105×135cm³	台班	68.00	0.030	0.064	0.151
	二氧化碳气体保护焊机 250A	台班	63.53	0.412	—	—
	横向自动焊机	台班	385.18	—	0.720	—
	剪板机 20×2500mm	台班	333.30	—	—	0.159
	角缝自动焊机	台班	326.91	—	0.140	—
	卷板机 30×3000mm	台班	457.41	—	0.018	—
	卷板机 40×3500mm	台班	514.10	—	0.043	—
	立缝自动焊机	台班	355.42	—	0.262	—
	立式钻床 25mm	台班	6.58	—	—	0.107
	汽车式起重机 25t	台班	1084.16	0.338	0.292	0.145
	数控火焰切割机	台班	181.70	0.015	0.010	—
	载重汽车 10t	台班	547.99	0.124	0.107	0.054
	真空泵 204m³/h	台班	57.07	0.010	0.010	0.010
	直流弧焊机 32kV·A	台班	87.75	0.293	0.211	1.512
	直流弧焊机 40kV·A	台班	93.03	—	0.430	—

24

工作内容：散板堆放、放样号料、切割、坡口、卷弧、揻制、吊装、组对焊接、打磨、试漏等。

计量单位：t

定额编号				A3-3-46	A3-3-47	A3-3-48
项目名称				油罐容量(m^3以内)		
				100000罐底	100000罐壁	100000浮顶
基价（元）				660.55	1978.96	829.67
其中	人工费（元）			292.74	596.54	497.42
	材料费（元）			194.47	217.74	118.67
	机械费（元）			173.34	1164.68	213.58
名称		单位	单价(元)	消耗量		
人工	综合工日	工日	140.00	2.091	4.261	3.553
材料	白垩	kg	0.35	—	—	0.197
	低碳钢焊条	kg	6.84	0.123	0.252	13.139
	电焊条	kg	5.98	1.170	—	—
	二氧化碳气体	m^3	4.87	1.954	—	—
	合金钢焊丝	kg	7.69	—	2.001	—
	埋弧焊剂	kg	21.72	2.218	3.253	—
	煤油	kg	3.73	—	—	0.098
	木方	m^3	1675.21	—	0.011	—
	尼龙砂轮片 φ180	片	3.42	3.554	5.031	1.006
	碎焊丝 H08A	kg	7.69	1.477	—	—
	碳钢 CO_2 焊丝	kg	7.69	3.697	—	—
	碳钢埋弧焊丝	kg	7.69	4.435	4.505	—
	碳精棒 φ8～12	根	1.27	—	8.846	—
	氧气	m^3	3.63	4.006	4.545	2.269
	乙炔气	kg	10.45	1.335	1.515	0.756
	其他材料费占材料费	%	—	8.000	8.000	8.000
机械	半自动切割机 100mm	台班	83.55	0.024	0.095	0.119
	电动空气压缩机 $6m^3$/min	台班	206.73	—	0.080	0.050

定　额　编　号			A3-3-46	A3-3-47	A3-3-48
项　目　名　称			油罐容量（m³以内）		
			100000罐底	100000罐壁	100000浮顶
名　　称	单位	单价（元）	消　　耗　　量		
电焊条恒温箱	台班	21.41	0.120	0.228	0.093
电焊条烘干箱 60×50×75cm³	台班	26.46	0.107	0.171	—
电焊条烘干箱 75×105×135cm³	台班	68.00	0.013	0.057	0.093
二氧化碳气体保护焊机 250A	台班	63.53	0.177	—	—
横向自动焊机	台班	385.18	—	0.793	—
剪板机 20×2500mm	台班	333.30	—	—	0.088
角缝自动焊机	台班	326.91	—	0.140	—
卷板机 30×3000mm	台班	457.41	—	0.006	—
卷板机 40×3500mm	台班	514.10	—	0.010	—
卷板机 70×3000mm	台班	1055.69	—	0.010	—
立缝自动焊机	台班	355.42	—	0.243	—
履带式起重机 50t	台班	1411.14	—	0.305	—
平板拖车组 30t	台班	1243.07	0.036	0.049	0.020
汽车式起重机 25t	台班	1084.16	0.079	0.107	0.045
数控火焰切割机	台班	181.70	0.060	0.060	—
真空泵 204m³/h	台班	57.07	0.010	0.010	0.010
直流弧焊机 32kV·A	台班	87.75	0.136	0.155	0.928
直流弧焊机 40kV·A	台班	93.03	—	0.414	—

机　械

5. 内浮顶油罐制作安装

工作内容：散板堆放、放样号料、切割、坡口、卷弧、捆制、吊装、组对焊接、打磨、试漏等。

定　额　编　号			A3-3-49	A3-3-50	A3-3-51
项　目　名　称			油罐容量（m³以内）		
			500	700	1000
基　　　价（元）			2638.53	2597.07	2466.43
其中	人　工　费（元）		871.50	859.88	801.36
	材　料　费（元）		225.87	245.87	243.43
	机　械　费（元）		1541.16	1491.32	1421.64
名　　　称	单位	单价（元）	消　　耗　　量		
人工 综合工日	工日	140.00	6.225	6.142	5.724
材料 白垩	kg	0.35	0.920	0.820	0.720
低碳钢焊条	kg	6.84	16.975	16.975	17.121
煤油	kg	3.73	1.160	1.020	0.900
木方	m³	1675.21	0.020	0.020	0.020
尼龙砂轮片 φ150	片	3.32	4.200	4.100	3.900
碳精棒 φ8～12	根	1.27	—	15.280	14.430
氧气	m³	3.63	5.750	5.750	5.610
乙炔气	kg	10.45	1.920	1.920	1.870
其他材料费占材料费	%	—	8.000	8.000	8.000
机械 半自动切割机 100mm	台班	83.55	0.248	0.248	0.248
电动空气压缩机 6m³/min	台班	206.73	0.581	0.571	0.562
电焊条恒温箱	台班	21.41	0.475	0.470	0.440
电焊条烘干箱 75×105×135cm³	台班	68.00	0.475	0.470	0.440
剪板机 20×2500mm	台班	333.30	0.057	0.038	0.029
卷板机 20×2500mm	台班	276.83	0.048	0.048	—
卷板机 30×3000mm	台班	457.41	—	—	0.038
立式钻床 25mm	台班	6.58	0.029	0.029	0.029
汽车式起重机 16t	台班	958.70	0.809	0.771	0.659
载重汽车 10t	台班	547.99	0.238	0.238	0.246
真空泵 204m³/h	台班	57.07	0.048	0.048	0.048
直流弧焊机 32kV·A	台班	87.75	4.748	4.696	4.403
轴流通风机 30kW	台班	131.23	—	—	0.476

工作内容：散板堆放、放样号料、切割、坡口、卷弧、摭制、吊装、组对焊接、打磨、试漏等。

计量单位：t

定　额　编　号			A3-3-52	A3-3-53	A3-3-54
项　目　名　称			油罐容量（m³以内）		
			2000	3000	5000
基　　　　价（元）			2248.83	2054.02	1763.75
其中	人　工　费（元）		689.64	588.56	496.02
	材　料　费（元）		240.13	236.56	245.25
	机　械　费（元）		1319.06	1228.90	1022.48
名　　　称	单位	单价（元）	消　　耗　　量		
人工	综合工日	工日	140.00	4.926	4.204	3.543
材料	白垩	kg	0.35	0.610	0.500	0.410
	低碳钢焊条	kg	6.84	17.266	17.353	19.206
	煤油	kg	3.73	0.760	0.620	0.510
	木方	m³	1675.21	0.020	0.020	0.020
	尼龙砂轮片 φ150	片	3.32	3.800	3.700	3.540
	碳精棒 φ8～12	根	1.27	12.590	10.720	8.350
	氧气	m³	3.63	5.500	5.410	5.320
	乙炔气	kg	10.45	1.830	1.800	1.770
	其他材料费占材料费	%	—	8.000	8.000	8.000
机械	半自动切割机 100mm	台班	83.55	0.248	0.219	0.181
	电动空气压缩机 6m³/min	台班	206.73	0.505	0.466	0.428
	电焊条恒温箱	台班	21.41	0.405	0.363	0.317
	电焊条烘干箱 75×105×135cm³	台班	68.00	0.405	0.363	0.317
	剪板机 20×2500mm	台班	333.30	0.019	0.019	0.010
	卷板机 30×3000mm	台班	457.41	0.038	0.038	0.029
	立式钻床 25mm	台班	6.58	0.029	0.029	0.029
	汽车式起重机 16t	台班	958.70	0.609	0.574	0.431
	载重汽车 10t	台班	547.99	0.246	0.246	0.246
	真空泵 204m³/h	台班	57.07	0.048	0.048	0.048
	直流弧焊机 32kV·A	台班	87.75	4.045	3.634	3.168
	轴流通风机 30kW	台班	131.23	0.438	0.390	0.343

工作内容：散板堆放、放样号料、切割、坡口、卷弧、揾制、吊装、组对焊接、打磨、试漏等。

定　额　编　号			A3-3-55	A3-3-56	A3-3-57
项　目　名　称			油罐容量（m³以内）		
			10000	20000	30000
基　　　　价（元）			1621.74	1440.72	1273.96
其中	人　工　费（元）		455.14	449.96	423.08
	材　料　费（元）		249.85	245.81	244.60
	机　械　费（元）		916.75	744.95	606.28
名　　称	单位	单价（元）	消　　耗　　量		
人工 综合工日	工日	140.00	3.251	3.214	3.022
材料 白垩	kg	0.35	0.390	0.333	0.333
低碳钢焊条	kg	6.84	19.449	19.878	20.628
煤油	kg	3.73	0.420	0.380	0.380
木方	m³	1675.21	0.020	0.020	0.020
尼龙砂轮片 φ150	片	3.32	3.320	3.200	3.060
碳精棒 φ8～12	根	1.27	7.933	5.869	5.869
氧气	m³	3.63	5.900	5.416	4.603
乙炔气	kg	10.45	1.970	1.805	1.534
其他材料费占材料费	%	—	8.000	8.000	8.000
机械 半自动切割机 100mm	台班	83.55	0.143	0.114	0.094
电动空气压缩机 6m³/min	台班	206.73	0.352	0.258	0.220
电焊条恒温箱	台班	21.41	0.302	0.278	0.267
电焊条烘干箱 75×105×135cm³	台班	68.00	0.302	0.278	0.267
剪板机 20×2500mm	台班	333.30	0.010	0.010	0.010
卷板机 30×3000mm	台班	457.41	0.019	0.015	0.012
立式钻床 25mm	台班	6.58	0.019	0.010	0.007
汽车式起重机 16t	台班	958.70	0.368	0.238	0.138
载重汽车 10t	台班	547.99	0.246	0.248	0.224
真空泵 204m³/h	台班	57.07	0.048	0.048	0.048
直流弧焊机 32kV·A	台班	87.75	3.020	2.780	2.663
轴流通风机 30kW	台班	131.23	0.286	0.276	0.219

6.不锈钢油罐制作安装

工作内容：放样号料、切割、坡口、压头卷弧、角钢圈揾制、组对安装、焊接、焊缝处理、试漏、罐配件安装。

计量单位：t

定 额 编 号			A3-3-58	A3-3-59	A3-3-60	A3-3-61
项 目 名 称			油罐容量（m³以内）			
			200	300	500	700
基 价（元）			3649.05	3452.73	3144.12	3100.83
其中	人 工 费（元）		1222.90	1182.86	1049.72	1041.18
	材 料 费（元）		822.13	767.50	741.55	724.15
	机 械 费（元）		1604.02	1502.37	1352.85	1335.50
名 称	单位	单价（元）	消 耗 量			
人工	综合工日	工日	140.00	8.735	8.449	7.498	7.437
材料	白垩	kg	0.35	1.010	1.120	1.250	1.250
	不锈钢焊条	kg	38.46	17.091	16.442	15.957	15.636
	不锈钢氩弧焊丝 1Cr18Ni9Ti	kg	51.28	0.020	0.020	0.020	0.020
	道木	m³	2137.00	0.030	0.020	0.020	0.020
	飞溅净	kg	5.15	2.000	1.800	1.600	1.440
	煤油	kg	3.73	1.260	1.340	1.550	1.550
	耐油橡胶板	kg	20.51	0.280	0.260	0.250	0.220
	尼龙砂轮片 φ100	片	2.05	10.800	10.160	8.290	8.040
	氢氟酸 45%	kg	4.87	0.110	0.100	0.090	0.080
	酸洗膏	kg	6.56	1.810	1.460	1.460	1.320
	碳精棒 φ8～12	根	1.27	10.303	9.273	7.882	7.015
	硝酸	kg	2.19	0.980	0.880	0.790	0.710
	氩气	m³	19.59	0.050	0.050	0.050	0.050
	氧气	m³	3.63	0.550	0.490	0.440	0.400
	乙炔气	kg	10.45	0.180	0.160	0.150	0.130
	其他材料费占材料费	%	—	3.000	3.000	3.000	3.000
机械	等离子切割机 400A	台班	219.59	0.942	0.847	0.724	0.647
	电动空气压缩机 6m³/min	台班	206.73	0.952	0.885	0.762	0.676
	电焊条恒温箱	台班	21.41	0.428	0.447	0.420	0.361
	电焊条烘干箱 75×105×135cm³	台班	68.00	0.428	0.447	0.420	0.361
	硅整流弧焊机 20kV·A	台班	56.65	4.278	4.465	4.205	3.609
	卷板机 20×2500mm	台班	276.83	0.076	0.067	0.057	0.524
	汽车式起重机 16t	台班	958.70	0.883	0.807	0.731	0.659
	氩弧焊机 500A	台班	92.58	0.027	0.027	0.027	0.027
	载重汽车 5t	台班	430.70	0.114	0.105	0.095	0.086
	真空泵 204m³/h	台班	57.07	0.010	0.010	0.010	0.010

工作内容：放样号料、切割、坡口、压头卷弧、角钢圈揲制、组对安装、焊接、焊缝处理、试漏、罐配件安装。

计量单位：t

定 额 编 号			A3-3-62	A3-3-63	A3-3-64
项 目 名 称			油罐容量（m³以内）		
			1000	2000	3000
基 价（元）			2772.90	2461.49	2242.34
其中	人 工 费（元）		1020.18	854.98	753.34
	材 料 费（元）		728.31	713.94	730.35
	机 械 费（元）		1024.41	892.57	758.65
名 称	单位	单价（元）	消	耗	量
人工 综合工日	工日	140.00	7.287	6.107	5.381
材料 白垩	kg	0.35	1.470	0.830	0.960
不锈钢焊条	kg	38.46	15.811	16.245	16.713
不锈钢氩弧焊丝 1Cr18Ni9Ti	kg	51.28	0.019	0.020	0.020
道木	m³	2137.00	0.020	0.010	0.010
飞溅净	kg	5.15	1.300	1.170	1.050
煤油	kg	3.73	1.850	1.080	1.240
耐油橡胶板	kg	20.51	0.190	0.180	0.160
尼龙砂轮片 Φ100	片	2.05	7.890	6.240	6.340
氢氟酸 45%	kg	4.87	0.070	0.070	0.050
酸洗膏	kg	6.56	1.190	1.070	0.960
碳精棒 Φ8～12	根	1.27	6.313	5.682	5.113
硝酸	kg	2.19	0.640	0.580	0.520
氩气	m³	19.59	0.050	0.050	0.050
氧气	m³	3.63	0.360	0.320	0.290
乙炔气	kg	10.45	0.120	0.110	0.100
其他材料费占材料费	%	—	3.000	3.000	3.000
机械 等离子切割机 400A	台班	219.59	0.562	0.505	0.438
电动空气压缩机 6m³/min	台班	206.73	0.581	0.524	0.466
电焊条恒温箱	台班	21.41	0.325	0.277	0.249
电焊条烘干箱 75×105×135cm³	台班	68.00	0.325	0.277	0.249
硅整流弧焊机 20kV·A	台班	56.65	3.248	2.768	2.487
卷板机 20×2500mm	台班	276.83	0.419	0.333	0.305
汽车式起重机 16t	台班	958.70	0.438	0.388	0.312
氩弧焊机 500A	台班	92.58	0.027	0.027	0.027
载重汽车 5t	台班	430.70	0.067	0.057	0.038
真空泵 204m³/h	台班	57.07	0.010	0.010	0.010

工作内容：放样号料、切割、坡口、压头卷弧、角钢圈揠制、组对安装、焊接、焊缝处理、试漏、罐配件安装。

计量单位：t

定 额 编 号				A3-3-65	A3-3-66	A3-3-67
项 目 名 称				油罐容量（m³以内）		
				5000	10000	20000
基 价（元）				2045.82	2203.82	2095.14
其中	人 工 费（元）			636.72	584.22	529.06
	材 料 费（元）			767.18	853.00	856.77
	机 械 费（元）			641.92	766.60	709.31
名 称		单位	单价(元)	消 耗 量		
人工	综合工日	工日	140.00	4.548	4.173	3.779
材料	白垩	kg	0.35	0.770	0.720	0.680
	不锈钢焊条	kg	38.46	17.741	20.101	20.280
	不锈钢氩弧焊丝 1Cr18Ni9Ti	kg	51.28	0.020	0.020	0.020
	道木	m³	2137.00	0.010	0.010	0.010
	飞溅净	kg	5.15	0.950	0.100	0.080
	煤油	kg	3.73	0.960	0.860	0.800
	耐油橡胶板	kg	20.51	0.150	0.150	0.150
	尼龙砂轮片 φ100	片	2.05	6.790	6.150	5.800
	氢氟酸 45%	kg	4.87	0.050	0.050	0.040
	酸洗膏	kg	6.56	0.770	0.680	0.590
	碳精棒 φ8～12	根	1.27	4.091	3.770	3.010
	硝酸	kg	2.19	0.470	0.400	0.380
	氩气	m³	19.59	0.050	0.050	0.040
	氧气	m³	3.63	0.260	0.230	0.190
	乙炔气	kg	10.45	0.090	0.080	0.063
	其他材料费占材料费	%	—	3.000	3.000	3.000
机械	等离子切割机 400A	台班	219.59	0.390	0.381	0.381
	电动空气压缩机 6m³/min	台班	206.73	0.400	0.381	0.381
	电焊条恒温箱	台班	21.41	0.213	0.374	0.336
	电焊条烘干箱 75×105×135cm³	台班	68.00	0.213	0.374	0.336
	硅整流弧焊机 20kV·A	台班	56.65	2.135	3.732	3.361
	卷板机 20×2500mm	台班	276.83	0.276	0.219	0.200
	卷板机 30×2000mm	台班	352.40	—	0.029	0.019
	平板拖车组 20t	台班	1081.33	—	0.019	0.019
	汽车式起重机 16t	台班	958.70	0.248	0.238	0.219
	汽车式起重机 25t	台班	1084.16	—	0.019	0.014
	氩弧焊机 500A	台班	92.58	0.027	0.024	0.019
	载重汽车 5t	台班	430.70	0.038	0.038	0.038
	真空泵 204m³/h	台班	57.07	0.010	0.010	0.010

7.储罐底板板幅调整

工作内容：施工准备、散板堆放、放样号料、吊装、切割、组对、焊接、检查验收。　　　　计量单位：10t

定　额　编　号			A3-3-68	A3-3-69	A3-3-70
项　目　名　称			预制		
			每块中幅板周长每增减1m		
			油罐容量（m³以内）		
			5000	30000	50000
基　　　　　价（元）			100.00	85.90	87.82
其中	人　工　费（元）		56.56	46.06	41.58
	材　料　费（元）		29.93	23.74	17.53
	机　械　费（元）		13.51	16.10	28.71
名　　称		单位	单价（元）	消　耗　量	
人工	综合工日	工日	140.00	0.404	0.329	0.297
材料	尼龙砂轮片 φ180	片	3.42	0.973	0.850	0.650
	氧气	m³	3.63	3.540	2.770	2.030
	乙炔气	kg	10.45	1.180	0.923	0.680
	其他材料费占材料费	%	—	5.000	5.000	5.000
机械	半自动切割机 100mm	台班	83.55	0.024	0.011	—
	履带式起重机 50t	台班	1411.14	—	—	0.017
	汽车式起重机 16t	台班	958.70	0.012	—	—
	汽车式起重机 25t	台班	1084.16	—	0.014	—
	数控火焰切割机	台班	181.70	—	—	0.026

工作内容：施工准备、散板堆放、放样号料、吊装、切割、组对、焊接、检查验收。　　　计量单位：10t

定　额　编　号			A3-3-71	A3-3-72
项　目　名　称			预制	
			每块中幅板周长每增减1m	
			油罐容量(m³以内)	
			100000	150000
基　　　价（元）			**70.89**	**57.99**
其中	人　工　费（元）		32.06	28.14
	材　料　费（元）		14.71	11.92
	机　械　费（元）		24.12	17.93
名　　称	单位	单价（元）	消　耗　量	
人工	综合工日	工日	140.00	0.229	0.201
材料	尼龙砂轮片 φ180	片	3.42	0.540	0.450
	氧气	m³	3.63	1.710	1.380
	乙炔气	kg	10.45	0.570	0.460
	其他材料费占材料费	%	—	5.000	5.000
机械	履带式起重机 50t	台班	1411.14	0.014	0.010
	数控火焰切割机	台班	181.70	0.024	0.021

34

工作内容：施工准备、散板堆放、放样号料、吊装、切割、组对、焊接、检查验收。　　　　计量单位：10t

定 额 编 号			A3-3-73	A3-3-74	A3-3-75
项 目 名 称			安装		
			每块中幅板周长每增减1m		
			油罐容量（m³以内）		
			5000	30000	50000
基 价（元）			157.30	126.48	144.02
其中	人 工 费（元）		76.30	64.68	56.56
	材 料 费（元）		36.66	21.33	60.71
	机 械 费（元）		44.34	40.47	26.75
名 称	单位	单价（元）	消 耗 量		
人工	综合工日	工日	140.00	0.545	0.462	0.404
材料	低碳钢焊条	kg	6.84	4.296	2.398	1.150
	二氧化碳气体	m³	4.87	—	—	0.550
	埋弧焊剂	kg	21.72	—	—	0.850
	尼龙砂轮片 φ180	片	3.42	1.243	1.020	0.610
	碎焊丝 H08A	kg	7.69	—	—	0.600
	碳钢 CO₂ 焊丝	kg	7.69	—	—	1.038
	碳钢埋弧焊丝	kg	7.69	—	—	1.700
	碳精棒 φ8～12	根	1.27	—	—	0.830
	氧气	m³	3.63	0.180	0.060	—
	乙炔气	kg	10.45	0.060	0.020	—
	其他材料费占材料费	%	—	5.000	5.000	5.000
机械	电动空气压缩机 6m³/min	台班	206.73	0.079	0.058	0.043
	电焊条恒温箱	台班	21.41	0.004	0.002	0.060
	电焊条烘干箱 60×50×75cm³	台班	26.46	—	—	0.057
	电焊条烘干箱 75×105×135cm³	台班	68.00	0.004	0.002	0.002
	二氧化碳气体保护焊机 250A	台班	63.53	—	—	0.052
	履带式起重机 50t	台班	1411.14	—	—	0.007
	汽车式起重机 16t	台班	958.70	0.026	—	—
	汽车式起重机 25t	台班	1084.16	—	0.024	—
	直流弧焊机 32kV·A	台班	87.75	0.031	0.026	0.020

工作内容：施工准备、散板堆放、放样号料、吊装、切割、组对、焊接、检查验收。　　　　计量单位：10t

定 额 编 号				A3-3-76	A3-3-77
项 目 名 称				安装	
				每块中幅板周长每增减1m	
				油罐容量（m³以内）	
				100000	150000
基　　　　价（元）				125.69	122.65
其中	人 工 费（元）			47.46	40.18
	材 料 费（元）			56.59	66.82
	机 械 费（元）			21.64	15.65
名　　　称		单位	单价（元）	消　耗　　量	
人工	综合工日	工日	140.00	0.339	0.287
材料	低碳钢焊条	kg	6.84	0.970	0.800
	二氧化碳气体	m³	4.87	0.735	0.816
	埋弧焊剂	kg	21.72	0.720	1.020
	尼龙砂轮片 φ180	片	3.42	0.580	0.480
	碎焊丝 H08A	kg	7.69	0.450	0.280
	碳钢 CO_2 焊丝	kg	7.69	1.387	1.540
	碳钢埋弧焊丝	kg	7.69	1.439	2.040
	碳精棒 φ8～12	根	1.27	0.680	0.560
	其他材料费占材料费	%	—	5.000	5.000
机械	电动空气压缩机 6m³/min	台班	206.73	0.037	0.019
	电焊条恒温箱	台班	21.41	0.050	0.040
	电焊条烘干箱 60×50×75cm³	台班	26.46	0.048	0.038
	电焊条烘干箱 75×105×135cm³	台班	68.00	0.002	0.002
	二氧化碳气体保护焊机 250A	台班	63.53	0.044	0.038
	履带式起重机 50t	台班	1411.14	0.005	0.004
	直流弧焊机 32kV·A	台班	87.75	0.019	0.019

36

8. 储罐壁板板幅调整

工作内容：施工准备、散板堆放、放样号料、吊装、切割、组对、焊接、检查验收。 计量单位：座

定 额 编 号				A3-3-78	A3-3-79	A3-3-80
项 目 名 称				预制		
				每增减1节、油罐容量（m³以内）		
				5000	30000	50000
基 价（元）				4819.14	8637.26	13482.43
其中	人 工 费（元）			1995.56	4019.26	6020.00
	材 料 费（元）			434.48	839.17	1320.64
	机 械 费（元）			2389.10	3778.83	6141.79
名 称		单位	单价（元）	消 耗 量		
人工	综合工日	工日	140.00	14.254	28.709	43.000
材料	低碳钢焊条	kg	6.84	11.400	16.136	22.664
	尼龙砂轮片 φ180	片	3.42	20.136	32.824	50.464
	氧气	m³	3.63	37.528	81.056	130.760
	乙炔气	kg	10.45	12.509	27.019	43.587
	其他材料费占材料费	%	—	5.000	5.000	5.000
机械	半自动切割机 100mm	台班	83.55	1.485	2.216	—
	电焊条恒温箱	台班	21.41	0.156	0.347	0.522
	电焊条烘干箱 75×105×135cm³	台班	68.00	0.156	0.347	0.522
	卷板机 20×2500mm	台班	276.83	1.514	2.460	—
	卷板机 30×3000mm	台班	457.41	—	—	4.501
	汽车式起重机 16t	台班	958.70	1.768	2.688	3.237
	数控火焰切割机	台班	181.70	—	—	2.612
	直流弧焊机 32kV·A	台班	87.75	1.561	3.472	5.224

37

工作内容：施工准备、散板堆放、放样号料、吊装、切割、组对、焊接、检查验收。　　　　计量单位：座

定　额　编　号				A3-3-81	A3-3-82
项　目　名　称				预制	
				每增减1节、油罐容量（m³以内）	
				100000	150000
基　　　　　　价（元）				**20967.70**	**27540.62**
其中	人　工　费（元）			10253.32	12017.74
	材　料　费（元）			2407.61	2780.04
	机　械　费（元）			8306.77	12742.84
名　　　　称		单位	单价（元）	消　　耗　　量	
人工	综合工日	工日	140.00	73.238	85.841
材料	低碳钢焊条	kg	6.84	37.952	43.831
	尼龙砂轮片 φ180	片	3.42	105.472	121.600
	氧气	m³	3.63	235.144	271.600
	乙炔气	kg	10.45	78.381	90.533
	其他材料费占材料费	%	—	5.000	5.000
机械	电焊条恒温箱	台班	21.41	0.684	0.827
	电焊条烘干箱 75×105×135cm³	台班	68.00	0.684	0.827
	卷板机 30×3000mm	台班	457.41	5.826	7.426
	履带式起重机 50t	台班	1411.14	—	5.423
	汽车式起重机 16t	台班	958.70	4.547	—
	数控火焰切割机	台班	181.70	3.420	4.919
	直流弧焊机 32kV·A	台班	87.75	6.839	8.271

工作内容：施工准备、散板堆放、放样号料、吊装、切割、组对、焊接、检查验收。　　　计量单位：座

定　额　编　号			A3-3-83	A3-3-84	A3-3-85
项　目　名　称			安装		
			每增减1节、油罐容量（m³以内）		
			5000	30000	50000
基　　　　价（元）			4108.67	9159.43	25119.74
其中	人　工　费（元）		1872.08	5829.88	10701.46
	材　料　费（元）		422.35	661.01	3244.32
	机　械　费（元）		1814.24	2668.54	11173.96
名　　称	单位	单价（元）	消　　耗　　量		
人工	综合工日	工日	140.00	13.372	41.642	76.439
材料	低碳钢焊条	kg	6.84	33.501	37.410	41.512
	埋弧焊剂	kg	21.72	—	—	60.416
	尼龙砂轮片 φ180	片	3.42	26.000	57.815	85.352
	碳钢埋弧焊丝	kg	7.69	—	—	120.832
	碳精棒 φ8～12	根	1.27	12.104	45.368	90.480
	氧气	m³	3.63	9.672	16.632	22.160
	乙炔气	kg	10.45	3.224	5.544	7.387
	其他材料费占材料费	%	—	5.000	5.000	5.000
机械	电动空气压缩机 6m³/min	台班	206.73	—	—	3.320
	电焊条恒温箱	台班	21.41	1.219	1.285	5.688
	电焊条烘干箱 60×50×75cm³	台班	26.46	—	—	4.379
	电焊条烘干箱 75×105×135cm³	台班	68.00	1.219	1.285	1.309
	横向自动焊机	台班	385.18	—	—	9.139
	履带式起重机 50t	台班	1411.14	—	—	3.389
	平板拖车组 30t	台班	1243.07	—	—	0.571
	汽车式起重机 16t	台班	958.70	0.533	—	—
	汽车式起重机 25t	台班	1084.16	—	1.142	—
	载重汽车 10t	台班	547.99	0.228	0.457	—
	直流弧焊机 32kV·A	台班	87.75	12.186	12.138	13.090

工作内容：施工准备、散板堆放、放样号料、吊装、切割、组对、焊接、检查验收。　　　计量单位：座

定　额　编　号			A3-3-86	A3-3-87
项　目　名　称			安装	
			每增减1节、油罐容量（m³以内）	
			100000	150000
基　　　　价（元）			39835.36	51688.04
其中	人　工　费（元）		13433.28	15881.32
	材　料　费（元）		4476.27	5250.45
	机　械　费（元）		21925.81	30556.27
名　　　称	单位	单价（元）	消　耗　量	
人工 综合工日	工日	140.00	95.952	113.438
材料 低碳钢焊条	kg	6.84	44.320	53.136
埋弧焊剂	kg	21.72	80.848	93.760
尼龙砂轮片 φ180	片	3.42	117.624	140.800
碳钢埋弧焊丝	kg	7.69	160.896	187.520
碳精棒 φ8~12	根	1.27	241.280	289.504
氧气	m³	3.63	36.264	43.478
乙炔气	kg	10.45	12.088	14.493
其他材料费占材料费	%	—	5.000	5.000
机械 电动空气压缩机 6m³/min	台班	206.73	15.217	18.157
电焊条恒温箱	台班	21.41	9.063	11.668
电焊条烘干箱 60×50×75cm³	台班	26.46	7.730	10.145
电焊条烘干箱 75×105×135cm³	台班	68.00	1.333	1.523
横向自动焊机	台班	385.18	15.232	27.418
轮胎式装载机 3m³	台班	1085.98	—	0.952
履带式起重机 50t	台班	1411.14	7.304	8.718
平板拖车组 30t	台班	1243.07	0.762	0.762
直流弧焊机 32kV·A	台班	87.75	13.328	15.232

工作内容：施工准备、散板堆放、放样号料、吊装、切割、组对、焊接、检查验收。　　　　　计量单位：座

定　额　编　号			A3-3-88	A3-3-89	A3-3-90
项　目　名　称			预制		
			平均每节增减1张、油罐容量（m³以内）		
			5000	30000	50000
基　　　　　价（元）			780.37	1245.65	2974.02
其中	人　工　费（元）		334.74	589.82	1065.12
	材　料　费（元）		108.89	182.90	251.26
	机　械　费（元）		336.74	472.93	1657.64
名　　　称	单位	单价（元）	消　　耗　　量		
人工	综合工日	工日	140.00	2.391	4.213	7.608
材料	低碳钢焊条	kg	6.84	0.763	0.979	2.888
	尼龙砂轮片 φ180	片	3.42	7.251	9.072	7.320
	氧气	m³	3.63	10.360	19.184	27.344
	乙炔气	kg	10.45	3.453	6.395	9.115
	其他材料费占材料费	%	—	5.000	5.000	5.000
机械	半自动切割机 100mm	台班	83.55	1.131	1.810	—
	电焊条恒温箱	台班	21.41	0.008	0.012	0.082
	电焊条烘干箱 75×105×135cm³	台班	68.00	0.008	0.012	0.082
	卷板机 30×3000mm	台班	457.41	0.152	0.228	—
	卷板机 40×3500mm	台班	514.10	—	—	0.228
	轮胎式装载机 3m³	台班	1085.98	0.152	0.190	0.228
	履带式起重机 50t	台班	1411.14	—	—	0.754
	数控火焰切割机	台班	181.70	—	—	0.822
	直流弧焊机 32kV·A	台班	87.75	0.079	0.114	0.822

| 名称列 | 单位列 |

工作内容：施工准备、散板堆放、放样号料、吊装、切割、组对、焊接、检查验收。 计量单位：座

定 额 编 号			A3-3-91	A3-3-92
项 目 名 称			预制	
			平均每节增减1张、油罐容量（m³以内）	
			100000	150000
基 价（元）			4518.53	5068.44
其中	人 工 费（元）		1563.80	1875.44
	材 料 费（元）		405.13	474.66
	机 械 费（元）		2549.60	2718.34
名 称	单位	单价（元）	消 耗 量	
人工 综合工日	工日	140.00	11.170	13.396
材料 低碳钢焊条	kg	6.84	4.984	5.836
尼龙砂轮片 φ180	片	3.42	10.768	12.640
氧气	m³	3.63	44.272	51.862
乙炔气	kg	10.45	14.757	17.287
其他材料费占材料费	%	—	5.000	5.000
机械 电焊条恒温箱	台班	21.41	0.096	0.114
电焊条烘干箱 75×105×135cm³	台班	68.00	0.096	0.114
卷板机 70×3000mm	台班	1055.69	0.343	0.476
轮胎式装载机 3m³	台班	1085.98	0.343	—
履带式起重机 50t	台班	1411.14	1.097	1.295
数控火焰切割机	台班	181.70	0.959	1.530
直流弧焊机 32kV·A	台班	87.75	0.959	1.142

工作内容：施工准备、散板堆放、放样号料、吊装、切割、组对、焊接、检查验收。　　计量单位：座

定　额　编　号				A3-3-93	A3-3-94	A3-3-95
项　目　名　称				安装		
				平均每节增减1张、油罐容量（m³以内）		
				5000	30000	50000
基　　　　价（元）				4995.99	6549.43	8752.02
其中	人　工　费（元）			1850.10	2118.48	2744.00
	材　料　费（元）			156.14	241.09	1289.05
	机　械　费（元）			2989.75	4189.86	4718.97
名　　　称		单位	单价（元）	消　　耗　　量		
人工	综合工日	工日	140.00	13.215	15.132	19.600
材料	低碳钢焊条	kg	6.84	16.826	27.645	14.440
	二氧化碳气体	m³	4.87	—	—	55.876
	合金钢焊丝	kg	7.69	—	—	105.427
	尼龙砂轮片 φ180	片	3.42	6.400	7.488	8.008
	碳精棒 φ8～12	根	1.27	1.120	1.680	1.872
	氧气	m³	3.63	1.448	1.796	2.288
	乙炔气	kg	10.45	0.483	0.599	0.763
	其他材料费占材料费	%	—	5.000	5.000	5.000
机械	电动空气压缩机 6m³/min	台班	206.73	—	—	0.640
	电焊条恒温箱	台班	21.41	1.158	1.954	1.167
	电焊条烘干箱 60×50×75cm³	台班	26.46			0.526
	电焊条烘干箱 75×105×135cm³	台班	68.00	1.158	1.954	0.641
	卷板机 20×2500mm	台班	276.83	—	1.523	—
	卷板机 40×3500mm	台班	514.10	1.219	—	—
	立缝自动焊机	台班	355.42			1.051
	履带式起重机 50t	台班	1411.14			2.361
	平板拖车组 30t	台班	1243.07			0.190
	汽车式起重机 16t	台班	958.70	1.219	—	—
	汽车式起重机 25t	台班	1084.16	—	1.645	—
	载重汽车 10t	台班	547.99	0.137	0.175	
	直流弧焊机 32kV·A	台班	87.75	11.576	19.535	6.413

43

工作内容：施工准备、散板堆放、放样号料、吊装、切割、组对、焊接、检查验收。　　　　　计量单位：座

定　额　编　号			A3-3-96	A3-3-97
项　目　名　称			安装	
			平均每节增减1张、油罐容量（m³以内）	
			100000	150000
基　　价（元）			13826.91	16962.53
其中	人　工　费（元）		4677.82	5484.64
	材　料　费（元）		1409.92	1702.92
	机　械　费（元）		7739.17	9774.97
名　　称		单位	单价（元）	消　耗　量
人工	综合工日	工日	140.00	33.413	39.176
材料	低碳钢焊条	kg	6.84	2.232	3.112
	电焊条	kg	5.98	3.360	3.360
	二氧化碳气体	m³	4.87	64.458	78.019
	合金钢焊丝	kg	7.69	121.618	147.206
	尼龙砂轮片 φ180	片	3.42	8.144	9.600
	碳精棒 φ8~12	根	1.27	6.296	7.384
	氧气	m³	3.63	3.152	3.693
	乙炔气	kg	10.45	1.051	1.231
	其他材料费占材料费	%	—	5.000	5.000
机械	电动空气压缩机 6m³/min	台班	206.73	1.478	1.935
	电焊条恒温箱	台班	21.41	2.179	2.642
	电焊条烘干箱 60×50×75cm³	台班	26.46	1.463	1.728
	电焊条烘干箱 75×105×135cm³	台班	68.00	0.716	0.914
	立缝自动焊机	台班	355.42	2.925	3.456
	履带式起重机 50t	台班	1411.14	3.739	4.417
	平板拖车组 30t	台班	1243.07	0.286	0.762
	直流弧焊机 32kV·A	台班	87.75	7.159	9.139

二、油罐附件

1. 人孔、透光孔、排污孔等制作安装

工作内容：预制、开孔、检查清理、安装、焊接等。　　　　　　　　　　　　　　　　计量单位：个

定　额　编　号				A3-3-98	A3-3-99	A3-3-100	A3-3-101
项　目　名　称				人孔(mm)	透光孔(mm)		排污孔(mm)
				Φ600	Φ500	Φ700	H700×800
基　　　　价（元）				299.66	206.81	260.20	300.69
其中	人　工　费（元）			80.08	95.20	110.04	125.02
	材　料　费（元）			54.84	28.76	35.30	28.79
	机　械　费（元）			164.74	82.85	114.86	146.88
名　　称		单位	单价（元）	消　　耗　　量			
人工	综合工日	工日	140.00	0.572	0.680	0.786	0.893
材料	排污孔	个	—	—	—	—	(1.000)
	人孔	个	—	(1.000)	—	—	—
	透光孔	个	—	—	(1.000)	(1.000)	—
	低碳钢焊条	kg	6.84	5.000	1.700	2.000	3.000
	尼龙砂轮片 Φ150	片	3.32	0.480	0.120	0.150	0.200
	石棉橡胶板	kg	9.40	1.500	1.500	1.500	0.500
	氧气	m³	3.63	0.471	0.252	0.843	0.291
	乙炔气	kg	10.45	0.157	0.084	0.281	0.097
	其他材料费占材料费	%	—	3.000	3.000	3.000	3.000
机械	电焊条恒温箱	台班	21.41	0.076	0.038	0.052	0.067
	电焊条烘干箱 75×105×135cm³	台班	68.00	0.076	0.038	0.052	0.067
	汽车式起重机 16t	台班	958.70	0.095	0.048	0.067	0.086
	直流弧焊机 32kV·A	台班	87.75	0.762	0.381	0.524	0.666

2.接合管安装

工作内容：开孔、检查清理、安装、焊接严密性试验等。 计量单位：个

定 额 编 号				A3-3-102	A3-3-103	A3-3-104	A3-3-105
项 目 名 称				罐顶接合管直径(mm以内)			
				DN50	DN80	DN100	DN150
基 价 （元）				27.60	43.75	56.87	69.93
其中	人 工 费 （元）			14.98	20.58	25.48	32.62
	材 料 费 （元）			3.39	4.80	7.39	9.62
	机 械 费 （元）			9.23	18.37	24.00	27.69
名 称		单位	单价(元)	消 耗 量			
人工	综合工日	工日	140.00	0.107	0.147	0.182	0.233
材料	罐顶接合管	个	—	(1.000)	(1.000)	(1.000)	(1.000)
	低碳钢焊条	kg	6.84	0.300	0.500	0.800	1.000
	尼龙砂轮片 φ150	片	3.32	0.110	0.110	0.120	0.130
	氧气	m³	3.63	0.123	0.123	0.183	0.291
	乙炔气	kg	10.45	0.041	0.041	0.061	0.097
	其他材料费占材料费	%	—	3.000	3.000	3.000	3.000
机械	电焊条恒温箱	台班	21.41	0.010	0.019	0.025	0.029
	电焊条烘干箱 75×105×135cm³	台班	68.00	0.010	0.019	0.025	0.029
	直流弧焊机 32kV·A	台班	87.75	0.095	0.190	0.248	0.286

工作内容：开孔、检查清理、安装、试验等。   计量单位：个

定　额　编　号				A3-3-106	A3-3-107
项　目　名　称				罐顶接合管直径(mm以内)	
				DN200	DN250
基　　　　价（元）				89.87	112.85
其中	人　工　费（元）			39.48	49.98
	材　料　费（元）			13.56	16.81
	机　械　费（元）			36.83	46.06
名　　称		单位	单价（元）	消　　耗　　量	
人工	综合工日	工日	140.00	0.282	0.357
材料	罐顶接合管	个	—	(1.000)	(1.000)
	低碳钢焊条	kg	6.84	1.400	1.800
	尼龙砂轮片 φ150	片	3.32	0.200	0.300
	氧气	m³	3.63	0.411	0.423
	乙炔气	kg	10.45	0.137	0.141
	其他材料费占材料费	%	—	3.000	3.000
机械	电焊条恒温箱	台班	21.41	0.038	0.048
	电焊条烘干箱 75×105×135cm³	台班	68.00	0.038	0.048
	直流弧焊机 32kV·A	台班	87.75	0.381	0.476

47

工作内容：开孔、检查清理、安装、焊接等。

计量单位：个

定 额 编 号				A3-3-108	A3-3-109	A3-3-110
项 目 名 称				罐壁接合管直径(mm以内)		
				DN50	DN80	DN100
基 价（元）				40.72	63.34	83.36
其中	人 工 费（元）			17.50	30.10	37.38
	材 料 费（元）			9.42	14.87	18.29
	机 械 费（元）			13.80	18.37	27.69
名 称		单位	单价（元）	消	耗	量
人工	综合工日	工日	140.00	0.125	0.215	0.267
材料	罐壁接合管	个	—	(1.000)	(1.000)	(1.000)
	低碳钢焊条	kg	6.84	1.161	1.929	2.347
	尼龙砂轮片 φ150	片	3.32	0.100	0.110	0.120
	氧气	m³	3.63	0.123	0.123	0.183
	乙炔气	kg	10.45	0.041	0.041	0.061
	其他材料费占材料费	%	—	3.000	3.000	3.000
机械	电焊条恒温箱	台班	21.41	0.014	0.019	0.029
	电焊条烘干箱 75×105×135cm³	台班	68.00	0.014	0.019	0.029
	直流弧焊机 32kV·A	台班	87.75	0.143	0.190	0.286

48

工作内容：开孔、检查清理、安装、焊接等。 计量单位：个

定 额 编 号				A3-3-111	A3-3-112	A3-3-113
项 目 名 称				罐壁接合管直径(mm以内)		
				DN150	DN200	DN250
基 价 （元）				114.27	141.22	170.32
其中	人 工 费（元）			47.46	57.54	62.58
	材 料 费（元）			29.98	37.62	52.54
	机 械 费（元）			36.83	46.06	55.20
名 称		单位	单价（元）	消 耗 量		
人工	综合工日	工日	140.00	0.339	0.411	0.447
材料	罐壁接合管	个	—	(1.000)	(1.000)	(1.000)
	低碳钢焊条	kg	6.84	3.890	4.845	6.810
	尼龙砂轮片 φ150	片	3.32	0.130	0.140	0.150
	氧气	m³	3.63	0.291	0.411	0.552
	乙炔气	kg	10.45	0.097	0.137	0.184
	其他材料费占材料费	%	—	3.000	3.000	3.000
机械	电焊条恒温箱	台班	21.41	0.038	0.048	0.057
	电焊条烘干箱 75×105×135cm³	台班	68.00	0.038	0.048	0.057
	直流弧焊机 32kV·A	台班	87.75	0.381	0.476	0.571

工作内容：开孔、检查清理、安装、焊接等。 计量单位：个

定 额 编 号				A3-3-114	A3-3-115	A3-3-116
项 目 名 称				罐壁接合管直径(mm以内)		
				DN300	DN350	DN400
基 价（元）				182.56	196.12	212.63
其中	人 工 费（元）			66.08	69.16	73.08
	材 料 费（元）			61.28	67.10	76.09
	机 械 费（元）			55.20	59.86	63.46
名 称		单位	单价(元)	消 耗 量		
人工	综合工日	工日	140.00	0.472	0.494	0.522
材料	罐壁接合管	个	—	(1.000)	(1.000)	(1.000)
	低碳钢焊条	kg	6.84	7.891	8.567	9.748
	尼龙砂轮片 φ150	片	3.32	0.160	0.170	0.190
	氧气	m³	3.63	0.702	0.841	0.899
	乙炔气	kg	10.45	0.234	0.280	0.316
	其他材料费占材料费	%	—	3.000	3.000	3.000
机械	电焊条恒温箱	台班	21.41	0.057	0.062	0.065
	电焊条烘干箱 75×105×135cm³	台班	68.00	0.057	0.062	0.065
	直流弧焊机 32kV·A	台班	87.75	0.571	0.619	0.657

3. 进出油管安装

工作内容：补强圈预制、开孔、安装、焊接。 　　　　　　　　　　　计量单位：个

定　额　编　号				A3-3-117	A3-3-118	A3-3-119
项　目　名　称				进出油管直径(mm以内)		
				DN500	DN600	DN700
基　　　价（元）				1208.17	1411.70	1958.26
其中	人　工　费（元）			431.06	517.02	640.78
	材　料　费（元）			230.79	276.34	512.27
	机　械　费（元）			546.32	618.34	805.21
名　　称		单位	单价(元)	消　　耗　　量		
人工	综合工日	工日	140.00	3.079	3.693	4.577
材料	进出油管	个	—	(1.000)	(1.000)	(1.000)
	低碳钢焊条	kg	6.84	20.770	24.920	30.900
	木方	m³	1675.21	—	—	0.095
	尼龙砂轮片 φ150	片	3.32	2.917	3.327	3.992
	氧气	m³	3.63	10.166	12.201	14.638
	乙炔气	kg	10.45	3.389	4.067	4.879
	其他材料费占材料费	%	—	3.000	3.000	5.000
机械	电焊条恒温箱	台班	21.41	0.333	0.400	0.493
	电焊条烘干箱 75×105×135cm³	台班	68.00	0.333	0.400	0.493
	卷板机 30×2000mm	台班	352.40	0.190	0.190	0.228
	汽车式起重机 25t	台班	1084.16	0.145	0.152	0.152
	载重汽车 10t	台班	547.99	—	—	0.152
	直流弧焊机 32kV·A	台班	87.75	3.332	3.998	4.931

工作内容：补强圈预制、开孔、安装、焊接。   计量单位：个

定 额 编 号				A3-3-120	A3-3-121
项 目 名 称				进出油管直径(mm以内)	
				DN800	DN900
基　　　价（元）				2773.45	3242.65
其中	人 工 费（元）			744.80	893.76
	材 料 费（元）			744.98	846.09
	机 械 费（元）			1283.67	1502.80
名　　　称		单位	单价(元)	消　耗　量	
人工	综合工日	工日	140.00	5.320	6.384
材料	进出油管	个	—	(1.000)	(1.000)
	低碳钢焊条	kg	6.84	59.870	69.830
	木方	m³	1675.21	0.095	0.095
	尼龙砂轮片 φ150	片	3.32	4.791	5.749
	氧气	m³	3.63	17.565	21.078
	乙炔气	kg	10.45	5.855	7.026
	其他材料费占材料费	%	—	5.000	5.000
机械	电焊条恒温箱	台班	21.41	0.912	1.059
	电焊条烘干箱 75×105×135cm³	台班	68.00	0.912	1.059
	卷板机 30×2000mm	台班	352.40	0.295	0.343
	汽车式起重机 25t	台班	1084.16	0.183	0.219
	载重汽车 10t	台班	547.99	0.183	0.219
	直流弧焊机 32kV·A	台班	87.75	9.111	10.596

4.防火器安装

工作内容：检查清理、安装。

计量单位：个

定 额 编 号				A3-3-122	A3-3-123	A3-3-124
项 目 名 称				管直径(mm以内)		
				DN80	DN100	DN150
基 价（元）				21.71	26.75	38.18
其中	人 工 费（元）			14.98	20.02	25.20
	材 料 费（元）			6.73	6.73	12.98
	机 械 费（元）			—	—	—
名 称		单位	单价(元)	消 耗 量		
人工	综合工日	工日	140.00	0.107	0.143	0.180
材料	防火器	个	—	(1.000)	(1.000)	(1.000)
	带帽六角螺栓 M12以外	kg	6.41	0.800	0.800	1.600
	石棉橡胶板	kg	9.40	0.150	0.150	0.250
	其他材料费占材料费	%	—	3.000	3.000	3.000

工作内容：检查清理、安装。 计量单位：个

定　额　编　号					A3-3-125	A3-3-126
项　目　名　称					管直径(mm以内)	
					DN200	DN250
基　　　　价　（元）					**45.37**	**62.19**
其中	人　工　费（元）				30.10	40.18
	材　料　费（元）				15.27	22.01
	机　械　费（元）				—	—
名　　　称		单位	单价(元)		消　　耗　　量	
人工	综合工日	工日	140.00		0.215	0.287
材料	防火器	个	—		(1.000)	(1.000)
	带帽六角螺栓 M12以外	kg	6.41		1.800	2.600
	石棉橡胶板	kg	9.40		0.350	0.500
	其他材料费占材料费	%	—		3.000	3.000

5. 空气泡沫产生器安装

工作内容：检查定位、开孔、安装、焊接、质量自检等。　　　　　　　　　　　计量单位：个

定　额　编　号				A3-3-127	A3-3-128	A3-3-129	A3-3-130
项　目　名　称				空气泡沫产生器			
				PC-4	PC-8	PC-16	PC-24
基　　　价（元）				222.71	303.46	345.63	394.43
其中	人　工　费（元）			96.18	112.14	138.18	164.22
	材　料　费（元）			24.19	40.93	53.37	72.35
	机　械　费（元）			102.34	150.39	154.08	157.86
名　　称		单位	单价（元）	消　　耗　　量			
人工	综合工日	工日	140.00	0.687	0.801	0.987	1.173
材料	空气泡沫产生器	个	—	(1.000)	(1.000)	(1.000)	(1.000)
	扁钢	kg	3.40	0.475	0.475	0.475	0.475
	带帽六角螺栓 M12以外	kg	6.41	0.950	1.900	2.375	3.610
	低碳钢焊条	kg	6.84	0.762	0.844	1.037	1.247
	钢板 δ4～10	kg	3.18	1.045	1.615	3.610	5.415
	角钢 63以内	kg	3.61	1.330	3.040	3.420	3.895
	氧气	m³	3.63	0.117	0.117	0.117	0.117
	乙炔气	kg	10.45	0.039	0.039	0.039	0.039
	圆钢 φ8～14	kg	3.40	0.475	0.950	0.950	1.425
	其他材料费占材料费	%	—	3.000	3.000	3.000	3.000
机械	电焊条恒温箱	台班	21.41	0.023	0.023	0.026	0.031
	电焊条烘干箱 75×105×135cm³	台班	68.00	0.023	0.023	0.026	0.031
	普通车床 400×1000mm	台班	210.71	0.381	0.609	0.609	0.609
	直流弧焊机 32kV·A	台班	87.75	0.228	0.228	0.267	0.305

6.呼吸阀、安全阀、通气阀安装

工作内容：检查、安装。

计量单位：个

定 额 编 号				A3-3-131	A3-3-132	A3-3-133
项 目 名 称				管直径(mm以内)		
				DN80	DN100	DN150
基 价（元）				22.50	26.42	36.42
其中	人 工 费（元）			16.10	20.02	24.08
	材 料 费（元）			6.40	6.40	12.34
	机 械 费（元）			—	—	—
名 称		单位	单价（元）	消 耗 量		
人工	综合工日	工日	140.00	0.115	0.143	0.172
材料	呼吸阀、安全阀、通气阀	个	—	(1.000)	(1.000)	(1.000)
	带帽六角螺栓 M12以外	kg	6.41	0.760	0.760	1.520
	石棉橡胶板	kg	9.40	0.143	0.143	0.238
	其他材料费占材料费	%	—	3.000	3.000	3.000

定 额 编 号			A3-3-134	A3-3-135
项 目 名 称			管直径(mm以内)	
			DN200	DN250
基 价（元）			46.57	61.09
其中	人 工 费（元）		32.06	40.18
	材 料 费（元）		14.51	20.91
	机 械 费（元）		—	—
名 称	单位	单价（元）	消 耗 量	
人工	综合工日	工日	140.00	0.229	0.287
材料	呼吸阀、安全阀、通气阀	个	—	(1.000)	(1.000)
	带帽六角螺栓 M12以外	kg	6.41	1.710	2.470
	石棉橡胶板	kg	9.40	0.333	0.475
	其他材料费占材料费	%	—	3.000	3.000

7.油量帽制作安装

工作内容：划线定位、安装就位、找正、焊接、固定、严密性试验等。 计量单位：套

定 额 编 号			A3-3-136	A3-3-137
项 目 名 称			量油帽(孔)	
			DN100	DN150
基 价（元）			13.61	19.36
其中	人 工 费（元）		7.98	12.04
	材 料 费（元）		5.63	7.32
	机 械 费（元）		—	—
名 称	单位	单价(元)	消 耗 量	
人工	综合工日	工日	140.00	0.057	0.086
材料	量油帽孔	个	—	(1.000)	(1.000)
	带帽六角螺栓 M12以外	kg	6.41	0.504	0.760
	石棉橡胶板	kg	9.40	0.238	0.238
	其他材料费占材料费	%	—	3.000	3.000

8. 蒸汽盘管制作安装

工作内容：预制、安装、焊接、试漏等。

计量单位：10m

定　额　编　号				A3-3-138
项　目　名　称				蒸汽盘管长度(m)
基　　　价（元）				371.05
其中	人　工　费（元）			137.76
	材　料　费（元）			189.20
	机　械　费（元）			44.09
名　　称		单位	单价（元）	消　　耗　　量
人工	综合工日	工日	140.00	0.984
材料	低碳钢焊条	kg	6.84	0.570
	热轧厚钢板 δ10~20	kg	3.20	37.900
	无缝钢管	m	5.56	10.300
	氧气	m³	3.63	0.174
	乙炔气	kg	10.45	0.058
	其他材料费占材料费	%	—	3.000
机械	电焊条恒温箱	台班	21.41	0.043
	电焊条烘干箱 75×105×135cm³	台班	68.00	0.043
	鼓风机 8m³/min	台班	25.09	0.114
	直流弧焊机 32kV·A	台班	87.75	0.426

9.排管加热器制作安装

工作内容：预制、安装、焊接、试漏等。

计量单位：10个

定 额 编 号			A3-3-139	A3-3-140	A3-3-141	A3-3-142
项 目 名 称			排管长度			
			2m	2.5m	3m	4m
基 价（元）			3951.51	4546.64	5141.64	6231.96
其中	人 工 费（元）		760.90	840.98	920.92	981.12
	材 料 费（元）		2785.56	3300.61	3815.67	4845.79
	机 械 费（元）		405.05	405.05	405.05	405.05
名 称	单位	单价（元）	消 耗 量			
人工 综合工日	工日	140.00	5.435	6.007	6.578	7.008
材料 低碳钢焊条	kg	6.84	6.270	6.270	6.270	6.270
尼龙砂轮片 φ100	片	2.05	7.600	7.600	7.600	7.600
热轧厚钢板 δ10～20	kg	3.20	37.900	37.900	37.900	37.900
无缝钢管	kg	4.44	530.304	640.784	751.264	972.224
氧气	m³	3.63	16.676	16.676	16.676	16.676
乙炔气	kg	10.45	5.558	5.558	5.558	5.558
其他材料费占材料费	%	—	5.000	5.000	5.000	5.000
机械 电焊条恒温箱	台班	21.41	0.419	0.419	0.419	0.419
电焊条烘干箱 75×105×135cm³	台班	68.00	0.419	0.419	0.419	0.419
直流弧焊机 32kV·A	台班	87.75	4.189	4.189	4.189	4.189

工作内容：预制、安装、焊接、试漏等。 计量单位：10个

定 额 编 号				A3-3-143	A3-3-144	A3-3-145
项 目 名 称				排管长度		
				5m	6m	12m
基 价（元）				7322.13	8472.37	15641.65
其中	人 工 费（元）			1041.18	1161.30	1441.58
	材 料 费（元）			5875.90	6906.02	13117.87
	机 械 费（元）			405.05	405.05	1082.20
名 称		单位	单价（元）	消 耗 量		
人工	综合工日	工日	140.00	7.437	8.295	10.297
材料	低碳钢焊条	kg	6.84	6.270	6.270	7.025
	尼龙砂轮片 φ100	片	2.05	7.600	7.600	9.500
	热轧厚钢板 δ10～20	kg	3.20	37.900	37.900	37.900
	无缝钢管	kg	4.44	1193.184	1414.144	2739.204
	氧气	m³	3.63	16.676	16.676	20.010
	乙炔气	kg	10.45	5.558	5.558	6.670
	其他材料费占材料费	%	—	5.000	5.000	5.000
机械	电焊条恒温箱	台班	21.41	0.419	0.419	0.526
	电焊条烘干箱 75×105×135cm³	台班	68.00	0.419	0.419	0.526
	汽车式起重机 16t	台班	958.70	—	—	0.381
	载重汽车 10t	台班	547.99	—	—	0.381
	直流弧焊机 32kV·A	台班	87.75	4.189	4.189	5.255

10.加热器支架制作安装

工作内容：号料、切割、揉制、组装、焊接等。 计量单位：10个

定 额 编 号			A3-3-146	A3-3-147
项 目 名 称			双柱四管式	双柱八管式
基 价 （元）			841.33	1348.51
其中	人 工 费（元）		228.34	320.46
	材 料 费（元）		494.93	819.54
	机 械 费（元）		118.06	208.51
名 称	单位	单价（元）	消 耗 量	
人工	综合工日	工日	140.00	1.631	2.289
材料	扁钢	kg	3.40	31.991	52.581
	带帽六角螺栓 M12以外	kg	6.41	5.909	11.144
	低碳钢焊条	kg	6.84	3.667	6.270
	角钢 63以外	kg	3.61	—	48.445
	无缝钢管	kg	4.44	57.772	52.924
	氧气	m³	3.63	0.447	0.773
	乙炔气	kg	10.45	0.149	0.257
	圆钢 φ15～24	kg	3.40	14.440	25.650
	其他材料费占材料费	%	—	3.000	3.000
机械	电焊条恒温箱	台班	21.41	0.114	0.202
	电焊条烘干箱 75×105×135cm³	台班	68.00	0.114	0.202
	鼓风机 8m³/min	台班	25.09	0.305	0.533
	直流弧焊机 32kV·A	台班	87.75	1.142	2.018

工作内容：号料、切割、摁制、组装、焊接等。计量单位：10个

定 额 编 号			A3-3-148	A3-3-149
项 目 名 称			双柱十二管式	单柱双管式
基 价（元）			1832.87	582.28
其中	人 工 费（元）		440.58	108.22
	材 料 费（元）		1172.43	407.51
	机 械 费（元）		219.86	66.55
名 称		单位	单价（元）	消 耗 量

	名 称	单位	单价（元）		
人工	综合工日	工日	140.00	3.147	0.773
材料	扁钢	kg	3.40	82.421	24.371
	带帽六角螺栓 M12以外	kg	6.41	11.923	3.192
	低碳钢焊条	kg	6.84	9.415	3.145
	钢板 δ4～10	kg	3.18	—	10.171
	角钢 63以外	kg	3.61	94.607	—
	无缝钢管	kg	4.44	53.227	43.329
	氧气	m³	3.63	1.151	0.346
	乙炔气	kg	10.45	0.384	0.115
	圆钢 φ15～24	kg	3.40	38.580	12.830
	其他材料费占材料费	%	—	3.000	3.000
机械	电焊条恒温箱	台班	21.41	0.206	0.061
	电焊条烘干箱 75×105×135cm³	台班	68.00	0.206	0.061
	鼓风机 8m³/min	台班	25.09	0.838	0.305
	直流弧焊机 32kV·A	台班	87.75	2.056	0.609

工作内容：号料、切割、揿制、组装、焊接等。 计量单位：10个

定 额 编 号				A3-3-150	A3-3-151
项 目 名 称				单柱单管式高度(mm)	
				471~650	170~470
基 价（元）				419.04	335.89
其中	人 工 费（元）			88.20	78.12
	材 料 费（元）			234.99	189.52
	机 械 费（元）			95.85	68.25
名 称		单位	单价(元)	消 耗 量	
人工	综合工日	工日	140.00	0.630	0.558
材料	带帽六角螺栓 M12以外	kg	6.41	0.418	0.418
	低碳钢焊条	kg	6.84	0.470	0.470
	钢板 δ4~10	kg	3.18	10.171	10.171
	无缝钢管	kg	4.44	39.188	29.290
	氧气	m³	3.63	0.211	0.182
	乙炔气	kg	10.45	0.070	0.061
	圆钢 φ15~24	kg	3.40	4.240	4.240
	其他材料费占材料费	%	—	3.000	3.000
机械	电焊条恒温箱	台班	21.41	0.095	0.067
	电焊条烘干箱 75×105×135cm³	台班	68.00	0.095	0.067
	鼓风机 8m³/min	台班	25.09	0.152	0.152
	直流弧焊机 32kV·A	台班	87.75	0.952	0.666

11.加热器连接管预制安装

工作内容：号料、焊接、套丝扣、上零件、安装、试漏等。 计量单位：10个

定 额 编 号			A3-3-152	A3-3-153	A3-3-154	A3-3-155
项 目 名 称			主管长度(mm)			
			730	1260	1790	2320
基 价 （元）			1222.56	1512.24	1791.15	2062.54
其中	人 工 费 （元）		566.58	728.84	895.02	1057.28
	材 料 费 （元）		269.39	323.15	351.14	416.15
	机 械 费 （元）		386.59	460.25	544.99	589.11
名 称	单位	单价(元)	消 耗 量			
人工	综合工日	工日	140.00	4.047	5.206	6.393	7.552
材料	低碳钢焊条	kg	6.84	6.000	6.580	7.260	9.020
	热轧厚钢板 δ10	kg	3.20	19.700	19.700	19.700	19.700
	无缝钢管	kg	4.44	26.462	35.200	38.582	46.965
	氧气	m³	3.63	5.619	6.945	8.000	9.949
	乙炔气	kg	10.45	1.873	2.315	2.667	3.316
	其他材料费占材料费	%	—	3.000	3.000	3.000	3.000
机械	电焊条恒温箱	台班	21.41	0.400	0.476	0.564	0.609
	电焊条烘干箱 75×105×135cm³	台班	68.00	0.400	0.476	0.564	0.609
	直流弧焊机 32kV·A	台班	87.75	3.998	4.760	5.636	6.093

12.人孔安装

工作内容：预制、开孔、检查清理、安装、焊接等。　　　　　　　　计量单位：个

定　额　编　号			A3-3-156	A3-3-157
项　目　名　称			浮船人孔(mm)	船舱人孔(mm)
			DN600	DN500
基　　　　　价（元）			245.74	155.64
其中	人　工　费（元）		71.26	63.28
	材　料　费（元）		45.71	27.73
	机　械　费（元）		128.77	64.63
名　　　称	单位	单价（元）	消　　耗　　量	
人工 综合工日	工日	140.00	0.509	0.452
材料 单盘顶人孔	个	—	—	(1.000)
浮船人孔	个	—	(1.000)	—
低碳钢焊条	kg	6.84	3.864	2.005
尼龙砂轮片 φ150	片	3.32	0.190	0.190
石棉橡胶板	kg	9.40	1.000	1.000
氧气	m³	3.63	1.114	0.447
乙炔气	kg	10.45	0.371	0.149
其他材料费占材料费	%	—	3.000	3.000
机械 电焊条恒温箱	台班	21.41	0.058	0.048
电焊条烘干箱 75×105×135cm³	台班	68.00	0.058	0.048
汽车式起重机 16t	台班	958.70	0.076	0.019
直流弧焊机 32kV·A	台班	87.75	0.578	0.480

工作内容：预制、开孔、检查清理、安装、焊接等。　　　　　　　　　　　　　　　　　　　计量单位：个

定　额　编　号			A3-3-158	A3-3-159
项　目　名　称			试验人孔	带芯铰链
			盖板(mm)	人孔(mm)
			DN500	DN600
基　　价（元）			172.06	273.13
其中	人　工　费（元）		78.96	85.12
	材　料　费（元）		27.61	51.86
	机　械　费（元）		65.49	136.15
名　　称	单位	单价（元）	消　耗　量	
人工	综合工日	工日	140.00	0.564	0.608
材料	带芯绞链人孔	个	—	—	(1.000)
	试验人孔盖板	个	—	(1.000)	—
	低碳钢焊条	kg	6.84	1.866	5.338
	尼龙砂轮片 φ150	片	3.32	0.190	0.380
	石棉橡胶板	kg	9.40	1.000	1.000
	氧气	m³	3.63	0.564	0.447
	乙炔气	kg	10.45	0.188	0.149
	其他材料费占材料费	%	—	3.000	3.000
机械	电焊条恒温箱	台班	21.41	0.058	0.065
	电焊条烘干箱 75×105×135cm³	台班	68.00	0.058	0.065
	汽车式起重机 16t	台班	958.70	0.010	0.076
	直流弧焊机 32kV·A	台班	87.75	0.578	0.655

13. 清扫孔、通气孔安装

工作内容：加强板、孔颈放样、号料、切割、卷弧、组对、焊接、记录等。　　　　计量单位：个

定　额　编　号			A3-3-160	A3-3-161	A3-3-162
项　目　名　称			清扫孔H500×700油罐容量		
			(m³以内)		
			20000	30000	50000
基　　　价（元）			1420.29	1747.68	2065.89
其中	人　工　费（元）		599.76	674.24	720.86
	材　料　费（元）		276.93	336.27	396.45
	机　械　费（元）		543.60	737.17	948.58
名　　　称	单位	单价（元）	消　　耗　　量		
人工 综合工日	工日	140.00	4.284	4.816	5.149
材料 清扫孔	个	—	(1.000)	(1.000)	(1.000)
低碳钢焊条	kg	6.84	19.950	27.550	33.060
尼龙砂轮片 φ150	片	3.32	2.600	3.010	5.400
氧气	m³	3.63	17.400	18.000	19.800
乙炔气	kg	10.45	5.800	6.000	6.600
其他材料费占材料费	%	—	3.000	3.000	3.000
机械 电动空气压缩机 6m³/min	台班	206.73	0.095	0.095	0.095
电焊条恒温箱	台班	21.41	0.239	0.314	0.533
电焊条烘干箱 75×105×135cm³	台班	68.00	0.239	0.314	0.533
鼓风机 8m³/min	台班	25.09	0.190	0.190	0.190
卷板机 30×3000mm	台班	457.41	0.095	0.095	0.095
汽车式起重机 16t	台班	958.70	0.255	0.381	0.381
直流弧焊机 32kV·A	台班	87.75	2.392	3.145	5.331

工作内容：加强板、孔颈放样、号料、切割、卷弧、组对、焊接、记录等。　　　　　计量单位：个

定　额　编　号				A3-3-163	
项　目　名　称				通气孔圆型	
				DN500	
基　　　价（元）				258.79	
其中	人　工　费（元）			100.10	
	材　料　费（元）			85.03	
	机　械　费（元）			73.66	
名　　称		单位	单价（元）	消　耗　量	
人工	综合工日	工日	140.00	0.715	
材料	通气孔	个	—	(1.000)	
	低碳钢焊条	kg	6.84	4.500	
	金属丝网	kg	7.01	0.700	
	六角螺栓带螺母 M20×50	kg	6.84	4.500	
	尼龙砂轮片 φ150	片	3.32	0.600	
	石棉橡胶板	kg	9.40	1.200	
	氧气	m³	3.63	0.400	
	乙炔气	kg	10.45	0.130	
	其他材料费占材料费	%	—	3.000	
机械	电焊条恒温箱	台班	21.41	0.076	
	电焊条烘干箱 75×105×135cm³	台班	68.00	0.076	
	直流弧焊机 32kV·A	台班	87.75	0.762	

14. 透气阀安装

工作内容：开孔、预制、安装、检查清理等。 计量单位：个

定 额 编 号				A3-3-164	A3-3-165	A3-3-166
项 目 名 称				自动	边缘	盘边
				透气阀直径(mm以内)		
				DN300	DN150	
基 价 （元）				168.69	241.46	135.79
其中	人 工 费 （元）			94.08	146.16	90.16
	材 料 费 （元）			34.09	17.95	12.40
	机 械 费 （元）			40.52	77.35	33.23
名 称		单位	单价(元)	消 耗 量		
人工	综合工日	工日	140.00	0.672	1.044	0.644
材料	边缘透气阀	个	—	—	(1.000)	—
	盘边透气阀	个	—	—	—	(1.000)
	自动透气阀	个	—	(1.000)	—	—
	低碳钢焊条	kg	6.84	2.850	1.180	0.590
	石棉橡胶板	kg	9.40	1.000	0.700	0.700
	氧气	m³	3.63	0.590	0.390	0.200
	乙炔气	kg	10.45	0.197	0.130	0.067
	其他材料费占材料费	%	—	3.000	3.000	3.000
机械	电焊条恒温箱	台班	21.41	0.042	0.080	0.035
	电焊条烘干箱 75×105×135cm³	台班	68.00	0.042	0.080	0.035
	直流弧焊机 32kV·A	台班	87.75	0.419	0.800	0.343

15. 浮船及单盘支柱、紧急排水管、预留口安装

工作内容：开孔、预制、安装、焊接等。 计量单位：个

定 额 编 号				A3-3-167	
项 目 名 称				浮船及单盘支柱	
基 价（元）				162.42	
其中	人 工 费（元）			86.10	
	材 料 费（元）			22.40	
	机 械 费（元）			53.92	
名 称		单位	单价（元）	消 耗 量	
人工	综合工日	工日	140.00	0.615	
材料	浮船及单盘支柱	个	—	(1.000)	
	低碳钢焊条	kg	6.84	2.565	
	氧气	m³	3.63	0.591	
	乙炔气	kg	10.45	0.197	
	其他材料费占材料费	%	—	3.000	
机械	电焊条恒温箱	台班	21.41	0.054	
	电焊条烘干箱 75×105×135cm³	台班	68.00	0.054	
	普通车床 400×1000mm	台班	210.71	0.010	
	摇臂钻床 50mm	台班	20.95	0.010	
	直流弧焊机 32kV·A	台班	87.75	0.533	

定　额　编　号				A3-3-168	A3-3-169
项　目　名　称				紧急排水管直径	预留口直径
				(mm以内)	
				DN100	DN150
基　　　　　价（元）				181.84	117.48
其中	人　工　费（元）			120.12	80.08
	材　料　费（元）			15.66	14.37
	机　械　费（元）			46.06	23.03
名　　　称		单位	单价（元）	消　　耗　　量	
人工	综合工日	工日	140.00	0.858	0.572
材料	紧急排水管	个	—	(1.000)	—
	预留口	个	—	—	(1.000)
	低碳钢焊条	kg	6.84	1.000	1.425
	氧气	m³	3.63	1.176	0.591
	乙炔气	kg	10.45	0.392	0.197
	其他材料费占材料费	%	—	3.000	3.000
机械	电焊条恒温箱	台班	21.41	0.048	0.024
	电焊条烘干箱 75×105×135cm³	台班	68.00	0.048	0.024
	直流弧焊机 32kV·A	台班	87.75	0.476	0.238

16. 导向管、量油管、量油帽制作安装

工作内容：划线定位、安装就位、找正、焊接、固定、严密性试验等。 计量单位：套

定 额 编 号				A3-3-170	A3-3-171	A3-3-172
项 目 名 称				导向管、量油管直径(mm以内)		
				DN150	DN200	DN250
基 价（元）				1705.87	2155.52	2640.00
其中	人 工 费（元）			876.12	1051.54	1314.32
	材 料 费（元）			99.42	117.68	145.41
	机 械 费（元）			730.33	986.30	1180.27
名 称		单位	单价(元)	消 耗 量		
人工	综合工日	工日	140.00	6.258	7.511	9.388
材料	导向管、量油管	个	—	(1.000)	(1.000)	(1.000)
	低碳钢焊条	kg	6.84	8.075	9.690	12.113
	尼龙砂轮片 φ150	片	3.32	3.000	3.200	3.500
	氧气	m³	3.63	4.400	5.250	6.560
	乙炔气	kg	10.45	1.470	1.750	2.190
	其他材料费占材料费	%	—	3.000	3.000	3.000
机械	电焊条恒温箱	台班	21.41	0.381	0.476	0.666
	电焊条烘干箱 75×105×135cm³	台班	68.00	0.381	0.476	0.666
	剪板机 20×2500mm	台班	333.30	0.045	0.045	0.045
	卷板机 30×2000mm	台班	352.40	0.095	0.095	0.095
	立式钻床 50mm	台班	19.84	0.152	0.152	0.168
	汽车式起重机 16t	台班	958.70	0.324	0.495	0.505
	直流弧焊机 32kV·A	台班	87.75	3.808	4.760	6.664

17. 搅拌器、搅拌器孔预制安装

工作内容：开孔、预制、安装、焊接、严密性试验等。

计量单位：台

定 额 编 号				A3-3-173	A3-3-174
项 目 名 称				搅拌器	搅拌器孔
基 价（元）				371.06	1616.54
其中	人 工 费（元）			126.98	566.30
	材 料 费（元）			—	354.25
	机 械 费（元）			244.08	695.99
名 称		单位	单价（元）	消 耗 量	
人工	综合工日	工日	140.00	0.907	4.045
材料	储罐搅拌器	个	—	(1.000)	—
	搅拌器孔	个	—	—	(1.000)
	低碳钢焊条	kg	6.84	—	37.440
	尼龙砂轮片 φ150	片	3.32	—	2.600
	氧气	m³	3.63	—	11.140
	乙炔气	kg	10.45	—	3.710
	其他材料费占材料费	%	—	—	3.000
机械	电焊条恒温箱	台班	21.41	—	0.574
	电焊条烘干箱 75×105×135cm³	台班	68.00	—	0.574
	卷板机 30×2000mm	台班	352.40	—	0.038
	汽车式起重机 16t	台班	958.70	0.162	0.133
	载重汽车 10t	台班	547.99	0.162	—
	直流弧焊机 32kV·A	台班	87.75	—	5.741

18．中央排水管安装

工作内容：号料、切割、组合、焊接、组装等。 计量单位：t

定 额 编 号			A3-3-175
项 目 名 称			中央排水管
基 价（元）			4034.74
其中	人 工 费（元）		2465.26
	材 料 费（元）		405.62
	机 械 费（元）		1163.86
名 称	单位	单价（元）	消 耗 量
人工 综合工日	工日	140.00	17.609
材料 中央排水管	个	—	(1.000)
低碳钢焊条	kg	6.84	42.240
尼龙砂轮片 φ150	片	3.32	1.500
氧气	m³	3.63	14.050
乙炔气	kg	10.45	4.680
其他材料费占材料费	%	—	3.000
机械 电焊条恒温箱	台班	21.41	0.803
电焊条烘干箱 75×105×135cm³	台班	68.00	0.803
汽车式起重机 16t	台班	958.70	0.396
试压泵 60MPa	台班	24.08	0.305
直流弧焊机 32kV·A	台班	87.75	8.035

19. 加强圈、抗风圈制作安装

工作内容：施工准备、放样、号料、切割、滚弧、堆放、拼装、焊接、检查清理。　　　　计量单位：t

定　额　编　号				A3-3-176	A3-3-177	A3-3-178
项　目　名　称				加强圈预制油罐容量（m³以内）		
				50000	100000	150000
基　　　价（元）				2446.12	1663.24	2239.07
其中	人　工　费（元）			829.36	609.00	596.82
	材　料　费（元）			489.44	266.01	281.66
	机　械　费（元）			1127.32	788.23	1360.59
名　　称		单位	单价（元）	消　　耗　　量		
人工	综合工日	工日	140.00	5.924	4.350	4.263
材料	低碳钢焊条	kg	6.84	41.810	19.855	19.747
	尼龙砂轮片 φ180	片	3.42	1.197	0.798	5.746
	氧气	m³	3.63	24.750	16.140	15.960
	乙炔气	kg	10.45	8.250	5.380	5.320
	其他材料费占材料费	%	—	5.000	5.000	5.000
机械	半自动切割机 100mm	台班	83.55	1.257	1.211	1.142
	电焊条恒温箱	台班	21.41	0.660	0.324	0.298
	电焊条烘干箱 75×105×135cm³	台班	68.00	0.660	0.324	0.298
	卷板机 30×2000mm	台班	352.40	0.290	0.307	—
	汽车式起重机 25t	台班	1084.16	0.231	0.226	0.902
	载重汽车 10t	台班	547.99	0.057	0.038	—
	直流弧焊机 32kV·A	台班	87.75	6.603	3.237	2.970

工作内容：施工准备、放样、号料、切割、滚弧、堆放、拼装、焊接、检查清理。 计量单位：t

定 额 编 号			A3-3-179	A3-3-180	A3-3-181
项 目 名 称			加强圈安装油罐容量（m³以内）		
			50000	100000	150000
基 价（元）			1767.27	1653.25	1316.29
其中	人 工 费（元）		515.34	486.92	290.36
	材 料 费（元）		282.22	288.89	244.01
	机 械 费（元）		969.71	877.44	781.92
名 称	单位	单价（元）	消 耗 量		
人工 综合工日	工日	140.00	3.681	3.478	2.074
材料 低碳钢焊条	kg	6.84	35.426	36.841	25.671
尼龙砂轮片 φ180	片	3.42	0.874	1.026	11.491
氧气	m³	3.63	3.300	2.760	2.460
乙炔气	kg	10.45	1.100	0.920	0.820
其他材料费占材料费	%	—	5.000	5.000	5.000
机械 电焊条恒温箱	台班	21.41	0.735	0.645	0.528
电焊条烘干箱 75×105×135cm³	台班	68.00	0.735	0.645	0.528
汽车式起重机 25t	台班	1084.16	0.239	0.234	0.250
直流弧焊机 32kV·A	台班	87.75	7.349	6.451	5.284

工作内容：施工准备、放样、号料、切割、滚弧、堆放、拼装、焊接、检查清理。 计量单位：t

定　额　编　号				A3-3-182	A3-3-183	A3-3-184
项　目　名　称				抗风圈预制油罐容量（m³以内）		
				50000	100000	150000
基　　　价（元）				837.41	1196.94	1235.84
其中	人　工　费（元）			407.26	370.86	346.50
	材　料　费（元）			119.59	218.14	170.74
	机　械　费（元）			310.56	607.94	718.60
名　　称		单位	单价(元)	消　　耗　　量		
人工	综合工日	工日	140.00	2.909	2.649	2.475
材料	低碳钢焊条	kg	6.84	7.629	21.888	16.094
	尼龙砂轮片 φ180	片	3.42	0.760	0.684	0.820
	氧气	m³	3.63	8.310	7.830	6.990
	乙炔气	kg	10.45	2.770	2.610	2.330
	其他材料费占材料费	%	—	5.000	5.000	5.000
机械	半自动切割机 100mm	台班	83.55	0.236	0.640	1.142
	电焊条恒温箱	台班	21.41	0.115	0.322	0.375
	电焊条烘干箱 75×105×135cm³	台班	68.00	0.115	0.322	0.375
	卷板机 30×2000mm	台班	352.40	0.061	0.026	—
	立式钻床 25mm	台班	6.58	0.625	0.390	0.390
	汽车式起重机 25t	台班	1084.16	0.055	0.155	0.238
	载重汽车 10t	台班	547.99	0.171	0.114	—
	直流弧焊机 32kV·A	台班	87.75	1.158	3.230	3.750

工作内容：施工准备、放样、号料、切割、滚弧、堆放、拼装、焊接、检查清理。　　　　计量单位：t

定　额　编　号			A3-3-185	A3-3-186	A3-3-187
项　目　名　称			抗风圈安装油罐容量（m³以内）		
			50000	100000	150000
基　　　价（元）			871.97	708.76	980.96
其中	人　工　费（元）		333.48	240.80	230.16
	材　料　费（元）		125.85	118.75	99.27
	机　械　费（元）		412.64	349.21	651.53
名　　　称	单位	单价（元）	消　　　耗　　　量		
人工	综合工日	工日	140.00	2.382	1.720	1.644
材料	低碳钢焊条	kg	6.84	14.611	13.671	10.864
	尼龙砂轮片 Φ180	片	3.42	0.646	0.798	0.987
	氧气	m³	3.63	2.490	2.370	2.370
	乙炔气	kg	10.45	0.830	0.790	0.790
	其他材料费占材料费	%	—	5.000	5.000	5.000
机械	电焊条恒温箱	台班	21.41	0.292	0.251	0.418
	电焊条烘干箱 75×105×135cm³	台班	68.00	0.292	0.251	0.418
	汽车式起重机 25t	台班	1084.16	0.121	0.098	0.228
	直流弧焊机 32kV·A	台班	87.75	2.910	2.513	4.182

20.浮梯及轨道、沉降角钢、接地角钢预制安装

工作内容：施工准备、放样、号料、切割、组对、焊接、吊装。　　　　　　　　　计量单位：t

定　额　编　号				A3-3-188	A3-3-189
项　目　名　称				浮梯及轨道	沉降角钢、接地角钢
基　　　价（元）				3756.51	5647.11
其中	人　工　费（元）			1975.12	3039.54
	材　料　费（元）			228.81	649.49
	机　械　费（元）			1552.58	1958.08
名　　　称		单位	单价(元)	消　　耗　　量	
人工	综合工日	工日	140.00	14.108	21.711
材料	低碳钢焊条	kg	6.84	20.482	65.104
	尼龙砂轮片 φ150	片	3.32	2.385	—
	氧气	m³	3.63	10.346	26.040
	乙炔气	kg	10.45	3.500	8.683
	其他材料费占材料费	%	—	3.000	3.000
机械	电焊条恒温箱	台班	21.41	0.464	2.025
	电焊条烘干箱 75×105×135cm³	台班	68.00	0.464	2.025
	剪板机 13×3000mm	台班	295.05	0.602	—
	剪板机 20×2000mm	台班	316.68	2.874	—
	立式钻床 25mm	台班	6.58	0.602	—
	折方机 4×2000mm	台班	31.39	0.392	—
	直流弧焊机 32kV·A	台班	87.75	4.639	20.251

21. 一、二次密封装置安装

工作内容：施工准备、划线、钻孔、打磨棱角、托板安装、填料、粘接接头、紧螺丝、限位装置安装、调整检查、验收。

计量单位：10m

定 额 编 号				A3-3-190	A3-3-191
项 目 名 称				一次密封	二次密封
基 价（元）				509.21	510.59
其中	人 工 费（元）			310.38	375.34
	材 料 费（元）			31.08	0.79
	机 械 费（元）			167.75	134.46
名 称		单位	单价（元）	消 耗 量	
人工	综合工日	工日	140.00	2.217	2.681
材料	低碳钢焊条	kg	6.84	4.000	—
	尼龙砂轮片 φ180	片	3.42	0.200	0.100
	氧气	m³	3.63	0.300	0.060
	乙炔气	kg	10.45	0.100	0.020
	其他材料费占材料费	%	—	3.000	3.000
机械	电焊条恒温箱	台班	21.41	0.007	—
	电焊条烘干箱 75×105×135cm³	台班	68.00	0.007	—
	汽车式起重机 25t	台班	1084.16	0.086	0.076
	摇臂钻床 50mm	台班	20.95	0.295	—
	载重汽车 10t	台班	547.99	0.095	0.095
	折方机 4×2000mm	台班	31.39	0.286	—
	直流弧焊机 32kV·A	台班	87.75	0.076	—

22. 旋转喷射器安装

工作内容：施工准备、放样、号料、切割、组装、焊接、检查清理。

计量单位：t

定 额 编 号			A3-3-192	A3-3-193
项 目 名 称			旋转喷射器预制	旋转喷射器安装
基 价（元）			498.31	1041.08
其中	人 工 费（元）		106.26	476.70
	材 料 费（元）		27.87	133.90
	机 械 费（元）		364.18	430.48
名 称	单位	单价（元）	消 耗 量	
人工	综合工日	工日	140.00	0.759	3.405
材料	低碳钢焊条	kg	6.84	1.425	13.165
	尼龙砂轮片 φ150	片	3.32	2.000	4.000
	氧气	m³	3.63	1.500	3.750
	乙炔气	kg	10.45	0.500	1.250
	其他材料费占材料费	%	—	3.000	3.000
机械	半自动切割机 100mm	台班	83.55	0.143	0.476
	单速电动葫芦 5t	台班	40.03	0.276	0.562
	电焊条恒温箱	台班	21.41	0.048	0.381
	电焊条烘干箱 75×105×135cm³	台班	68.00	0.048	0.381
	剪板机 13×3000mm	台班	295.05	0.476	—
	汽车式起重机 25t	台班	1084.16	0.143	—
	直流弧焊机 32kV·A	台班	87.75	0.472	3.808

23.刮腊机构安装

工作内容：施工准备、检查清理、安装、焊接、验收。

计量单位：t

定 额 编 号			A3-3-194	
项 目 名 称			刮蜡机构	
基 价（元）			1696.06	
其中	人 工 费（元）		1401.54	
	材 料 费（元）		59.53	
	机 械 费（元）		234.99	
名 称	单位	单价（元）	消 耗 量	
人工	综合工日	工日	140.00	10.011
材料	低碳钢焊条	kg	6.84	8.450
	其他材料费占材料费	%	—	3.000
机械	电焊条恒温箱	台班	21.41	0.227
	电焊条烘干箱 75×105×135cm³	台班	68.00	0.227
	汽车式起重机 16t	台班	958.70	0.010
	载重汽车 10t	台班	547.99	0.010
	直流弧焊机 32kV·A	台班	87.75	2.275

24. 消防挡板预制安装

工作内容：施工准备、放样、号料、切割、堆放、组装、焊接、检查清理。　计量单位：t

定　额　编　号			A3-3-195	A3-3-196
项　目　名　称			消防挡板预制安装	
			预制	安装
基　　　价（元）			4096.09	1257.38
其中	人　工　费（元）		3403.96	533.68
	材　料　费（元）		41.24	128.06
	机　械　费（元）		650.89	595.64
名　　称		单位	单价（元）	消　　耗　　量
人工	综合工日	工日	140.00	24.314	3.812
材料	低碳钢焊条	kg	6.84	—	17.560
	尼龙砂轮片 φ150	片	3.32	2.290	1.270
	氧气	m³	3.63	4.560	—
	乙炔气	kg	10.45	1.520	—
	其他材料费占材料费	%	—	3.000	3.000
机械	半自动切割机 100mm	台班	83.55	0.952	—
	电焊条恒温箱	台班	21.41	—	0.273
	电焊条烘干箱 75×105×135cm³	台班	68.00	—	0.273
	剪板机 13×3000mm	台班	295.05	0.238	—
	卷板机 30×2000mm	台班	352.40	0.722	—
	汽车式起重机 16t	台班	958.70	0.143	0.238
	载重汽车 10t	台班	547.99	0.200	0.190
	直流弧焊机 32kV·A	台班	87.75	—	2.723

25.集水坑制作安装

工作内容：施工准备、放样、号料、切割、组对、焊接、试漏。　　　　　　　　　　计量单位：个

定　额　编　号				A3-3-197	A3-3-198	A3-3-199	A3-3-200
项　目　名　称				单盘集水坑		双盘集水坑	
				预制	安装	预制	安装
基　　　　　　　　价（元）				889.12	775.04	914.32	1070.88
其中	人　工　费（元）			262.78	380.52	287.98	580.72
	材　料　费（元）			96.51	96.37	96.51	99.89
	机　械　费（元）			529.83	298.15	529.83	390.27
名　　称		单位	单价（元）	消　　耗　　量			
人工	综合工日	工日	140.00	1.877	2.718	2.057	4.148
材料	低碳钢焊条	kg	6.84	7.714	5.666	7.714	5.686
	尼龙砂轮片 φ150	片	3.32	2.000	2.000	2.000	3.000
	氧气	m³	3.63	4.950	6.900	4.950	6.900
	乙炔气	kg	10.45	1.650	2.300	1.650	2.300
	其他材料费占材料费	%	—	2.000	2.000	2.000	2.000
机械	电焊条恒温箱	台班	21.41	0.119	0.190	0.119	0.286
	电焊条烘干箱 75×105×135cm³	台班	68.00	0.119	0.190	0.119	0.286
	卷板机 30×2000mm	台班	352.40	0.190	—	0.190	—
	轮胎式装载机 3m³	台班	1085.98	0.119	—	0.119	—
	汽车式起重机 16t	台班	958.70	0.228	0.119	0.228	0.119
	直流弧焊机 32kV·A	台班	87.75	1.190	1.904	1.190	2.856

26.喷淋冷却管线安装

工作内容：成品件倒运、支架预制、整体构件组装、验收。

计量单位：t

定　额　编　号			A3-3-201	A3-3-202
项　目　名　称			喷淋冷却管线安装	
			支架预制	管线安装
基　　　价（元）			1181.80	2717.40
其中	人　工　费（元）		317.10	514.50
	材　料　费（元）		170.01	103.63
	机　械　费（元）		694.69	2099.27
名　　称	单位	单价(元)	消　耗　　量	
人工	综合工日	工日	140.00	2.265	3.675
材料	低碳钢焊条	kg	6.84	10.510	9.710
	尼龙砂轮片 φ150	片	3.32	3.000	4.000
	尼龙砂轮片 φ500×25×4	片	12.82	4.210	—
	氧气	m³	3.63	4.110	2.940
	乙炔气	kg	10.45	1.370	0.980
	其他材料费占材料费	%	—	3.000	3.000
机械	电焊条恒温箱	台班	21.41	0.188	0.134
	电焊条烘干箱 75×105×135cm³	台班	68.00	0.188	0.134
	剪板机 13×3000mm	台班	295.05	0.286	—
	立式钻床 50mm	台班	19.84	0.286	—
	轮胎式装载机 3m³	台班	1085.98	0.286	0.476
	汽车式起重机 25t	台班	1084.16	—	1.340
	砂轮切割机 500mm	台班	29.08	0.286	—
	载重汽车 10t	台班	547.99	0.190	—
	直流弧焊机 32kV·A	台班	87.75	1.878	1.340

27. 泡沫消防管线及反射板制作安装

工作内容：倒运、划料、下料、预制、安装、焊接、验收。 计量单位：套

定 额 编 号			A3-3-203	A3-3-204
项 目 名 称			泡沫消防管线及反射板	
			预制	安装
基 价 （元）			5661.78	12124.73
其中	人 工 费 （元）		2502.78	1726.90
	材 料 费 （元）		476.57	519.38
	机 械 费 （元）		2682.43	9878.45
名 称	单位	单价（元）	消 耗 量	
人工	综合工日	工日	140.00	17.877	12.335
材料	低碳钢焊条	kg	6.84	60.078	66.079
	尼龙砂轮片 φ150	片	3.32	3.500	2.000
	氧气	m³	3.63	6.280	7.110
	乙炔气	kg	10.45	2.093	2.370
	其他材料费占材料费	%	—	2.000	2.000
机械	电焊条恒温箱	台班	21.41	2.094	1.142
	电焊条烘干箱 75×105×135cm³	台班	68.00	2.094	1.142
	剪板机 13×3000mm	台班	295.05	0.476	—
	轮胎式装载机 3m³	台班	1085.98	0.476	0.476
	汽车式起重机 25t	台班	1084.16	—	7.616
	直流弧焊机 32kV·A	台班	87.75	20.944	11.424

28.填料密封装置制作安装

工作内容：号料、切割、划线、钻孔、打磨棱角、托架压制、装橡胶带、放填料、粘接接头、紧螺栓、调整检查等。

计量单位：个

定 额 编 号			A3-3-205	A3-3-206	A3-3-207
项 目 名 称			油罐容量(m³)		
			100～700	1000～5000	10000～30000
基 价（元）			935.11	910.58	871.00
其中	人 工 费（元）		800.38	779.66	745.22
	材 料 费（元）		5.55	5.55	5.32
	机 械 费（元）		129.18	125.37	120.46
名 称	单位	单价(元)	消 耗 量		
人工 综合工日	工日	140.00	5.717	5.569	5.323
材料 填料密封装置	个	—	(1.000)	(1.000)	(1.000)
电焊条	kg	5.98	0.190	0.190	0.190
尼龙砂轮片 φ150	片	3.32	0.300	0.300	0.300
氧气	m³	3.63	0.450	0.450	0.420
乙炔气	kg	10.45	0.150	0.150	0.140
其他材料费占材料费	%	—	3.975	3.975	3.996
机械 电焊条恒温箱	台班	21.41	0.010	0.010	0.010
电焊条烘干箱 60×50×75cm³	台班	26.46	0.010	0.010	0.010
剪板机 20×2500mm	台班	333.30	0.314	0.304	0.295
摇臂钻床 50mm	台班	20.95	0.342	0.333	0.304
折方机 4×2000mm	台班	31.39	0.342	0.333	0.314
直流弧焊机 20kV·A	台班	71.43	0.086	0.086	0.076

88

三、金属立罐水压试验

1. 拱顶罐、内浮顶罐水压试验

工作内容：临时输水管线、阀门、盲板安装与拆除、充水、正负压试验、观察、检查、记录整理等。

计量单位：座

定 额 编 号			A3-3-208	A3-3-209	A3-3-210	A3-3-211
项 目 名 称			油罐容量（m³以内）			
			100	200	300	400
基 价 （元）			1409.84	2000.15	2599.55	3261.27
其中	人 工 费 （元）		459.48	513.52	540.54	560.84
	材 料 费 （元）		732.31	1262.93	1836.20	2474.15
	机 械 费 （元）		218.05	223.70	222.81	226.28
名 称		单位	单价（元）	消 耗 量		
人工	综合工日	工日	140.00	3.282	3.668	3.861	4.006
材料	低碳钢焊条	kg	6.84	4.275	4.275	4.275	4.275
	法兰截止阀 J41T-16 DN100	个	311.00	—	—	0.050	0.050
	法兰截止阀 J41T-16 DN50	个	112.19	0.050	0.050	—	—
	焊接钢管 DN100	m	29.68	—	—	—	6.000
	焊接钢管 DN50	m	13.35	6.000	6.000	6.000	—
	六角螺栓带螺母（综合）	kg	12.20	5.018	5.018	5.169	5.169
	盲板	kg	6.07	0.798	0.798	3.135	3.135
	石棉橡胶板	kg	9.40	0.076	0.076	0.285	0.285
	水	t	7.96	67.000	133.000	200.000	267.000
	碳钢平焊法兰 DN100	片	28.21	—	—	0.100	0.100
	碳钢平焊法兰 DN50	片	10.26	0.100	0.100	—	—
	橡胶板	kg	2.91	0.200	0.200	0.762	0.762
	压制弯头 90° R=1.5D DN100	个	38.48	—	—	0.100	0.100
	压制弯头 90° R=1.5D DN50	个	9.38	0.100	0.100	—	—
	氧气	m³	3.63	1.050	1.050	1.050	1.100
	乙炔气	kg	10.45	0.350	0.350	0.350	0.365
	其他材料费占材料费	%	—	1.000	1.000	1.000	1.000
机械	电动单级离心清水泵 100mm	台班	33.35	—	—	0.305	0.409
	电动单级离心清水泵 50mm	台班	27.04	0.200	0.409	—	—
	电动空气压缩机 6m³/min	台班	206.73	0.509	0.509	0.509	0.509
	电焊条恒温箱	台班	21.41	0.048	0.048	0.048	0.048
	电焊条烘干箱 75×105×135cm³	台班	68.00	0.048	0.048	0.048	0.048
	汽车式起重机 16t	台班	958.70	0.064	0.064	0.064	0.064
	直流弧焊机 32kV·A	台班	87.75	0.476	0.476	0.476	0.476

工作内容：临时输水管线、阀门、盲板安装与拆除、充水、正负压试验、观察、检查、记录整理等。

计量单位：座

定 额 编 号				A3-3-212	A3-3-213	A3-3-214	A3-3-215
项 目 名 称				油罐容量（m³以内）			
				500	700	1000	2000
基 价 （元）				3849.43	4987.58	6987.67	12918.81
其中	人 工 费 （元）			614.88	669.06	1000.16	1378.58
	材 料 费 （元）			3004.77	4082.07	5718.34	11182.01
	机 械 费 （元）			229.78	236.45	269.17	358.22
名 称		单位	单价（元）	消 耗 量			
人工	综合工日	工日	140.00	4.392	4.779	7.144	9.847
材料	低碳钢焊条	kg	6.84	4.275	4.275	4.750	4.750
	法兰截止阀 J41T-16 DN100	个	311.00	0.050	0.050	0.050	—
	法兰截止阀 J41T-16 DN150	个	588.82	—	—	—	0.050
	焊接钢管 DN100	m	29.68	6.000	6.000	6.000	—
	焊接钢管 DN150	m	48.71	—	—	—	6.000
	六角螺栓带螺母(综合)	kg	12.20	5.169	5.169	5.169	5.484
	盲板	kg	6.07	3.135	3.135	3.135	5.510
	石棉橡胶板	kg	9.40	0.285	0.285	0.287	0.666
	水	t	7.96	333.000	467.000	670.000	1330.000
	碳钢平焊法兰 DN100	片	28.21	0.100	0.100	0.100	—
	碳钢平焊法兰 DN150	片	40.17	—	—	—	0.100
	橡胶板	kg	2.91	0.762	0.762	0.764	0.764
	压制弯头 90° R=1.5D DN100	个	38.48	0.100	0.100	0.100	—
	压制弯头 90° R=1.5D DN150	个	87.40	—	—	—	0.100
	氧气	m³	3.63	1.100	1.100	1.250	1.250
	乙炔气	kg	10.45	0.365	0.365	0.400	0.400
	其他材料费占材料费	%	—	1.000	1.000	1.000	1.000
机械	电动单级离心清水泵 100mm	台班	33.35	0.514	0.714	1.695	—
	电动单级离心清水泵 150mm	台班	55.06	—	—	—	1.495
	电动空气压缩机 6m³/min	台班	206.73	0.509	0.509	0.509	0.815
	电焊条恒温箱	台班	21.41	0.048	0.048	0.048	0.048
	电焊条烘干箱 75×105×135cm³	台班	68.00	0.048	0.048	0.048	0.048
	汽车式起重机 16t	台班	958.70	0.064	0.064	0.064	0.064
	直流弧焊机 32kV·A	台班	87.75	0.476	0.476	0.476	0.476

工作内容：临时输水管线、阀门、盲板安装与拆除、充水、正负压试验、观察、检查、记录整理等。

计量单位：座

定 额 编 号				A3-3-216	A3-3-217	A3-3-218
项 目 名 称				油罐容量(m³以内)		
				3000	5000	10000
基 价 (元)				18781.18	29964.28	58285.32
其中	人 工 费 (元)			1811.04	2054.22	3000.48
	材 料 费 (元)			16571.07	27270.04	54369.67
	机 械 费 (元)			399.07	640.02	915.17
名 称		单位	单价(元)	消 耗 量		
人工	综合工日	工日	140.00	12.936	14.673	21.432
材料	低碳钢焊条	kg	6.84	5.035	5.225	5.700
	法兰截止阀 J41T-16 DN150	个	588.82	0.050	0.050	0.050
	焊接钢管 DN150	m	48.71	6.000	6.000	6.000
	六角螺栓带螺母(综合)	kg	12.20	5.484	5.484	5.484
	盲板	kg	6.07	5.510	5.510	5.510
	石棉橡胶板	kg	9.40	0.666	0.666	0.666
	水	t	7.96	2000.000	3330.000	6700.000
	碳钢平焊法兰 DN150	片	40.17	0.100	0.100	0.100
	橡胶板	kg	2.91	0.764	0.764	0.764
	压制弯头 90° R=1.5D DN150	个	87.40	0.100	0.100	0.100
	氧气	m³	3.63	1.300	2.000	2.400
	乙炔气	kg	10.45	0.435	0.665	0.800
	其他材料费占材料费	%	—	1.000	1.000	1.000
机械	电动单级离心清水泵 150mm	台班	55.06	2.237	3.770	6.521
	电动空气压缩机 6m³/min	台班	206.73	0.815	1.528	2.037
	电焊条恒温箱	台班	21.41	0.048	0.057	0.076
	电焊条烘干箱 75×105×135cm³	台班	68.00	0.048	0.057	0.076
	汽车式起重机 16t	台班	958.70	0.064	0.064	0.064
	直流弧焊机 32kV·A	台班	87.75	0.476	0.571	0.762

工作内容：临时输水管线、阀门、盲板安装与拆除、充水、正负压试验、观察、检查、记录整理等。

计量单位：座

定　额　编　号			A3-3-219	A3-3-220	A3-3-221
项　目　名　称			油罐容量（m³以内）		
			20000	30000	50000
基　　　价（元）			119902.56	171021.45	295142.60
其中	人　工　费（元）		5202.54	6875.82	9469.32
	材　料　费（元）		113517.59	161910.50	282530.02
	机　械　费（元）		1182.43	2235.13	3143.26
名　　称	单位	单价（元）	消　　耗　　量		
人工 综合工日	工日	140.00	37.161	49.113	67.638
材料 低碳钢焊条	kg	6.84	16.248	16.248	16.248
法兰截止阀 DN200	个	1388.03	—	0.100	0.100
法兰截止阀 J41T-16 DN150	个	588.82	0.050	—	—
焊接钢管 DN200	m	107.69	6.000	6.000	6.000
六角螺栓带螺母（综合）	kg	12.20	6.581	7.897	9.477
盲板	kg	6.07	7.505	7.505	7.505
平焊法兰 1.6MPa DN200	片	72.65	—	0.200	0.200
石棉橡胶板	kg	9.40	0.799	0.959	1.151
水	t	7.96	14000.000	20000.000	35000.000
碳钢平焊法兰 DN150	片	40.17	0.100	—	—
橡胶板	kg	2.91	0.917	1.100	1.320
压制弯头 90° R=1.5D DN150	个	87.40	0.100	—	—
压制弯头 DN200	个	106.81	—	0.200	0.200
氧气	m³	3.63	2.700	3.000	3.400
乙炔气	kg	10.45	0.800	1.000	1.200
其他材料费占材料费	%	—	1.000	1.000	1.000
机械 电动单级离心清水泵 150mm	台班	55.06	7.549	—	—
电动单级离心清水泵 250mm	台班	130.40	—	9.796	15.308
电动空气压缩机 6m³/min	台班	206.73	3.056	3.668	4.584
电焊条恒温箱	台班	21.41	0.076	0.143	0.143
电焊条烘干箱 75×105×135cm³	台班	68.00	0.076	0.143	0.143
汽车式起重机 16t	台班	958.70	0.064	0.064	0.064
直流弧焊机 32kV·A	台班	87.75	0.762	1.428	1.428

2. 浮顶罐升降试验

工作内容：临时输水管线、阀门、盲板安装与拆除、充水、浮顶升压、船仓严密、基础沉降试验、记录整理等。

计量单位：座

定 额 编 号				A3-3-222	A3-3-223	A3-3-224
项 目 名 称				油罐容量(m³以内)		
				3000	5000	10000
基 价（元）				17362.71	27500.98	53235.21
其中	人 工 费（元）			1701.84	1927.24	2803.22
	材 料 费（元）			15356.37	25196.34	49854.67
	机 械 费（元）			304.50	377.40	577.32
名 称		单位	单价（元）	消 耗 量		
人工	综合工日	工日	140.00	12.156	13.766	20.023
材料	低碳钢焊条	kg	6.84	5.300	5.500	6.000
	法兰截止阀 J41T-16 DN150	个	588.82	0.050	0.050	0.050
	焊接钢管 DN150	m	48.71	6.000	6.000	6.000
	六角螺栓带螺母(综合)	kg	12.20	5.701	5.701	5.701
	盲板	kg	6.07	5.800	5.800	5.800
	石棉橡胶板	kg	9.40	10.100	10.100	15.000
	水	t	7.96	1800.000	3000.000	6000.000
	碳钢平焊法兰 DN150	片	40.17	0.100	0.100	0.100
	压制弯头 90° R=1.5D DN150	个	87.40	0.100	0.100	0.100
	氧气	m³	3.63	1.505	1.505	3.000
	乙炔气	kg	10.45	0.500	0.500	1.000
	其他材料费占材料费	%	—	3.000	3.000	3.000
机械	电动单级离心清水泵 150mm	台班	55.06	2.037	3.361	6.826
	电焊条恒温箱	台班	21.41	0.105	0.105	0.114
	电焊条烘干箱 75×105×135cm³	台班	68.00	0.105	0.105	0.114
	汽车式起重机 16t	台班	958.70	0.095	0.095	0.095
	直流弧焊机 32kV·A	台班	87.75	1.047	1.047	1.142

93

工作内容：临时输水管线、阀门、盲板安装与拆除、充水、浮顶升压、船仓严密、基础沉降试验、记录整理等。

计量单位：座

定 额 编 号				A3-3-225	A3-3-226	A3-3-227
项 目 名 称				油罐容量（m³以内）		
				20000	30000	50000
基 价 （元）				103620.40	154002.82	255133.40
其中	人 工 费 （元）			3253.74	4054.68	5180.84
	材 料 费 （元）			99419.28	148615.60	247102.91
	机 械 费 （元）			947.38	1332.54	2849.65
名 称		单位	单价(元)	消 耗 量		
人工	综合工日	工日	140.00	23.241	28.962	37.006
材料	低碳钢焊条	kg	6.84	6.500	7.000	9.000
	法兰截止阀 J41T-16 DN150	个	588.82	0.050	0.050	0.050
	焊接钢管 DN200	m	107.69	6.000	6.000	6.000
	六角螺栓带螺母(综合)	kg	12.20	6.002	6.002	8.000
	盲板	kg	6.07	5.800	5.800	7.200
	石棉橡胶板	kg	9.40	15.000	15.000	20.000
	水	t	7.96	12000.000	18000.000	30000.000
	碳钢平焊法兰 DN150	片	40.17	0.100	0.100	0.100
	压制弯头 90° R=1.5D DN150	个	87.40	0.100	0.100	0.100
	氧气	m³	3.63	3.000	3.000	4.000
	乙炔气	kg	10.45	1.000	1.000	1.150
	其他材料费占材料费	%	—	3.000	3.000	3.000
机械	电动单级离心清水泵 150mm	台班	55.06	13.547	20.373	—
	电动单级离心清水泵 200mm	台班	83.79	—	—	31.057
	电焊条恒温箱	台班	21.41	0.114	0.124	0.143
	电焊条烘干箱 75×105×135cm³	台班	68.00	0.114	0.124	0.143
	汽车式起重机 16t	台班	958.70	0.095	0.095	0.114
	直流弧焊机 32kV·A	台班	87.75	1.142	1.238	1.428

工作内容：临时输水管线、阀门、盲板安装与拆除、充水、浮顶升压、船仓严密、基础沉降试验、记录整理等。

计量单位：座

定 额 编 号			A3-3-228	A3-3-229
项 目 名 称			油罐容量（m³以内）	
			100000	150000
基 价（元）			504804.34	754355.05
其中	人 工 费（元）		6560.82	8770.44
	材 料 费（元）		493311.68	739667.19
	机 械 费（元）		4931.84	5917.42
名 称	单位	单价（元）	消 耗 量	
人工	综合工日	工日	140.00	46.863	62.646
材料	低碳钢焊条	kg	6.84	11.300	13.200
	法兰截止阀 DN200	个	1388.03	0.050	—
	法兰截止阀 J41H-16 DN250	个	1640.00	—	0.200
	焊接钢管 DN200	m	107.69	6.000	6.000
	六角螺栓带螺母（综合）	kg	12.20	8.230	9.530
	盲板	kg	6.07	13.066	15.026
	平焊法兰 1.6MPa DN200	片	72.65	0.100	—
	平焊法兰 1.6MPa DN250	片	94.51	—	0.110
	石棉橡胶板	kg	9.40	33.000	40.000
	水	t	7.96	60000.000	90000.000
	压制弯头 DN200	个	106.81	0.100	—
	压制弯头 DN250	个	165.81	—	0.110
	氧气	m³	3.63	6.000	6.600
	乙炔气	kg	10.45	2.000	2.200
	其他材料费占材料费	%	—	3.000	3.000
机械	电动单级离心清水泵 200mm	台班	83.79	55.356	66.224
	电焊条恒温箱	台班	21.41	0.162	0.183
	电焊条烘干箱 75×105×135cm³	台班	68.00	0.162	0.183
	汽车式起重机 16t	台班	958.70	0.143	0.200
	直流弧焊机 32kV·A	台班	87.75	1.618	1.828

3. 浮顶排水系统严密性试验

工作内容：施工准备、注水、管线严密性试验、修补、二次试验、验收。 计量单位：座

定　额　编　号			A3-3-230	A3-3-231	A3-3-232	A3-3-233
项　目　名　称			油罐容量(m³以内)			
			3000	5000	10000	20000
基　　　价（元）			700.18	728.40	941.97	982.24
其中	人　工　费（元）		435.54	458.08	620.62	650.72
	材　料　费（元）		211.24	214.86	237.67	245.00
	机　械　费（元）		53.40	55.46	83.68	86.52
名　　称	单位	单价（元）	消　耗　量			
人工	综合工日	工日	140.00	3.111	3.272	4.433	4.648
材料	低碳钢焊条	kg	6.84	1.910	1.910	3.820	3.820
	法兰截止阀 J41T-16 DN50	个	112.19	0.100	0.100	0.100	0.100
	尼龙砂轮片 φ150	片	3.32	1.900	2.375	2.850	3.800
	水	t	7.96	0.580	0.776	1.119	1.511
	碳钢平焊法兰 DN50	片	10.26	0.100	0.100	0.100	0.100
	无缝钢管 φ57×6	m	30.79	5.000	5.000	5.000	5.000
	压力表 0~1.6MPa	块	16.56	0.200	0.200	0.200	0.200
	氧气	m³	3.63	0.519	0.576	1.278	1.406
	乙炔气	kg	10.45	0.173	0.192	0.426	0.469
	针型阀	个	49.57	0.200	0.200	0.200	0.200
	其他材料费占材料费	%	—	2.000	2.000	2.000	2.000
机械	电焊条恒温箱	台班	21.41	0.023	0.023	0.045	0.045
	电焊条烘干箱 75×105×135cm³	台班	68.00	0.023	0.023	0.045	0.045
	试压泵 6MPa	台班	19.60	1.599	1.704	2.018	2.163
	直流弧焊机 32kV·A	台班	87.75	0.228	0.228	0.457	0.457

工作内容：施工准备、注水、管线严密性试验、修补、二次试验、验收。　　　　　　　　　計量单位：座

定 额 编 号			A3-3-234	A3-3-235	A3-3-236	A3-3-237
项 目 名 称			油罐容量（m³以内）			
			30000	50000	100000	150000
基 价（元）			1006.99	1081.50	1415.56	1539.83
其中	人 工 费（元）		668.36	680.68	920.92	1021.30
	材 料 费（元）		250.91	311.91	361.19	380.59
	机 械 费（元）		87.72	88.91	133.45	137.94
名 称	单位	单价（元）	消 耗 量			
人工	综合工日	工日	140.00	4.774	4.862	6.578	7.295
材料	低碳钢焊条	kg	6.84	3.820	5.730	5.730	5.730
	法兰截止阀 J41T-16 DN50	个	112.19	0.100	0.100	0.100	0.100
	尼龙砂轮片 φ150	片	3.32	4.750	5.700	6.175	6.650
	水	t	7.96	1.716	6.294	11.938	13.878
	碳钢平焊法兰 DN50	片	10.26	0.100	0.100	0.100	0.100
	无缝钢管 φ57×6	m	30.79	5.000	5.000	5.000	5.000
	压力表 0～1.6MPa	块	16.56	0.200	0.200	0.200	0.200
	氧气	m³	3.63	1.547	2.552	2.807	3.088
	乙炔气	kg	10.45	0.516	0.851	0.936	1.029
	针型阀	个	49.57	0.200	0.200	0.200	0.200
	其他材料费占材料费	%	—	2.000	2.000	2.000	2.000
机械	电焊条恒温箱	台班	21.41	0.045	0.045	0.069	0.069
	电焊条烘干箱 75×105×135cm³	台班	68.00	0.045	0.045	0.069	0.069
	试压泵 6MPa	台班	19.60	2.224	2.285	3.427	3.656
	直流弧焊机 32kV·A	台班	87.75	0.457	0.457	0.685	0.685

4. 储罐加热器、加热盘管试压及吹扫

工作内容：施工准备、注水、管线严密性试验、修补、二次试验、吹扫、验收。　　　　计量单位：座

定　额　编　号			A3-3-238	A3-3-239	A3-3-240	A3-3-241
项　目　名　称			油罐容量（m³以内）			
			3000	5000	10000	20000
基　　　价（元）			1014.10	1081.86	1160.42	1242.47
其中	人　工　费（元）		649.18	697.62	748.44	801.36
	材　料　费（元）		212.18	221.07	232.65	245.50
	机　械　费（元）		152.74	163.17	179.33	195.61
名　　　称	单位	单价（元）	消　　耗　　量			
人工 综合工日	工日	140.00	4.637	4.983	5.346	5.724
材料 低碳钢焊条	kg	6.84	1.740	2.288	3.292	4.436
法兰截止阀 J41T-16 DN50	个	112.19	0.100	0.100	0.100	0.100
尼龙砂轮片 φ150	片	3.32	2.000	3.000	3.500	4.000
水	t	7.96	0.490	0.640	0.930	1.250
碳钢平焊法兰 DN50	片	10.26	0.100	0.100	0.100	0.100
无缝钢管 φ57×6	m	30.79	5.000	5.000	5.000	5.000
压力表 0～4.0MPa	块	18.80	0.200	0.200	0.200	0.200
氧气	m³	3.63	0.519	0.571	0.628	0.690
乙炔气	kg	10.45	0.173	0.190	0.209	0.230
针型阀	个	49.57	0.200	0.200	0.200	0.200
其他材料费占材料费	%	—	3.000	3.000	3.000	3.000
机械 电动空气压缩机 6m³/min	台班	206.73	0.381	0.403	0.419	0.434
电焊条恒温箱	台班	21.41	0.045	0.050	0.061	0.073
电焊条烘干箱 75×105×135cm³	台班	68.00	0.045	0.050	0.061	0.073
试压泵 6MPa	台班	19.60	1.523	1.599	1.752	1.828
直流弧焊机 32kV·A	台班	87.75	0.457	0.502	0.603	0.724

工作内容：施工准备、注水、管线严密性试验、修补、二次试验、吹扫、验收。　　　　　　　　　计量单位：座

定　额　编　号			A3-3-242	A3-3-243	A3-3-244	A3-3-245
项　目　名　称			油罐容量（m³以内）			
			30000	50000	100000	150000
基　　　价（元）			1376.66	1491.40	1850.75	2357.85
其中	人　工　费（元）		896.14	932.40	1198.12	1598.24
	材　料　费（元）		271.45	292.60	324.33	347.19
	机　械　费（元）		209.07	266.40	328.30	412.42
名　　称	单位	单价（元）	消　　耗　　量			
人工	综合工日	工日	140.00	6.401	6.660	8.558	11.416
材料	低碳钢焊条	kg	6.84	5.035	6.570	8.760	10.182
	法兰截止阀 J41T-16 DN50	个	112.19	0.100	0.100	0.100	0.100
	尼龙砂轮片 φ150	片	3.32	4.500	4.700	5.500	6.500
	水	t	7.96	3.630	4.740	6.320	7.340
	碳钢平焊法兰 DN50	片	10.26	0.100	0.100	0.100	0.100
	无缝钢管 φ57×6	m	30.79	5.000	5.000	5.000	5.000
	压力表 0~4.0MPa	块	18.80	0.200	0.200	0.200	0.200
	氧气	m³	3.63	0.759	0.835	0.919	1.111
	乙炔气	kg	10.45	0.253	0.278	0.306	0.337
	针型阀	个	49.57	0.200	0.200	0.200	0.200
	其他材料费占材料费	%	—	3.000	3.000	3.000	3.000
机械	电动空气压缩机 6m³/min	台班	206.73	0.457	0.647	0.800	1.028
	电焊条恒温箱	台班	21.41	0.080	0.092	0.114	0.137
	电焊条烘干箱 75×105×135cm³	台班	68.00	0.080	0.092	0.114	0.137
	试压泵 6MPa	台班	19.60	1.918	2.247	2.666	3.427
	直流弧焊机 32kV·A	台班	87.75	0.796	0.916	1.145	1.373

四、油罐胎具制作、安装与拆除

1.立式油罐壁板卷弧胎具制作

工作内容：号料、切割、卷弧、组装、焊接等。

计量单位：套

定 额 编 号			A3-3-246	A3-3-247	A3-3-248
项 目 名 称			油罐容量（m³以内）		
			10000	30000	50000
基 价（元）			4677.54	6363.99	8907.16
其中	人 工 费（元）		990.22	1109.78	1647.94
	材 料 费（元）		3023.84	4490.03	6161.63
	机 械 费（元）		663.48	764.18	1097.59
名 称		单位	单价（元）	消 耗 量	
人工	综合工日	工日	140.00	7.073	7.927	11.771
材料	槽钢	kg	3.20	308.560	521.360	617.120
	低碳钢焊条	kg	6.84	13.984	14.440	27.968
	钢板 δ4～10	kg	3.18	340.480	461.320	680.960
	角钢 63以内	kg	3.61	83.600	111.720	84.360
	无缝钢管 φ57～219	kg	4.44	60.800	91.960	184.756
	氧气	m³	3.63	11.523	13.198	23.057
	乙炔气	kg	10.45	3.841	4.399	7.686
	圆钢 φ25～32	kg	3.40	34.200	64.600	106.400
	其他材料费占材料费	%	—	3.000	3.000	3.000
机械	电焊条恒温箱	台班	21.41	0.336	0.352	0.672
	电焊条烘干箱 75×105×135cm³	台班	68.00	0.336	0.352	0.672
	卷板机 20×2500mm	台班	276.83	0.428	0.476	0.476
	汽车式起重机 16t	台班	958.70	0.190	0.255	0.255
	载重汽车 8t	台班	501.85	0.076	0.095	0.143
	直流弧焊机 32kV·A	台班	87.75	3.358	3.519	6.718

工作内容：号料、切割、卷弧、组装、焊接等。

计量单位：套

定 额 编 号				A3-3-249	A3-3-250
项 目 名 称				油罐容量（m³以内）	
				100000	150000
基 价（元）				11648.05	13284.66
其中	人 工 费（元）			2322.74	2471.84
	材 料 费（元）			8021.68	9248.06
	机 械 费（元）			1303.63	1564.76
名 称		单位	单价（元）	消 耗 量	
人工	综合工日	工日	140.00	16.591	17.656
材料	槽钢	kg	3.20	802.256	925.680
	低碳钢焊条	kg	6.84	38.000	42.750
	钢板 δ4～10	kg	3.18	885.248	1021.440
	角钢 63以内	kg	3.61	109.668	126.540
	无缝钢管 φ57～219	kg	4.44	240.183	277.134
	氧气	m³	3.63	29.973	34.585
	乙炔气	kg	10.45	9.991	11.528
	圆钢 φ25～32	kg	3.40	138.320	159.600
	其他材料费占材料费	%	—	3.000	3.000
机械	电焊条恒温箱	台班	21.41	0.762	0.914
	电焊条烘干箱 75×105×135cm³	台班	68.00	0.762	0.914
	卷板机 20×2500mm	台班	276.83	0.714	0.762
	汽车式起重机 16t	台班	958.70	0.286	0.381
	载重汽车 8t	台班	501.85	0.190	0.209
	直流弧焊机 32kV·A	台班	87.75	7.616	9.139

2.拱顶、内浮顶油罐顶板预制胎具制作

工作内容：号料、切割、卷弧、组装、焊接等。 计量单位：套

定 额 编 号				A3-3-251	A3-3-252	A3-3-253
项 目 名 称				油罐容量(m³以内)		
				1000	3000	5000
基 价（元）				2394.92	3407.34	3903.45
其中	人 工 费（元）			258.30	407.40	458.64
	材 料 费（元）			1876.00	2694.78	3100.63
	机 械 费（元）			260.62	305.16	344.18
名 称		单位	单价(元)	消 耗 量		
人工	综合工日	工日	140.00	1.845	2.910	3.276
材料	槽钢	kg	3.20	93.765	146.965	184.205
	道木	m³	2137.00	0.570	0.760	0.855
	低碳钢焊条	kg	6.84	3.297	5.187	5.909
	角钢 63以内	kg	3.61	74.900	130.200	147.000
	氧气	m³	3.63	1.445	2.303	3.183
	乙炔气	kg	10.45	0.482	0.768	1.061
	其他材料费占材料费	%	—	3.000	3.000	3.000
机械	电焊条恒温箱	台班	21.41	0.071	0.113	0.121
	电焊条烘干箱 75×105×135cm³	台班	68.00	0.071	0.113	0.121
	卷板机 20×2500mm	台班	276.83	0.228	0.228	0.228
	汽车式起重机 16t	台班	958.70	0.126	0.126	0.159
	载重汽车 8t	台班	501.85	0.015	0.023	0.023
	直流弧焊机 32kV·A	台班	87.75	0.716	1.135	1.211

工作内容：号料、切割、卷弧、组装、焊接等。　　　　　　　　　　　　　　计量单位：套

定　额　编　号			A3-3-254	A3-3-255
项　目　名　称			油罐容量（m³以内）	
			10000	20000
基　　　　价（元）			5857.31	8168.70
其中	人　工　费（元）		701.68	1094.24
	材　料　费（元）		4659.27	6260.06
	机　械　费（元）		496.36	814.40
名　　　称		单位	单价（元）	消　　耗　　量	
人工	综合工日	工日	140.00	5.012	7.816
材料	槽钢	kg	3.20	286.615	429.923
	道木	m³	2137.00	1.235	1.425
	低碳钢焊条	kg	6.84	8.645	12.968
	角钢 63以内	kg	3.61	241.500	419.300
	氧气	m³	3.63	5.096	7.644
	乙炔气	kg	10.45	1.699	2.548
	其他材料费占材料费	%	—	3.000	3.000
机械	电焊条恒温箱	台班	21.41	0.221	0.457
	电焊条烘干箱 75×105×135cm³	台班	68.00	0.221	0.457
	卷板机 20×2500mm	台班	276.83	0.305	0.381
	汽车式起重机 16t	台班	958.70	0.190	0.255
	载重汽车 8t	台班	501.85	0.031	0.045
	直流弧焊机 32kV·A	台班	87.75	2.216	4.570

3.拱顶、内浮顶油罐顶板组装胎具制作

工作内容：号料、切割、卷弧、钻孔、组装、焊接等。

计量单位：座

定　额　编　号			A3-3-256	A3-3-257	A3-3-258	A3-3-259
项　目　名　称			油罐容量(m³以内)			
			1000	3000	5000	10000
基　　　　价（元）			5997.19	8898.72	11846.97	19368.27
其中	人　工　费（元）		1396.50	1912.40	2277.66	3008.32
	材　料　费（元）		3974.83	5987.41	8136.91	14110.07
	机　械　费（元）		625.86	998.91	1432.40	2249.88
名　　称	单位	单价（元）	消　　耗　　量			
人工 综合工日	工日	140.00	9.975	13.660	16.269	21.488
材料 槽钢	kg	3.20	801.800	1246.400	1743.440	3306.760
低碳钢焊条	kg	6.84	5.700	8.550	11.400	13.250
钢板 δ4～10	kg	3.18	34.200	50.160	64.600	83.600
角钢 63以内	kg	3.61	164.920	246.240	345.040	500.080
六角螺栓带螺母 M20×50	kg	6.84	4.845	5.700	6.840	8.075
碳钢平焊法兰 DN150	片	40.17	2.000	4.000	4.000	4.000
无缝钢管 φ57～219	kg	4.44	80.560	88.160	99.560	123.880
氧气	m³	3.63	11.109	17.788	20.018	26.676
乙炔气	kg	10.45	3.703	5.929	6.673	8.892
其他材料费占材料费	%	—	3.000	3.000	3.000	3.000
机械 电焊条恒温箱	台班	21.41	0.159	0.213	0.282	0.365
电焊条烘干箱 75×105×135cm³	台班	68.00	0.159	0.213	0.282	0.365
卷板机 20×2500mm	台班	276.83	0.476	0.952	1.428	1.904
立式钻床 35mm	台班	10.59	0.476	0.476	0.952	1.428
汽车式起重机 16t	台班	958.70	0.317	0.507	0.731	1.333
载重汽车 8t	台班	501.85	0.061	0.076	0.107	0.152
直流弧焊机 32kV·A	台班	87.75	1.599	2.132	2.818	3.656

工作内容：号料、切割、卷弧、钻孔、组装、焊接等。　　　　　　　　　　　　　　　　　　　计量单位：座

定 额 编 号			A3-3-260	A3-3-261	A3-3-262
项 目 名 称			油罐容量（m³以内）		
			20000	30000	50000
基 价（元）			26403.76	30627.68	40083.63
其中	人 工 费（元）		3944.50	4745.44	6607.58
	材 料 费（元）		19745.10	22426.60	29292.94
	机 械 费（元）		2714.16	3455.64	4183.11
名 称	单位	单价（元）	消 耗 量		
人工 综合工日	工日	140.00	28.175	33.896	47.197
材料 槽钢	kg	3.20	3712.000	3985.600	4704.000
低碳钢焊条	kg	6.84	24.610	29.700	38.000
钢板 δ4～10	kg	3.18	186.960	228.000	281.200
角钢 63以内	kg	3.61	536.000	592.800	912.000
六角螺栓带螺母 M20×50	kg	6.84	9.690	11.875	15.675
碳钢平焊法兰 DN150	片	40.17	6.000	8.000	10.000
无缝钢管 φ57～219	kg	4.44	912.000	1185.600	1824.000
氧气	m³	3.63	33.345	40.014	46.816
乙炔气	kg	10.45	11.115	13.338	15.605
其他材料费占材料费	%	—	3.000	3.000	3.000
机械 电焊条恒温箱	台班	21.41	0.457	0.533	0.685
电焊条烘干箱 75×105×135cm³	台班	68.00	0.457	0.533	0.685
卷板机 20×2500mm	台班	276.83	2.856	3.808	4.760
立式钻床 35mm	台班	10.59	1.428	1.904	2.856
汽车式起重机 16t	台班	958.70	1.380	1.428	1.618
载重汽车 8t	台班	501.85	0.286	0.990	1.238
直流弧焊机 32kV·A	台班	87.75	4.570	5.331	6.854

4. 拱顶、内浮顶油罐顶板组装胎具安装、拆除

工作内容：组装、点焊、紧螺栓、切割、拆除、材料堆放等。　　　　　　　　　　计量单位：座

定　额　编　号			A3-3-263	A3-3-264	A3-3-265	A3-3-266
项　目　名　称			油罐容量（m³以内）			
			1000	3000	5000	10000
基　　　　价（元）			1806.38	2986.47	3375.64	3849.98
其中	人　工　费（元）		953.54	1450.68	1782.48	2031.26
	材　料　费（元）		45.57	68.90	84.09	129.64
	机　械　费（元）		807.27	1466.89	1509.07	1689.08
名　　　称	单位	单价（元）	消　　耗　　量			
人工	综合工日	工日	140.00	6.811	10.362	12.732	14.509
材料	低碳钢焊条	kg	6.84	3.000	4.000	5.000	8.000
	氧气	m³	3.63	3.334	5.557	6.669	10.001
	乙炔气	kg	10.45	1.112	1.853	2.223	3.334
	其他材料费占材料费	%	—	3.000	3.000	3.000	3.000
机械	电焊条恒温箱	台班	21.41	0.080	0.158	0.158	0.237
	电焊条烘干箱 75×105×135cm³	台班	68.00	0.080	0.158	0.158	0.237
	汽车式起重机 16t	台班	958.70	0.762	1.371	1.415	1.523
	直流弧焊机 32kV·A	台班	87.75	0.793	1.577	1.577	2.368

工作内容：组装、点焊、紧螺栓、切割、拆除、材料堆放等。　　　　　　　　　计量单位：座

定　额　编　号				A3-3-267	A3-3-268	A3-3-269
项　目　名　称				油罐容量(m³以内)		
				20000	30000	50000
基　　　价（元）				4938.13	5921.61	6786.00
其中	人　工　费（元）			2694.02	3033.52	3444.00
	材　料　费（元）			197.05	284.84	416.54
	机　械　费（元）			2047.06	2603.25	2925.46
名　　称		单位	单价（元）	消　　耗　　量		
人工	综合工日	工日	140.00	19.243	21.668	24.600
材料	低碳钢焊条	kg	6.84	10.000	15.000	20.000
	氧气	m³	3.63	15.810	24.453	37.620
	乙炔气	kg	10.45	6.270	8.151	12.540
	其他材料费占材料费	%	—	3.000	3.000	3.000
机械	电焊条恒温箱	台班	21.41	0.305	0.396	0.609
	电焊条烘干箱 75×105×135cm³	台班	68.00	0.305	0.396	0.609
	汽车式起重机 16t	台班	958.70	1.828	2.316	2.437
	直流弧焊机 32kV·A	台班	87.75	3.046	3.960	6.093

107

5. 内浮顶钢制浮盘组装胎具制作

工作内容：号料、切割、卷弧、钻孔、组装、焊接等。 计量单位：座

定 额 编 号				A3-3-270	A3-3-271	A3-3-272	A3-3-273
项 目 名 称				油罐容量（m³以内）			
				300	700	1000	2000
基 价（元）				3263.48	5820.92	8926.13	12975.63
其中	人 工 费（元）			499.52	861.00	1241.38	1630.86
	材 料 费（元）			2532.90	4610.80	7241.87	10749.48
	机 械 费（元）			231.06	349.12	442.88	595.29
名 称		单位	单价（元）	消 耗 量			
人工	综合工日	工日	140.00	3.568	6.150	8.867	11.649
材料	低碳钢焊条	kg	6.84	3.088	5.054	8.845	11.628
	管扣	个	4.62	13.000	24.000	40.000	57.000
	角钢 63以内	kg	3.61	379.000	621.000	946.200	1423.100
	热轧厚钢板 δ10～20	kg	3.20	42.750	83.600	131.100	188.100
	无缝钢管 φ57～219	kg	4.44	176.700	375.250	610.850	900.600
	氧气	m³	3.63	5.737	9.927	14.840	22.259
	乙炔气	kg	10.45	1.912	3.309	4.947	7.420
	圆钢 φ25～32	kg	3.40	14.000	25.000	39.000	58.000
	其他材料费占材料费	%	—	3.000	3.000	3.000	3.000
机械	电焊条恒温箱	台班	21.41	0.100	0.174	0.221	0.284
	电焊条烘干箱 75×105×135cm³	台班	68.00	0.100	0.174	0.221	0.284
	立式钻床 35mm	台班	10.59	0.286	0.571	0.952	1.238
	汽车式起重机 16t	台班	958.70	0.137	0.183	0.228	0.320
	直流弧焊机 32kV·A	台班	87.75	1.000	1.733	2.216	2.849

工作内容：号料、切割、卷弧、钻孔、组装、焊接等。　　　　　　　　　　　　　　　计量单位：座

定 额 编 号				A3-3-274	A3-3-275	A3-3-276
项 目 名 称				油罐容量（m³以内）		
				3000	5000	10000
基 价（元）				18850.34	28782.82	43399.24
其中	人 工 费（元）			2192.54	3058.44	4305.00
	材 料 费（元）			15866.53	24598.17	37537.82
	机 械 费（元）			791.27	1126.21	1556.42
名 称		单位	单价（元）	消 耗 量		
人工	综合工日	工日	140.00	15.661	21.846	30.750
材料	低碳钢焊条	kg	6.84	17.338	25.698	37.791
	管扣	个	4.62	92.000	144.000	162.000
	角钢 63以内	kg	3.61	2041.550	3195.800	5240.200
	热轧厚钢板 δ10～20	kg	3.20	272.650	399.000	653.600
	无缝钢管 φ57～219	kg	4.44	1374.650	2135.600	2994.400
	氧气	m³	3.63	31.749	45.458	62.358
	乙炔气	kg	10.45	10.583	15.153	20.786
	圆钢 φ25～32	kg	3.40	85.000	124.000	203.000
	其他材料费占材料费	%	—	3.000	3.000	3.000
机械	电焊条恒温箱	台班	21.41	0.383	0.570	0.810
	电焊条烘干箱 75×105×135cm³	台班	68.00	0.383	0.570	0.810
	立式钻床 35mm	台班	10.59	1.809	2.570	3.998
	汽车式起重机 16t	台班	958.70	0.419	0.571	0.762
	直流弧焊机 32kV·A	台班	87.75	3.831	5.705	8.104

6.内浮顶钢制浮盘组装胎具安装、拆除

工作内容：就位、焊接、切割、拆除、焊疤打磨、材料堆放等。 计量单位：座

定 额 编 号				A3-3-277	A3-3-278	A3-3-279	A3-3-280
项 目 名 称				油罐容量（m³以内）			
				300	700	1000	2000
基 价（元）				689.86	1074.53	1425.93	1918.35
其中	人 工 费（元）			296.24	550.62	810.88	1138.76
	材 料 费（元）			26.55	48.55	64.39	103.15
	机 械 费（元）			367.07	475.36	550.66	676.44
名 称		单位	单价（元）	消 耗 量			
人工	综合工日	工日	140.00	2.116	3.933	5.792	8.134
材料	低碳钢焊条	kg	6.84	1.539	2.964	3.772	5.890
	尼龙砂轮片 φ150	片	3.32	0.500	0.700	1.000	1.500
	氧气	m³	3.63	1.910	3.449	4.694	7.715
	乙炔气	kg	10.45	0.637	1.150	1.565	2.572
	其他材料费占材料费	%	—	3.000	3.000	3.000	3.000
机械	电焊条恒温箱	台班	21.41	0.039	0.076	0.098	0.152
	电焊条烘干箱 75×105×135cm³	台班	68.00	0.039	0.076	0.098	0.152
	汽车式起重机 16t	台班	958.70	0.343	0.419	0.476	0.552
	直流弧焊机 32kV·A	台班	87.75	0.396	0.762	0.975	1.523

定　额　编　号			A3-3-281	A3-3-282	A3-3-283
项　目　名　称			油罐容量（m³以内）		
			3000	5000	10000
基　　　　价（元）			2466.96	3335.96	4643.27
其中	人　工　费（元）		1494.64	2139.48	3013.50
	材　料　费（元）		142.38	190.56	297.36
	机　械　费（元）		829.94	1005.92	1332.41
名　　　称	单位	单价（元）	消　　　　耗　　　　量		
人工	综合工日	工日	140.00	10.676	15.282	21.525
材料	低碳钢焊条	kg	6.84	8.132	10.659	17.499
	尼龙砂轮片 φ150	片	3.32	2.000	2.500	3.500
	氧气	m³	3.63	10.679	14.592	22.125
	乙炔气	kg	10.45	3.560	4.864	7.375
	其他材料费占材料费	%	—	3.000	3.000	3.000
机械	电焊条恒温箱	台班	21.41	0.198	0.284	0.434
	电焊条烘干箱 75×105×135cm³	台班	68.00	0.198	0.284	0.434
	汽车式起重机 16t	台班	958.70	0.666	0.762	0.952
	直流弧焊机 32kV·A	台班	87.75	1.980	2.849	4.341

7. 浮顶罐内脚手架正装胎具制作

工作内容：工卡具、涨圈、三脚架、跳板、壁挂小车、浮顶临时架台等，放样、号料、切割、卷弧、折边、钻孔、组装、焊接等。

计量单位：座

定　额　编　号			A3-3-284	A3-3-285	A3-3-286
项　目　名　称			油罐容量（m³以内）		
			3000	5000	10000
基　　　　价（元）			166276.88	222641.79	280439.70
其中	人　工　费（元）		29583.68	40846.68	45026.24
	材　料　费（元）		121035.57	160950.24	208409.82
	机　械　费（元）		15657.63	20844.87	27003.64
名　　　称	单位	单价（元）	消　　耗　　量		
人工 综合工日	工日	140.00	211.312	291.762	321.616
材料 低碳钢焊条	kg	6.84	237.530	315.920	409.110
镀锌铁丝 16号	kg	3.57	655.082	871.255	1128.277
钢板 δ4～10	kg	3.18	765.653	1018.324	1318.733
钢球 φ6	个	0.03	36.100	48.450	62.700
花纹钢板（综合）	kg	3.59	310.774	413.326	535.259
键 10×32	个	1.48	1.900	2.850	3.800
脚轮 ZP80 φ80	个	15.57	6.000	8.000	11.000
开口销 3×12	个	0.03	13.300	17.100	21.850
六角螺栓带螺母 M20×50	kg	6.84	12.198	16.226	21.014
木方	m³	1675.21	2.356	3.135	4.057
热轧薄钢板 δ3.5～4.0	kg	3.93	5720.140	7607.781	9852.070
热轧厚钢板 δ10～20	kg	3.20	5134.760	6829.227	8843.845
推力轴承 8306	个	47.52	2.000	2.000	2.000
无缝钢管 φ57～219	kg	4.44	2008.000	2671.000	3459.000
销轴 A8×45	个	0.85	14.000	18.000	23.000
型钢	kg	3.70	13951.000	18555.000	24029.000

续表

定 额 编 号			A3-3-284	A3-3-285	A3-3-286
项 目 名 称			油罐容量(m³以内)		
			3000	5000	10000
名 称	单位	单价(元)	消	耗	量
材料 氧气	m³	3.63	286.730	381.359	493.854
乙炔气	kg	10.45	95.577	127.120	164.618
圆钢 φ25~32	kg	3.40	864.966	1150.403	1490.246
圆钢 φ37以外	kg	3.40	392.787	522.405	676.514
其他材料费占材料费	%	—	3.000	3.000	3.000
机械 电焊条恒温箱	台班	21.41	3.589	4.779	6.188
电焊条烘干箱 75×105×135cm³	台班	68.00	3.589	4.779	6.188
弓锯床 250mm	台班	24.28	0.632	0.845	1.089
剪板机 20×2500mm	台班	333.30	4.712	6.264	8.111
卷板机 20×2500mm	台班	276.83	5.008	6.656	8.618
立式钻床 25mm	台班	6.58	11.431	15.194	19.680
普通车床 400×1000mm	台班	210.71	21.553	28.681	37.121
汽车式起重机 25t	台班	1084.16	3.770	5.011	6.489
载重汽车 10t	台班	547.99	0.314	0.457	0.619
折方机 4×2000mm	台班	31.39	10.777	14.334	18.560
直流弧焊机 32kV·A	台班	87.75	35.900	47.752	61.842

113

工作内容：工卡具、涨圈、三脚架、跳板、壁挂小车、浮顶临时架台等，放样、号料、切割、卷弧、折边、钻孔、组装、焊接等。

计量单位：座

定 额 编 号			A3-3-287	A3-3-288	A3-3-289
项 目 名 称			油罐容量(m³以内)		
			20000	30000	50000
基 价（元）			396267.70	451183.97	581804.62
其中	人 工 费（元）		61630.24	67582.06	91944.86
	材 料 费（元）		296354.04	336445.07	429079.08
	机 械 费（元）		38283.42	47156.84	60780.68
名 称	单位	单价（元）	消 耗		量
人工	综合工日	工日	140.00	440.216	482.729	656.749

	名 称	单位	单价（元）			
材料	低碳钢焊条	kg	6.84	581.240	660.400	861.160
	镀锌铁丝 16号	kg	3.57	1603.277	1821.321	2375.000
	钢板 δ4～10	kg	3.18	1873.913	2128.760	2775.900
	钢球 φ6	个	0.03	89.300	102.600	133.000
	花纹钢板(综合)	kg	3.59	760.599	864.035	1126.700
	键 10×32	个	1.48	4.750	6.650	7.600
	脚轮 ZP80 φ80	个	15.57	16.000	19.000	24.000
	开口销 3×12	个	0.03	31.350	35.150	45.600
	六角螺栓带螺母 M20×50	kg	6.84	29.859	33.925	44.242
	木方	m³	1675.21	5.767	6.555	8.550
	热轧薄钢板 δ3.5～4.0	kg	3.93	13999.789	15903.760	20738.500
	热轧厚钢板 δ10～20	kg	3.20	12624.104	14276.230	18616.200
	推力轴承 8306	个	47.52	3.000	3.000	4.000
	无缝钢管 φ57～219	kg	4.44	4916.000	5584.000	7282.000
	销轴 A8×45	个	0.85	33.000	37.000	48.000
	型钢	kg	3.70	34145.000	38789.000	48051.000
	氧气	m³	3.63	701.756	797.193	1039.538
	乙炔气	kg	10.45	233.919	265.731	346.513
	圆钢 φ25～32	kg	3.40	2116.961	2404.868	3135.950
	圆钢 φ37以外	kg	3.40	961.324	1092.063	1424.050
	其他材料费占材料费	%	—	3.000	3.000	3.000
机械	电焊条恒温箱	台班	21.41	8.787	9.986	13.023
	电焊条烘干箱 75×105×135cm³	台班	68.00	8.787	9.986	13.023
	弓锯床 250mm	台班	24.28	1.546	1.752	2.285
	剪板机 20×2500mm	台班	333.30	11.510	24.470	31.911
	卷板机 20×2500mm	台班	276.83	12.230	13.071	14.489
	立式钻床 25mm	台班	6.58	27.966	31.774	41.431
	普通车床 400×1000mm	台班	210.71	52.748	59.922	78.140
	汽车式起重机 25t	台班	1084.16	9.208	10.457	13.633
	载重汽车 10t	台班	547.99	0.762	1.047	1.361
	折方机 4×2000mm	台班	31.39	26.374	29.962	39.070
	直流弧焊机 32kV·A	台班	87.75	87.879	99.836	130.186

工作内容：工卡具、涨圈、三脚架、跳板、壁挂小车、浮顶临时架台等，放样、号料、切割、卷弧、折
边、钻孔、组装、焊接等。

计量单位：座

定 额 编 号			A3-3-290	A3-3-291
项 目 名 称			油罐容量（m³以内）	
			100000	150000
基 价 （元）			696052.45	879268.34
其中	人 工 费 （元）		102130.98	132874.42
	材 料 费 （元）		525313.64	661768.58
	机 械 费 （元）		68607.83	84625.34
名 称	单位	单价（元）	消 耗 量	
人工	综合工日	工日	140.00	729.507	949.103
材料	低碳钢焊条	kg	6.84	955.700	1226.300
	镀锌铁丝 16号	kg	3.57	2774.500	3560.000
	钢板 δ4～10	kg	3.18	3323.470	4323.000
	钢球 φ6	个	0.03	249.000	336.000
	花纹钢板（综合）	kg	3.59	1317.390	1690.400
	键 10×32	个	1.48	14.000	19.000
	脚轮 ZP80 φ80	个	15.57	26.000	34.000
	开口销 3×12	个	0.03	86.000	115.000
	六角螺栓带螺母 M20×50	kg	6.84	82.791	111.884
	木方	m³	1675.21	10.000	13.000
	热轧薄钢板 δ3.5～4.0	kg	3.93	24248.440	31547.600
	热轧厚钢板 δ10～20	kg	3.20	21766.900	28319.200
	推力轴承 8306	个	47.52	7.000	9.000
	无缝钢管 φ57～219	kg	4.44	13571.000	13920.000
	销轴 A8×45	个	0.85	50.000	66.000
	型钢	kg	3.70	56134.000	72027.600

续表

定 额 编 号			A3-3-290	A3-3-291
项 目 名 称			油罐容量(m³以内)	
			100000	150000
名 称	单位	单价(元)	消 耗 量	
材料	氧气	m³	3.63	1215.480	1581.360
	乙炔气	kg	10.45	405.160	527.120
	圆钢 φ25～32	kg	3.40	4017.510	5512.050
	圆钢 φ37以外	kg	3.40	1452.050	1495.010
	其他材料费占材料费	%	—	3.000	3.000
机械	半自动切割机 100mm	台班	83.55	65.688	91.392
	电焊条恒温箱	台班	21.41	14.299	18.545
	电焊条烘干箱 75×105×135cm³	台班	68.00	14.299	18.545
	弓锯床 250mm	台班	24.28	3.046	3.808
	剪板机 20×2500mm	台班	333.30	37.699	45.391
	卷板机 20×2500mm	台班	276.83	17.118	20.611
	立式钻床 25mm	台班	6.58	45.696	53.312
	普通车床 400×1000mm	台班	210.71	60.928	76.160
	汽车式起重机 25t	台班	1084.16	15.232	17.517
	载重汽车 10t	台班	547.99	1.523	1.952
	折方机 4×2000mm	台班	31.39	45.696	53.312
	直流弧焊机 32kV·A	台班	87.75	142.924	185.431

116

8. 浮顶罐内脚手架正装胎具安装拆除

工作内容：活动吊架、涨圈、逼杠、浮顶临时架台、临时限位装置、挂梯等安装拆除、材料堆放等。

计量单位：座

定　额　编　号				A3-3-292	A3-3-293	A3-3-294
项　目　名　称				油罐容量(m³以内)		
				3000	5000	10000
基　　　　价（元）				14987.90	19918.06	25865.34
其中	人　工　费（元）			11413.36	15184.26	19668.32
	材　料　费（元）			1193.95	1583.27	2048.60
	机　械　费（元）			2380.59	3150.53	4148.42
名　　称		单位	单价（元）	消　　耗　　量		
人工	综合工日	工日	140.00	81.524	108.459	140.488
材料	低碳钢焊条	kg	6.84	62.140	82.640	107.020
	尼龙砂轮片 φ180	片	3.42	8.511	10.003	12.501
	氧气	m³	3.63	99.114	131.821	170.688
	乙炔气	kg	10.45	33.038	43.940	56.896
	其他材料费占材料费	%	—	3.000	3.000	3.000
机械	电焊条恒温箱	台班	21.41	1.833	2.440	3.158
	电焊条烘干箱 75×105×135cm³	台班	68.00	1.833	2.440	3.158
	汽车式起重机 16t	台班	958.70	0.635	0.826	1.142
	直流弧焊机 32kV·A	台班	87.75	18.324	24.393	31.581

工作内容：活动吊架、涨圈、逼杠、浮顶临时架台、临时限位装置、挂梯等安装拆除、材料堆放等。

计量单位：座

定　额　编　号			A3-3-295	A3-3-296	A3-3-297
项　目　名　称			油罐容量（m³以内）		
			20000	30000	50000
基　　　　价（元）			36661.35	41810.97	53678.49
其中	人　工　费（元）		27951.84	31751.30	41094.90
	材　料　费（元）		2910.36	3304.82	4330.91
	机　械　费（元）		5799.15	6754.85	8252.68
名　　　称	单位	单价（元）	消　　耗　　量		
人工 综合工日	工日	140.00	199.656	226.795	293.535
材料 低碳钢焊条	kg	6.84	152.070	172.750	225.270
尼龙砂轮片 φ180	片	3.42	17.503	19.504	31.500
氧气	m³	3.63	242.583	275.575	359.347
乙炔气	kg	10.45	80.861	91.858	119.786
其他材料费占材料费	%	—	3.000	3.000	3.000
机械 电焊条恒温箱	台班	21.41	4.487	5.098	6.647
电焊条烘干箱 75×105×135cm³	台班	68.00	4.487	5.098	6.647
汽车式起重机 16t	台班	958.70	1.523	1.904	1.904
直流弧焊机 32kV·A	台班	87.75	44.876	50.982	66.473

118

工作内容：活动吊架、涨圈、逼杠、浮顶临时架台、临时限位装置、挂梯等安装拆除、材料堆放等。

计量单位：座

定 额 编 号				A3-3-298	A3-3-299
项 目 名 称				油罐容量(m³以内)	
				100000	150000
基 价（元）				68762.12	91674.87
其中	人 工 费（元）			48782.58	66065.30
	材 料 费（元）			6121.14	7860.89
	机 械 费（元）			13858.40	17748.68
名 称		单位	单价（元）	消 耗 量	
人工	综合工日	工日	140.00	348.447	471.895
材料	低碳钢焊条	kg	6.84	321.010	401.262
	尼龙砂轮片 φ180	片	3.42	42.000	48.825
	氧气	m³	3.63	506.590	653.793
	乙炔气	kg	10.45	168.860	224.598
	其他材料费占材料费	%	—	3.000	3.000
机械	电焊条恒温箱	台班	21.41	11.576	14.470
	电焊条烘干箱 75×105×135cm³	台班	68.00	11.576	14.470
	汽车式起重机 16t	台班	958.70	2.780	3.919
	直流弧焊机 32kV·A	台班	87.75	115.763	144.704

9.浮顶罐外脚手架安装、拆除

工作内容：施工准备、安装、拆除、材料堆放。

计量单位：座

定 额 编 号				A3-3-300	A3-3-301	A3-3-302
项 目 名 称				浮顶罐外脚手架正装胎具安装、拆除		
				油罐容量（m³以内）		
				50000	100000	150000
基 价（元）				96890.77	127508.87	157170.81
其中	人 工 费（元）			31986.50	38924.34	51899.26
	材 料 费（元）			47833.10	66611.67	78395.36
	机 械 费（元）			17071.17	21972.86	26876.19
名 称		单位	单价（元）	消 耗 量		
人工	综合工日	工日	140.00	228.475	278.031	370.709
材 . 料	镀锌铁丝 16号	kg	3.57	101.385	132.408	153.576
	钢跳板 300×3000×2mm	块	61.54	469.000	613.000	711.000
	扣件	个	0.71	504.800	774.700	962.400
	木方	m³	1675.21	0.342	0.451	0.520
	无缝钢管	kg	4.44	3667.650	5668.750	6814.050
	其他材料费占材料费	%	—	3.000	3.000	3.000
机 械	轮胎式装载机 3m³	台班	1085.98	10.282	13.709	17.136
	汽车式起重机 25t	台班	1084.16	3.618	4.341	5.065
	载重汽车 10t	台班	547.99	3.618	4.341	5.065

120

10. 浮顶罐船舱胎具制作

工作内容：号料、切割、组装、焊接等。　　　　　　　　　　　　　　　计量单位：座

定　额　编　号			A3-3-303	A3-3-304	A3-3-305	A3-3-306
项　目　名　称			油罐容量（m³以内）			
			3000	5000	10000	20000
基　　　价（元）			2967.80	3818.72	4851.22	8610.49
其中	人　工　费（元）		528.08	578.76	645.68	1292.48
	材　料　费（元）		1900.19	2517.94	3262.13	6068.44
	机　械　费（元）		539.53	722.02	943.41	1249.57
名　　称	单位	单价（元）	消　　耗　　量			
人工 综合工日	工日	140.00	3.772	4.134	4.612	9.232
材料 槽钢	kg	3.20	162.570	216.200	280.000	707.000
低碳钢焊条	kg	6.84	4.460	5.930	7.680	15.840
角钢 63以内	kg	3.61	105.670	140.540	182.000	347.000
木方	m³	1675.21	0.410	0.540	0.700	0.960
热轧厚钢板 δ10～20	kg	3.20	65.030	86.490	112.000	187.000
氧气	m³	3.63	2.490	3.300	4.290	8.670
乙炔气	kg	10.45	0.830	1.100	1.430	2.890
其他材料费占材料费	%	—	3.000	3.000	3.000	3.000
机械 电焊条恒温箱	台班	21.41	0.131	0.175	0.226	0.490
电焊条烘干箱 75×105×135cm³	台班	68.00	0.131	0.175	0.226	0.490
卷板机 20×2500mm	台班	276.83	0.276	0.371	0.476	0.476
汽车式起重机 16t	台班	958.70	0.340	0.459	0.602	0.655
载重汽车 10t	台班	547.99	0.019	0.019	0.029	0.029
直流弧焊机 32kV·A	台班	87.75	1.311	1.746	2.261	4.902

工作内容：号料、切割、组装、焊接等。 计量单位：座

定 额 编 号				A3-3-307	A3-3-308	A3-3-309
项 目 名 称				油罐容量（m³以内）		
				30000	50000	100000
基 价（元）				8924.92	10343.95	11937.89
其中	人 工 费（元）			1292.48	1434.58	1706.88
	材 料 费（元）			6310.01	7068.31	8035.68
	机 械 费（元）			1322.43	1841.06	2195.33
名 称		单位	单价（元）	消 耗 量		
人工	综合工日	工日	140.00	9.232	10.247	12.192
材料	槽钢	kg	3.20	707.000	802.000	1023.000
	低碳钢焊条	kg	6.84	15.840	16.960	21.160
	角钢 63以内	kg	3.61	347.000	474.000	515.000
	木方	m³	1675.21	1.100	1.100	1.100
	热轧厚钢板 δ10～20	kg	3.20	187.000	174.000	187.000
	氧气	m³	3.63	8.670	9.750	11.670
	乙炔气	kg	10.45	2.890	3.250	3.890
	其他材料费占材料费	%	—	3.000	3.000	3.000
机械	电焊条恒温箱	台班	21.41	0.490	0.536	0.644
	电焊条烘干箱 75×105×135cm³	台班	68.00	0.490	0.536	0.644
	卷板机 20×2500mm	台班	276.83	0.476	0.952	0.952
	汽车式起重机 16t	台班	958.70	0.731	1.078	1.333
	载重汽车 10t	台班	547.99	0.029	0.048	0.057
	直流弧焊机 32kV·A	台班	87.75	4.902	5.354	6.439

第四章 球形罐组对安装

说　　明

一、本章内容包括 0.1MPa≤设计压力≤4MPa 的碳钢、合金钢球形罐组对安装。

二、本章包括水压试验中临时水管线的安装、拆除及材料摊销量。

三、本章不包括以下工作内容：

1. 球壳板制作和预组装。

2. 支柱制作。

3. 梯子、平台、栏杆的制作安装。

4. 喷淋、消防装置的制作安装。

5. 防火设施。

6. 防雷接地。

7. 无损探伤检测。

8. 防腐、保温和脱脂。

9. 锻件、机加工件、外购件的制作或加工。

10. 预热、后热和热处理。

11. 现场组装平台的铺设与拆除。

12. 压力容器监检费。

四、球形罐焊接是按照不对称"X"形坡口取定的。

五、本章球形罐组对安装项目是按碳钢和普通合金钢取定的，高强合金钢球罐则在定额含量的基础上按下表规定系数调整：

项目名称	焊工工日	电焊条	尼龙砂轮片	电焊机	焊条烘干箱	空气压缩机
高强合金钢	1.15	1	1.7	1.15		
备注	1. 焊工工日数等于电焊机台班数； 2. 电焊条消耗量不变，单价按实换算。					

六、水压试验是按一台单独进行计算的，如同时试压超过一台时，定额乘以系数 0.85。水压试验用水为未计价材料。

七、球罐组装胎具及球罐焊接防护棚定额内的钢材用量已将回收值从定额内扣除。

工程量计算规则

一、球形罐组对安装根据其材质、容量、规格尺寸、球板厚度和重量，以"t"为计量单位。球形罐组装的重量包括球壳板、支柱、拉杆及接管的短管、加强板的全部重量，以"t"为计量单位，不扣除人孔、接管孔洞面积所占重量。罐体上梯子、栏杆、扶手制作安装工程量另行计算。

二、球罐的人孔、接管开孔焊接安装是按照制造厂焊接完毕考虑的，如在现场焊接另行计算。

三、组装胎具制作、安装与拆除，按球罐的不同容积以"台"为计量单位。

四、水压试验，按球罐不同容积以"台"为计量单位。

五、气密性试验，按球罐不同容积和设计压力以"台"为计量单位。

六、焊接防护棚制作、安装、拆除：按球罐容积和防护棚形式（金属防风棚和防火蓬布防风棚）以"台"为计量单位。

一、球形罐组装

1.球形罐组装

工作内容：球板检验、基础验收、铲麻面、设置垫铁、立柱拉杆组对安装、球皮坡口除污、组装就位、调整、点焊固定、焊接、打磨、材料回收等。　　　　　　　　　　　　　　　　计量单位：t

定　额　编　号			A3-4-1	A3-4-2	A3-4-3	A3-4-4
项　目　名　称			球罐容量:50m³			
			球板厚度(mm以内)			
			16	20	24	28
基　　　　　价（元）			2658.30	2548.75	2378.41	2304.04
其中	人　工　费（元）		1048.32	1010.38	946.82	914.62
	材　料　费（元）		473.61	437.33	417.05	407.87
	机　械　费（元）		1136.37	1101.04	1014.54	981.55
名　　称		单位	单价（元）	消　　耗　　量		
人工	综合工日	工日	140.00	7.488	7.217	6.763	6.533
材料	低碳钢焊条	kg	6.84	26.475	28.401	30.419	32.594
	钢垫板(综合)	kg	4.27	27.230	22.320	18.930	16.450
	尼龙砂轮片 Φ150	片	3.32	30.843	25.071	21.132	18.438
	碳精棒 Φ8～12	根	1.27	26.306	21.314	17.914	15.429
	氧气	m³	3.63	2.516	2.340	2.165	2.031
	乙炔气	kg	10.45	0.838	0.779	0.720	0.678
	其他材料费占材料费	%	—	5.000	5.000	5.000	5.000
机械	电动空气压缩机 6m³/min	台班	206.73	0.563	0.613	0.594	0.612
	电焊条恒温箱	台班	21.41	0.780	0.746	0.685	0.662
	电焊条烘干箱 60×50×75cm³	台班	26.46	0.780	0.746	0.685	0.662
	汽车式起重机 16t	台班	958.70	0.270	0.254	0.233	0.217
	载重汽车 8t	台班	501.85	0.048	0.048	0.038	0.038
	直流弧焊机 32kV·A	台班	87.75	7.794	7.467	6.850	6.619
	轴流通风机 7.5kW	台班	40.15	0.393	0.393	0.384	0.384

工作内容：球板检验、基础验收、铲麻面、设置垫铁、立柱拉杆组对安装、球皮坡口除污、组装就位、调整、点焊固定、焊接、打磨、材料回收等。 计量单位：t

定 额 编 号				A3-4-5	A3-4-6	A3-4-7	A3-4-8
项 目 名 称				球罐容量:120㎥			
				球板厚度(mm以内)			
				16	20	24	28
基 价（元）				2572.70	2500.01	2367.07	2296.39
其中	人 工 费（元）			1003.38	974.12	919.66	887.32
	材 料 费（元）			449.89	420.76	405.71	399.86
	机 械 费（元）			1119.43	1105.13	1041.70	1009.21
名 称		单位	单价（元）	消 耗 量			
人工	综合工日	工日	140.00	7.167	6.958	6.569	6.338
材料	低碳钢焊条	kg	6.84	25.589	27.832	30.117	32.535
	钢垫板(综合)	kg	4.27	24.470	20.100	17.070	14.840
	尼龙砂轮片 φ150	片	3.32	29.811	24.568	20.922	18.404
	碳精棒 φ8~12	根	1.27	25.426	20.886	17.736	15.401
	氧气	㎥	3.63	2.484	2.309	2.175	1.998
	乙炔气	kg	10.45	0.830	0.771	0.729	0.670
	其他材料费占材料费	%	—	5.000	5.000	5.000	5.000
机械	电动空气压缩机 6㎥/min	台班	206.73	0.581	0.632	0.614	0.632
	电焊条恒温箱	台班	21.41	0.753	0.732	0.678	0.661
	电焊条烘干箱 60×50×75cm³	台班	26.46	0.753	0.732	0.678	0.661
	汽车式起重机 16t	台班	958.70	0.273	0.268	0.262	0.241
	载重汽车 8t	台班	501.85	0.057	0.057	0.048	0.048
	直流弧焊机 32kV·A	台班	87.75	7.533	7.316	6.782	6.608
	轴流通风机 7.5kW	台班	40.15	0.297	0.297	0.297	0.297

128

工作内容：球板检验、基础验收、铲麻面、设置垫铁、立柱拉杆组对安装、球皮坡口除污、组装就位、调整、点焊固定、焊接、打磨、材料回收等。　　　　　　　　　　　　　　　　计量单位：t

定　额　编　号			A3-4-9	A3-4-10	A3-4-11
项　目　名　称			球罐容量：120m³		
			球板厚度(mm以内)		
			32	36	40
基　　　价　（元）			2241.85	2229.66	2240.12
其中	人　工　费（元）		854.00	836.08	828.38
	材　料　费（元）		399.57	403.44	410.58
	机　械　费（元）		988.28	990.14	1001.16
名　　称	单位	单价（元）	消　　耗　　量		
人工 综合工日	工日	140.00	6.100	5.972	5.917
材料 低碳钢焊条	kg	6.84	35.059	37.643	40.287
钢垫板(综合)	kg	4.27	13.090	11.720	10.610
尼龙砂轮片 φ150	片	3.32	16.362	14.732	13.423
碳精棒 φ8～12	根	1.27	13.605	12.177	11.021
氧气	m³	3.63	1.865	1.731	1.630
乙炔气	kg	10.45	0.620	0.579	0.544
其他材料费占材料费	%	—	5.000	5.000	5.000
机械 电动空气压缩机 6m³/min	台班	206.73	0.651	0.698	0.747
电焊条恒温箱	台班	21.41	0.651	0.666	0.688
电焊条烘干箱 60×50×75cm³	台班	26.46	0.651	0.666	0.688
汽车式起重机 16t	台班	958.70	0.225	0.206	0.186
载重汽车 8t	台班	501.85	0.048	0.038	0.038
直流弧焊机 32kV·A	台班	87.75	6.505	6.667	6.875
轴流通风机 7.5kW	台班	40.15	0.297	0.308	0.327

工作内容：球板检验、基础验收、铲麻面、设置垫铁、立柱拉杆组对安装、球皮坡口除污、组装就位、调整、点焊固定、焊接、打磨、材料回收等。

计量单位：t

定 额 编 号			A3-4-12	A3-4-13	A3-4-14	A3-4-15
项 目 名 称			球罐容量:200m³			
			球板厚度(mm以内)			
			16	20	24	28
基 价 （元）			2506.26	2437.56	2296.75	2227.39
其中	人 工 费 （元）		966.70	940.52	888.86	856.52
	材 料 费 （元）		432.18	404.48	389.41	383.66
	机 械 费 （元）		1107.38	1092.56	1018.48	987.21
名 称	单位	单价(元)	消 耗 量			
人工	综合工日	工日	140.00	6.905	6.718	6.349	6.118
材料	低碳钢焊条	kg	6.84	24.852	26.993	29.141	31.447
	钢垫板(综合)	kg	4.27	22.510	18.490	15.690	13.630
	尼龙砂轮片 φ150	片	3.32	28.953	23.828	20.244	17.789
	碳精棒 φ8～12	根	1.27	24.694	20.257	17.161	14.886
	氧气	m³	3.63	2.526	2.359	2.183	1.870
	乙炔气	kg	10.45	0.846	0.788	0.729	0.702
	其他材料费占材料费	%	—	5.000	5.000	5.000	5.000
机械	电动空气压缩机 6m³/min	台班	206.73	0.563	0.613	0.594	0.612
	电焊条恒温箱	台班	21.41	0.731	0.709	0.656	0.638
	电焊条烘干箱 60×50×75cm³	台班	26.46	0.731	0.709	0.656	0.638
	汽车式起重机 16t	台班	958.70	0.282	0.277	0.261	0.241
	载重汽车 8t	台班	501.85	0.067	0.067	0.057	0.057
	直流弧焊机 32kV·A	台班	87.75	7.316	7.096	6.562	6.387
	轴流通风机 7.5kW	台班	40.15	0.250	0.250	0.240	0.250

工作内容：球板检验、基础验收、铲麻面、设置垫铁、立柱拉杆组对安装、球皮坡口除污、组装就位、调整、点焊固定、焊接、打磨、材料回收等。

计量单位：t

定 额 编 号			A3-4-16	A3-4-17	A3-4-18	A3-4-19
项 目 名 称			球罐容量：200m³			
			球板厚度(mm以内)			
			32	36	40	44
基　　　价（元）			2177.76	2163.29	2165.52	2229.48
其中	人 工 费（元）		823.06	804.02	791.70	792.68
	材 料 费（元）		383.67	387.49	394.15	424.43
	机 械 费（元）		971.03	971.78	979.67	1012.37
名　　　称	单位	单价（元）	消　　耗　　量			
人工	综合工日	工日	140.00	5.879	5.743	5.655	5.662
材料	低碳钢焊条	kg	6.84	33.855	36.336	38.869	44.380
	钢垫板(综合)	kg	4.27	12.020	10.750	9.740	8.900
	尼龙砂轮片 φ150	片	3.32	15.800	14.221	12.951	11.944
	碳精棒 φ8～12	根	1.27	13.138	11.755	10.633	9.705
	氧气	m³	3.63	1.874	1.740	1.605	1.497
	乙炔气	kg	10.45	0.628	0.587	0.536	0.502
	其他材料费占材料费	%	—	5.000	5.000	5.000	5.000
机械	电动空气压缩机 6m³/min	台班	206.73	0.627	0.674	0.720	0.787
	电焊条恒温箱	台班	21.41	0.628	0.644	0.663	0.700
	电焊条烘干箱 60×50×75cm³	台班	26.46	0.628	0.644	0.663	0.700
	汽车式起重机 16t	台班	958.70	0.231	0.211	0.190	0.180
	载重汽车 8t	台班	501.85	0.057	0.048	0.048	0.038
	直流弧焊机 32kV·A	台班	87.75	6.282	6.437	6.633	6.994
	轴流通风机 7.5kW	台班	40.15	0.250	0.259	0.269	0.269

工作内容：球板检验、基础验收、铲麻面、设置垫铁、立柱拉杆组对安装、球皮坡口除污、组装就位、调整、点焊固定、焊接、打磨、材料回收等。　　　　　　　　　　　　　　　　计量单位：t

定　额　编　号			A3-4-20	A3-4-21	A3-4-22
项　目　名　称			球罐容量：400m³		
			球板厚度(mm以内)		
			16	20	24
基　　　价（元）			2213.62	2137.52	2025.44
其中	人　工　费（元）		861.42	837.34	797.02
	材　料　费（元）		346.97	326.67	315.70
	机　械　费（元）		1005.23	973.51	912.72
名　　称	单位	单价（元）	消　　耗　　量		
人工 综合工日	工日	140.00	6.153	5.981	5.693
材料 低碳钢焊条	kg	6.84	19.965	21.782	23.597
钢垫板(综合)	kg	4.27	16.900	13.930	11.840
尼龙砂轮片 φ150	片	3.32	23.260	19.227	16.393
碳精棒 φ8～12	根	1.27	19.838	16.346	13.897
氧气	m³	3.63	2.717	2.541	2.340
乙炔气	kg	10.45	0.904	0.845	0.779
其他材料费占材料费	%	—	5.000	5.000	5.000
机械 电动空气压缩机 6m³/min	台班	206.73	0.454	0.494	0.480
电焊条恒温箱	台班	21.41	0.587	0.572	0.531
电焊条烘干箱 60×50×75cm³	台班	26.46	0.587	0.572	0.531
汽车式起重机 25t	台班	1084.16	0.297	0.273	0.259
载重汽车 8t	台班	501.85	0.076	0.076	0.067
直流弧焊机 32kV·A	台班	87.75	5.878	5.727	5.314
轴流通风机 7.5kW	台班	40.15	0.183	0.183	0.183

工作内容：球板检验、基础验收、铲麻面、设置垫铁、立柱拉杆组对安装、球皮坡口除污、组装就位、调整、点焊固定、焊接、打磨、材料回收等。 计量单位：t

定 额 编 号				A3-4-23	A3-4-24	A3-4-25
项 目 名 称				球罐容量：400m³		
				球板厚度(mm以内)		
				28	32	36
基 价 （元）				1955.09	1885.38	1866.38
其中	人 工 费 （元）			764.54	726.18	711.34
	材 料 费 （元）			312.12	309.84	313.71
	机 械 费 （元）			878.43	849.36	841.33
名 称		单位	单价(元)	消 耗 量		
人工	综合工日	工日	140.00	5.461	5.187	5.081
材料	低碳钢焊条	kg	6.84	25.527	27.281	29.359
	钢垫板(综合)	kg	4.27	10.300	9.020	8.090
	尼龙砂轮片 φ150	片	3.32	14.440	12.732	11.490
	碳精棒 φ8～12	根	1.27	12.084	10.587	9.497
	氧气	m³	3.63	2.164	1.997	1.855
	乙炔气	kg	10.45	0.720	0.670	0.619
	其他材料费占材料费	%	—	5.000	5.000	5.000
机械	电动空气压缩机 6m³/min	台班	206.73	0.496	0.505	0.544
	电焊条恒温箱	台班	21.41	0.519	0.506	0.520
	电焊条烘干箱 60×50×75cm³	台班	26.46	0.519	0.506	0.520
	汽车式起重机 25t	台班	1084.16	0.240	0.222	0.199
	载重汽车 8t	台班	501.85	0.057	0.057	0.048
	直流弧焊机 32kV·A	台班	87.75	5.184	5.061	5.201
	轴流通风机 7.5kW	台班	40.15	0.183	0.183	0.193

工作内容：球板检验、基础验收、铲麻面、设置垫铁、立柱拉杆组对安装、球皮坡口除污、组装就位、调整、点焊固定、焊接、打磨、材料回收等。

计量单位：t

定　额　编　号				A3-4-26	A3-4-27	A3-4-28
项　目　名　称				球罐容量：400m³		
				球板厚度(mm以内)		
				40	44	48
基　　　价（元）				1858.04	1905.10	1926.55
其中	人　工　费（元）			697.90	694.82	687.26
	材　料　费（元）			319.88	345.07	353.66
	机　械　费（元）			840.26	865.21	885.63
名　　称		单位	单价（元）	消　　耗　　量		
人工	综合工日	工日	140.00	4.985	4.963	4.909
材料	低碳钢焊条	kg	6.84	31.472	36.001	38.101
	钢垫板(综合)	kg	4.27	7.340	6.710	6.180
	尼龙砂轮片 φ150	片	3.32	10.486	9.689	8.998
	碳精棒 φ8~12	根	1.27	8.609	7.873	7.251
	氧气	m³	3.63	1.721	1.621	1.512
	乙炔气	kg	10.45	0.578	0.544	0.502
	其他材料费占材料费	%	—	5.000	5.000	5.000
机械	电动空气压缩机 6m³/min	台班	206.73	0.584	0.638	0.676
	电焊条恒温箱	台班	21.41	0.536	0.568	0.587
	电焊条烘干箱 60×50×75cm³	台班	26.46	0.536	0.568	0.587
	汽车式起重机 25t	台班	1084.16	0.176	0.167	0.162
	载重汽车 8t	台班	501.85	0.048	0.038	0.038
	直流弧焊机 32kV·A	台班	87.75	5.370	5.674	5.864
	轴流通风机 7.5kW	台班	40.15	0.193	0.202	0.212

工作内容：球板检验、基础验收、铲麻面、设置垫铁、立柱拉杆组对安装、球皮坡口除污、组装就位、调整、点焊固定、焊接、打磨、材料回收等。 计量单位：t

定 额 编 号			A3-4-29	A3-4-30	A3-4-31	A3-4-32
项 目 名 称			球罐容量：650m³			
			球板厚度（mm以内）			
			16	20	24	28
基 价 （元）			1958.00	1885.48	1799.93	1714.01
其中	人 工 费 （元）		750.40	730.66	696.08	655.06
	材 料 费 （元）		315.81	295.78	284.52	278.04
	机 械 费 （元）		891.79	859.04	819.33	780.91
名 称	单位	单价（元）	消 耗 量			
人工 综合工日	工日	140.00	5.360	5.219	4.972	4.679
材料 低碳钢焊条	kg	6.84	16.720	18.314	19.894	21.566
钢垫板（综合）	kg	4.27	19.140	15.890	13.560	11.440
尼龙砂轮片 φ150	片	3.32	19.478	16.166	13.820	12.199
碳精棒 φ8～12	根	1.27	16.613	13.743	11.716	10.209
氧气	m³	3.63	2.658	2.448	2.280	2.105
乙炔气	kg	10.45	0.887	0.820	0.761	0.702
其他材料费占材料费	%	—	5.000	5.000	5.000	5.000
机械 电动空气压缩机 6m³/min	台班	206.73	0.379	0.416	0.405	0.419
电焊条恒温箱	台班	21.41	0.492	0.482	0.448	0.438
电焊条烘干箱 60×50×75cm³	台班	26.46	0.492	0.482	0.448	0.438
汽车式起重机 25t	台班	1084.16	0.206	0.192	0.186	0.162
汽车式起重机 40t	台班	1526.12	0.067	0.057	0.057	0.057
载重汽车 12t	台班	670.70	0.038	0.038	0.038	0.029
直流弧焊机 32kV·A	台班	87.75	4.922	4.814	4.480	4.380
轴流通风机 7.5kW	台班	40.15	0.172	0.172	0.172	0.172

工作内容：球板检验、基础验收、铲麻面、设置垫铁、立柱拉杆组对安装、球皮坡口除污、组装就位、调整、点焊固定、焊接、打磨、材料回收等。

计量单位：t

定 额 编 号			A3-4-33	A3-4-34	A3-4-35
项 目 名 称			球罐容量:650m³		
			球板厚度(mm以内)		
			32	36	40
基 价（元）			1671.35	1653.42	1638.94
其中	人 工 费（元）		628.60	615.02	599.62
	材 料 费（元）		278.01	279.32	283.44
	机 械 费（元）		764.74	759.08	755.88
名 称	单位	单价(元)	消 耗 量		
人工 综合工日	工日	140.00	4.490	4.393	4.283
材料 低碳钢焊条	kg	6.84	23.303	24.974	26.791
钢垫板(综合)	kg	4.27	10.310	9.280	8.420
尼龙砂轮片 φ150	片	3.32	10.876	9.774	8.926
碳精棒 φ8～12	根	1.27	9.043	8.079	7.329
氧气	m³	3.63	1.938	1.809	1.661
乙炔气	kg	10.45	0.644	0.602	0.552
其他材料费占材料费	%	—	5.000	5.000	5.000
机械 电动空气压缩机 6m³/min	台班	206.73	0.432	0.463	0.497
电焊条恒温箱	台班	21.41	0.432	0.442	0.457
电焊条烘干箱 60×50×75cm³	台班	26.46	0.432	0.442	0.457
汽车式起重机 25t	台班	1084.16	0.149	0.142	0.134
汽车式起重机 40t	台班	1526.12	0.057	0.048	0.038
载重汽车 12t	台班	670.70	0.029	0.029	0.029
直流弧焊机 32kV·A	台班	87.75	4.324	4.424	4.572
轴流通风机 7.5kW	台班	40.15	0.183	0.183	0.183

工作内容：球板检验、基础验收、铲麻面、设置垫铁、立柱拉杆组对安装、球皮坡口除污、组装就位、调整、点焊固定、焊接、打磨、材料回收等。　　　　　　　　　　　　　　　计量单位：t

定　额　编　号			A3-4-36	A3-4-37	A3-4-38
项　目　名　称			球罐容量：650m³		
			球板厚度（mm以内）		
			44	48	52
基　　　价（元）			1672.87	1684.31	1675.87
其中	人　工　费（元）		592.34	583.24	572.04
	材　料　费（元）		304.15	310.81	320.13
	机　械　费（元）		776.38	790.26	783.70
名　　称	单位	单价（元）	消　　耗　　量		
人工 综合工日	工日	140.00	4.231	4.166	4.086
材料 低碳钢焊条	kg	6.84	30.665	32.471	34.317
钢垫板（综合）	kg	4.27	7.710	7.090	6.760
尼龙砂轮片 φ150	片	3.32	8.253	7.668	7.198
碳精棒 φ8～12	根	1.27	6.706	6.179	5.729
氧气	m³	3.63	1.560	1.452	1.418
乙炔气	kg	10.45	0.518	0.484	0.476
其他材料费占材料费	%	—	5.000	5.000	5.000
机械 电动空气压缩机 6m³/min	台班	206.73	0.543	0.576	0.584
电焊条恒温箱	台班	21.41	0.484	0.500	0.498
电焊条烘干箱 60×50×75cm³	台班	26.46	0.484	0.500	0.498
汽车式起重机 25t	台班	1084.16	0.128	0.120	0.113
汽车式起重机 40t	台班	1526.12	0.038	0.038	0.038
载重汽车 12t	台班	670.70	0.019	0.019	0.019
直流弧焊机 32kV·A	台班	87.75	4.833	4.999	4.993
轴流通风机 7.5kW	台班	40.15	0.183	0.193	0.193

工作内容：球板检验、基础验收、铲麻面、设置垫铁、立柱拉杆组对安装、球皮坡口除污、组装就位、调整、点焊固定、焊接、打磨、材料回收等。

计量单位：t

定　额　编　号				A3-4-39	A3-4-40	A3-4-41
项　目　名　称				球罐容量：1000m³		
				球板厚度(mm以内)		
				16	20	24
基　　　价（元）				2000.43	1947.92	1847.47
其中	人　工　费（元）			714.14	702.80	665.00
	材　料　费（元）			313.76	293.74	281.86
	机　械　费（元）			972.53	951.38	900.61
名　　称		单位	单价(元)	消　　耗　　量		
人工	综合工日	工日	140.00	5.101	5.020	4.750
材料	低碳钢焊条	kg	6.84	15.531	17.147	18.713
	钢垫板(综合)	kg	4.27	22.250	18.550	15.890
	尼龙砂轮片 φ150	片	3.32	18.094	15.136	13.000
	碳精棒 φ8～12	根	1.27	15.432	12.868	11.020
	氧气	m³	3.63	2.515	2.339	2.172
	乙炔气	kg	10.45	0.840	0.782	0.723
	其他材料费占材料费	%	—	5.000	5.000	5.000
机械	电动空气压缩机 6m³/min	台班	206.73	0.353	0.390	0.382
	电焊条恒温箱	台班	21.41	0.457	0.450	0.422
	电焊条烘干箱 60×50×75cm³	台班	26.46	0.457	0.450	0.422
	汽车式起重机 25t	台班	1084.16	0.283	0.262	0.248
	汽车式起重机 40t	台班	1526.12	0.086	0.086	0.086
	载重汽车 12t	台班	670.70	0.048	0.048	0.038
	直流弧焊机 32kV·A	台班	87.75	4.573	4.508	4.213
	轴流通风机 7.5kW	台班	40.15	0.153	0.153	0.153

工作内容：球板检验、基础验收、铲麻面、设置垫铁、立柱拉杆组对安装、球皮坡口除污、组装就位、调
整、点焊固定、焊接、打磨、材料回收等。　　　　　　　　　　　　　　　　　　　　　　计量单位：t

定　额　编　号			A3-4-42	A3-4-43	A3-4-44
项　目　名　称			球罐容量：1000m³		
			球板厚度（mm以内）		
			28	32	36
基　　价（元）			1762.45	1692.94	1679.16
其中	人　工　费（元）		627.90	599.48	593.60
	材　料　费（元）		276.77	269.27	271.03
	机　械　费（元）		857.78	824.19	814.53
名　　　称	单位	单价（元）	消　　耗　　量		
人工 综合工日	工日	140.00	4.485	4.282	4.240
材料 低碳钢焊条	kg	6.84	20.389	21.577	23.346
钢垫板（综合）	kg	4.27	13.910	12.070	10.890
尼龙砂轮片 φ150	片	3.32	11.534	10.070	9.137
碳精棒 φ8~12	根	1.27	9.652	8.373	7.552
氧气	m³	3.63	1.995	1.862	1.686
乙炔气	kg	10.45	0.664	0.622	0.564
其他材料费占材料费	%	—	5.000	5.000	5.000
机械 电动空气压缩机 6m³/min	台班	206.73	0.396	0.400	0.433
电焊条恒温箱	台班	21.41	0.414	0.401	0.413
电焊条烘干箱 60×50×75cm³	台班	26.46	0.414	0.401	0.413
汽车式起重机 25t	台班	1084.16	0.226	0.206	0.192
汽车式起重机 40t	台班	1526.12	0.076	0.076	0.067
载重汽车 12t	台班	670.70	0.038	0.038	0.038
直流弧焊机 32kV·A	台班	87.75	4.142	4.004	4.135
轴流通风机 7.5kW	台班	40.15	0.153	0.153	0.162

工作内容：球板检验、基础验收、铲麻面、设置垫铁、立柱拉杆组对安装、球皮坡口除污、组装就位、调整、点焊固定、焊接、打磨、材料回收等。

计量单位：t

定 额 编 号			A3-4-45	A3-4-46	A3-4-47
项 目 名 称			球罐容量：1000m³		
			球板厚度(mm以内)		
			40	44	48
基 价（元）			1652.93	1670.01	1658.54
其中	人 工 费（元）		571.62	566.02	553.70
	材 料 费（元）		275.27	294.71	298.98
	机 械 费（元）		806.04	809.28	805.86
名 称	单位	单价（元）	消 耗 量		
人工 综合工日	工日	140.00	4.083	4.043	3.955
材料 低碳钢焊条	kg	6.84	25.140	28.865	30.411
钢垫板(综合)	kg	4.27	9.920	9.100	8.360
尼龙砂轮片 φ150	片	3.32	8.376	7.769	7.182
碳精棒 φ8～12	根	1.27	6.877	6.312	5.787
氧气	m³	3.63	1.586	1.485	1.376
乙炔气	kg	10.45	0.531	0.496	0.464
其他材料费占材料费	%	—	5.000	5.000	5.000
机械 电动空气压缩机 6m³/min	台班	206.73	0.467	0.512	0.540
电焊条恒温箱	台班	21.41	0.429	0.455	0.468
电焊条烘干箱 60×50×75cm³	台班	26.46	0.429	0.455	0.468
汽车式起重机 25t	台班	1084.16	0.170	0.156	0.149
汽车式起重机 40t	台班	1526.12	0.067	0.057	0.048
载重汽车 12t	台班	670.70	0.029	0.029	0.029
直流弧焊机 32kV·A	台班	87.75	4.290	4.549	4.680
轴流通风机 7.5kW	台班	40.15	0.162	0.172	0.172

工作内容：球板检验、基础验收、铲麻面、设置垫铁、立柱拉杆组对安装、球皮坡口除污、组装就位、调整、点焊固定、焊接、打磨、材料回收等。

计量单位：t

定 额 编 号			A3-4-48	A3-4-49	A3-4-50
项 目 名 称			球罐容量：1000m³		
			球板厚度(mm以内)		
			52	56	60
基 价（元）			1654.47	1675.48	1684.08
其中	人 工 费（元）		544.46	542.64	547.96
	材 料 费（元）		307.36	315.63	325.27
	机 械 费（元）		802.65	817.21	810.85
名 称	单位	单价（元）	消 耗 量		
人工 综合工日	工日	140.00	3.889	3.876	3.914
材料 低碳钢焊条	kg	6.84	32.292	34.087	35.954
钢垫板(综合)	kg	4.27	7.770	7.200	6.810
尼龙砂轮片 φ150	片	3.32	6.773	6.379	6.009
碳精棒 φ8～12	根	1.27	5.391	5.036	4.725
氧气	m³	3.63	1.310	1.276	1.242
乙炔气	kg	10.45	0.438	0.430	0.413
其他材料费占材料费	%	—	5.000	5.000	5.000
机械 电动空气压缩机 6m³/min	台班	206.73	0.549	0.580	0.612
电焊条恒温箱	台班	21.41	0.470	0.488	0.506
电焊条烘干箱 60×50×75cm³	台班	26.46	0.470	0.488	0.506
汽车式起重机 25t	台班	1084.16	0.142	0.134	0.128
汽车式起重机 40t	台班	1526.12	0.048	0.048	0.038
载重汽车 12t	台班	670.70	0.029	0.029	0.019
直流弧焊机 32kV·A	台班	87.75	4.698	4.880	5.065
轴流通风机 7.5kW	台班	40.15	0.193	0.193	0.153

工作内容：球板检验、基础验收、铲麻面、设置垫铁、立柱拉杆组对安装、球皮坡口除污、组装就位、调整、点焊固定、焊接、打磨、材料回收等。　　　　　　　　　　　　　　　计量单位：t

定　额　编　号			A3-4-51	A3-4-52	A3-4-53
项　目　名　称			球罐容量：1500m³		
			球板厚度(mm以内)		
			16	20	24
基　　　　价（元）			1910.16	1828.95	1711.51
其中	人　工　费（元）		659.82	627.48	595.00
	材　料　费（元）		301.81	279.62	265.92
	机　械　费（元）		948.53	921.85	850.59
名　　　称	单位	单价（元）	消　　耗　　量		
人工 综合工日	工日	140.00	4.713	4.482	4.250
材料 低碳钢焊条	kg	6.84	13.443	14.828	16.191
钢垫板（综合）	kg	4.27	25.540	21.300	18.260
尼龙砂轮片 φ150	片	3.32	15.661	13.089	11.248
碳精棒 φ8～12	根	1.27	13.357	11.127	9.535
氧气	m³	3.63	2.459	2.292	2.116
乙炔气	kg	10.45	0.818	0.768	0.709
其他材料费占材料费	%	—	5.000	5.000	5.000
机械 电动空气压缩机 6m³/min	台班	206.73	0.305	0.336	0.330
电焊条恒温箱	台班	21.41	0.396	0.390	0.365
电焊条烘干箱 60×50×75cm³	台班	26.46	0.396	0.390	0.365
汽车式起重机 25t	台班	1084.16	0.317	0.297	0.268
汽车式起重机 40t	台班	1526.12	0.086	0.086	0.076
载重汽车 12t	台班	670.70	0.057	0.048	0.048
直流弧焊机 32kV·A	台班	87.75	3.957	3.899	3.647
轴流通风机 7.5kW	台班	40.15	0.153	0.153	0.153

工作内容：球板检验、基础验收、铲麻面、设置垫铁、立柱拉杆组对安装、球皮坡口除污、组装就位、调整、点焊固定、焊接、打磨、材料回收等。

计量单位：t

定 额 编 号			A3-4-54	A3-4-55	A3-4-56
项 目 名 称			球罐容量:1500m³		
			球板厚度(mm以内)		
			28	32	36
基 价（元）			1650.91	1570.37	1566.06
其中	人 工 费（元）		567.14	538.86	546.84
	材 料 费（元）		258.65	251.10	250.94
	机 械 费（元）		825.12	780.41	768.28
名 称	单位	单价(元)	消 耗 量		
人工	综合工日	工日	140.00	4.051	3.849	3.906
材料	低碳钢焊条	kg	6.84	17.617	18.750	20.271
	钢垫板(综合)	kg	4.27	15.990	13.970	12.590
	尼龙砂轮片 φ150	片	3.32	9.966	8.750	7.933
	碳精棒 φ8~12	根	1.27	8.340	7.276	6.557
	氧气	m³	3.63	1.948	1.815	1.672
	乙炔气	kg	10.45	0.651	0.609	0.559
	其他材料费占材料费	%	—	5.000	5.000	5.000
机械	电动空气压缩机 6m³/min	台班	206.73	0.343	0.347	0.376
	电焊条恒温箱	台班	21.41	0.358	0.347	0.358
	电焊条烘干箱 60×50×75cm³	台班	26.46	0.358	0.347	0.358
	汽车式起重机 25t	台班	1084.16	0.248	0.227	0.207
	汽车式起重机 40t	台班	1526.12	0.076	0.067	0.067
	载重汽车 12t	台班	670.70	0.048	0.048	0.038
	直流弧焊机 32kV·A	台班	87.75	3.577	3.480	3.591
	轴流通风机 7.5kW	台班	40.15	0.153	0.153	0.153

工作内容：球板检验、基础验收、铲麻面、设置垫铁、立柱拉杆组对安装、球皮坡口除污、组装就位、调整、点焊固定、焊接、打磨、材料回收等。 计量单位：t

定　额　编　号				A3-4-57	A3-4-58	A3-4-59
项　目　名　称				球罐容量：1500m³		
				球板厚度(mm以内)		
				40	44	48
基　　　价（元）				1514.97	1539.09	1519.14
其中	人　工　费（元）			517.30	512.68	502.46
	材　料　费（元）			252.88	274.10	272.06
	机　械　费（元）			744.79	752.31	744.62
名　　称		单位	单价（元）	消　　耗　　量		
人工	综合工日	工日	140.00	3.695	3.662	3.589
材料	低碳钢焊条	kg	6.84	21.814	25.034	26.455
	钢垫板(综合)	kg	4.27	11.460	11.790	9.670
	尼龙砂轮片 φ150	片	3.32	7.268	6.737	6.247
	碳精棒 φ8～12	根	1.27	5.967	5.474	5.034
	氧气	m³	3.63	1.539	1.430	1.362
	乙炔气	kg	10.45	0.517	0.475	0.458
	其他材料费占材料费	%	—	5.000	5.000	5.000
机械	电动空气压缩机 6m³/min	台班	206.73	0.404	0.444	0.469
	电焊条恒温箱	台班	21.41	0.372	0.394	0.408
	电焊条烘干箱 60×50×75cm³	台班	26.46	0.372	0.394	0.408
	汽车式起重机 25t	台班	1084.16	0.188	0.168	0.158
	汽车式起重机 40t	台班	1526.12	0.057	0.057	0.048
	载重汽车 12t	台班	670.70	0.029	0.029	0.029
	直流弧焊机 32kV·A	台班	87.75	3.723	3.945	4.071
	轴流通风机 7.5kW	台班	40.15	0.162	0.172	0.172

工作内容：球板检验、基础验收、铲麻面、设置垫铁、立柱拉杆组对安装、球皮坡口除污、组装就位、调整、点焊固定、焊接、打磨、材料回收等。

计量单位：t

定 额 编 号			A3-4-60	A3-4-61	A3-4-62
项 目 名 称			球罐容量：1500m³		
			球板厚度(mm以内)		
			52	56	60
基 价（元）			1507.88	1521.15	1512.64
其中	人 工 费（元）		493.08	490.14	492.38
	材 料 费（元）		277.96	284.29	291.76
	机 械 费（元）		736.84	746.72	728.50
名 称	单位	单价（元）	消 耗 量		
人工 综合工日	工日	140.00	3.522	3.501	3.517
材料 低碳钢焊条	kg	6.84	28.020	29.568	31.176
钢垫板(综合)	kg	4.27	8.990	8.400	7.870
尼龙砂轮片 φ150	片	3.32	5.877	5.533	5.210
碳精棒 φ8～12	根	1.27	4.678	4.369	4.097
氧气	m³	3.63	1.296	1.228	1.195
乙炔气	kg	10.45	0.433	0.408	0.400
其他材料费占材料费	%	—	5.000	5.000	5.000
机械 电动空气压缩机 6m³/min	台班	206.73	0.476	0.504	0.530
电焊条恒温箱	台班	21.41	0.408	0.423	0.439
电焊条烘干箱 60×50×75cm³	台班	26.46	0.408	0.423	0.439
汽车式起重机 25t	台班	1084.16	0.149	0.139	0.124
汽车式起重机 40t	台班	1526.12	0.048	0.048	0.038
载重汽车 12t	台班	670.70	0.029	0.029	0.019
直流弧焊机 32kV·A	台班	87.75	4.077	4.234	4.392
轴流通风机 7.5kW	台班	40.15	0.172	0.183	0.183

工作内容：球板检验、基础验收、铲麻面、设置垫铁、立柱拉杆组对安装、球皮坡口除污、组装就位、调整、点焊固定、焊接、打磨、材料回收等。

计量单位：t

定　额　编　号			A3-4-63	A3-4-64	A3-4-65
项　目　名　称			球罐容量：2000m³		
			球板厚度(mm以内)		
			16	20	24
基　　　价（元）			2076.05	1974.19	1830.52
其中	人　工　费（元）		651.42	607.88	563.50
	材　料　费（元）		314.49	290.02	274.84
	机　械　费（元）		1110.14	1076.29	992.18
名　　称	单位	单价(元)	消　　耗　　量		
人工	综合工日	工日	140.00	4.653	4.342	4.025
材料	低碳钢焊条	kg	6.84	13.386	14.776	16.143
	钢垫板(综合)	kg	4.27	28.580	23.820	20.430
	尼龙砂轮片 φ150	片	3.32	15.594	13.044	11.215
	碳精棒 φ8～12	根	1.27	13.300	11.089	9.507
	氧气	m³	3.63	2.425	2.258	2.082
	乙炔气	kg	10.45	0.809	0.751	0.692
	其他材料费占材料费	%	—	5.000	5.000	5.000
机械	电动空气压缩机 6m³/min	台班	206.73	0.304	0.335	0.329
	电焊条恒温箱	台班	21.41	0.394	0.389	0.364
	电焊条烘干箱 60×50×75cm³	台班	26.46	0.394	0.389	0.364
	汽车式起重机 25t	台班	1084.16	0.057	0.057	0.057
	汽车式起重机 40t	台班	1526.12	0.232	0.209	0.187
	汽车式起重机 60t	台班	2927.21	0.076	0.076	0.067
	载重汽车 12t	台班	670.70	0.057	0.057	0.057
	直流弧焊机 32kV·A	台班	87.75	3.940	3.884	3.636
	轴流通风机 7.5kW	台班	40.15	0.153	0.153	0.153

工作内容：球板检验、基础验收、铲麻面、设置垫铁、立柱拉杆组对安装、球皮坡口除污、组装就位、调整、点焊固定、焊接、打磨、材料回收等。

计量单位：t

定　额　编　号				A3-4-66	A3-4-67
项　目　名　称				球罐容量：2000m³	
				球板厚度(mm以内)	
				28	32
基　　　价（元）				1754.15	1656.16
其中	人　工　费（元）			534.66	516.46
	材　料　费（元）			266.47	258.88
	机　械　费（元）			953.02	880.82
名　　　称		单位	单价（元）	消　　耗　　量	
人工	综合工日	工日	140.00	3.819	3.689
材料	低碳钢焊条	kg	6.84	17.574	18.800
	钢垫板(综合)	kg	4.27	17.880	15.680
	尼龙砂轮片 φ150	片	3.32	9.941	8.774
	碳精棒 φ8～12	根	1.27	8.319	7.296
	氧气	m³	3.63	1.915	1.773
	乙炔气	kg	10.45	0.642	0.591
	其他材料费占材料费	%	—	5.000	5.000
机械	电动空气压缩机 6m³/min	台班	206.73	0.342	0.348
	电焊条恒温箱	台班	21.41	0.357	0.348
	电焊条烘干箱 60×50×75cm³	台班	26.46	0.357	0.348
	汽车式起重机 25t	台班	1084.16	0.048	0.048
	汽车式起重机 40t	台班	1526.12	0.174	0.150
	汽车式起重机 60t	台班	2927.21	0.067	0.057
	载重汽车 12t	台班	670.70	0.048	0.048
	直流弧焊机 32kV·A	台班	87.75	3.569	3.488
	轴流通风机 7.5kW	台班	40.15	0.153	0.153

工作内容：球板检验、基础验收、铲麻面、设置垫铁、立柱拉杆组对安装、球皮坡口除污、组装就位、调整、点焊固定、焊接、打磨、材料回收等。

计量单位：t

定 额 编 号			A3-4-68	A3-4-69	A3-4-70
项 目 名 称			球罐容量：2000m³		
			球板厚度(mm以内)		
			36	40	44
基 价（元）			1630.75	1595.08	1616.11
其中	人 工 费（元）		502.32	497.00	496.44
	材 料 费（元）		257.92	259.07	274.17
	机 械 费（元）		870.51	839.01	845.50
名 称	单位	单价(元)	消 耗 量		
人工 综合工日	工日	140.00	3.588	3.550	3.546
材料 低碳钢焊条	kg	6.84	20.322	21.865	25.089
钢垫板(综合)	kg	4.27	14.130	12.850	11.790
尼龙砂轮片 φ150	片	3.32	7.953	7.285	6.752
碳精棒 φ8～12	根	1.27	6.574	5.981	5.486
氧气	m³	3.63	1.619	1.484	1.376
乙炔气	kg	10.45	0.543	0.492	0.458
其他材料费占材料费	%	—	5.000	5.000	5.000
机械 电动空气压缩机 6m³/min	台班	206.73	0.377	0.405	0.445
电焊条恒温箱	台班	21.41	0.360	0.373	0.395
电焊条烘干箱 60×50×75cm³	台班	26.46	0.360	0.373	0.395
汽车式起重机 25t	台班	1084.16	0.038	0.029	0.029
汽车式起重机 40t	台班	1526.12	0.144	0.139	0.124
汽车式起重机 60t	台班	2927.21	0.057	0.048	0.048
载重汽车 12t	台班	670.70	0.038	0.029	0.029
直流弧焊机 32kV·A	台班	87.75	3.600	3.731	3.955
轴流通风机 7.5kW	台班	40.15	0.153	0.162	0.172

工作内容：球板检验、基础验收、铲麻面、设置垫铁、立柱拉杆组对安装、球皮坡口除污、组装就位、调整、点焊固定、焊接、打磨、材料回收等。

计量单位：t

定 额 编 号			A3-4-71	A3-4-72
项 目 名 称			球罐容量:2000m³	
			球板厚度(mm以内)	
			48	52
基 价（元）			1589.62	1574.54
其中	人 工 费（元）		490.84	478.94
	材 料 费（元）		277.52	283.10
	机 械 费（元）		821.26	812.50
名 称	单位	单价（元）	消 耗 量	
人工 综合工日	工日	140.00	3.506	3.421
材料 低碳钢焊条	kg	6.84	26.531	28.098
钢垫板(综合)	kg	4.27	10.850	10.080
尼龙砂轮片 φ150	片	3.32	6.266	5.893
碳精棒 φ8～12	根	1.27	5.049	4.691
氧气	m³	3.63	1.309	1.242
乙炔气	kg	10.45	0.434	0.417
其他材料费占材料费	%	—	5.000	5.000
机械 电动空气压缩机 6m³/min	台班	206.73	0.470	0.478
电焊条恒温箱	台班	21.41	0.409	0.409
电焊条烘干箱 60×50×75cm³	台班	26.46	0.409	0.409
汽车式起重机 25t	台班	1084.16	0.029	0.029
汽车式起重机 40t	台班	1526.12	0.116	0.109
汽车式起重机 60t	台班	2927.21	0.038	0.038
载重汽车 12t	台班	670.70	0.029	0.029
直流弧焊机 32kV·A	台班	87.75	4.085	4.088
轴流通风机 7.5kW	台班	40.15	0.172	0.172

工作内容：球板检验、基础验收、铲麻面、设置垫铁、立柱拉杆组对安装、球皮坡口除污、组装就位、调整、点焊固定、焊接、打磨、材料回收等。　　　　　　　　　　　　计量单位：t

定　额　编　号			A3-4-73	A3-4-74	A3-4-75
项　目　名　称			球罐容量：3000m³		
			球板厚度(mm以内)		
			16	20	24
基　　　价（元）			1959.26	1826.42	1699.04
其中	人　工　费（元）		649.46	600.60	555.24
	材　料　费（元）		319.29	295.05	280.58
	机　械　费（元）		990.51	930.77	863.22
名　　称	单位	单价（元）	消　　耗　　量		
人工 综合工日	工日	140.00	4.639	4.290	3.966
材料 低碳钢焊条	kg	6.84	14.462	15.912	17.343
钢垫板(综合)	kg	4.27	26.870	22.330	19.100
尼龙砂轮片 φ150	片	3.32	16.848	14.046	12.048
碳精棒 φ8~12	根	1.27	14.370	11.941	10.213
氧气	m³	3.63	2.278	2.111	1.969
乙炔气	kg	10.45	0.763	0.704	0.662
其他材料费占材料费	%	—	5.000	5.000	5.000
机械 电动空气压缩机 6m³/min	台班	206.73	0.327	0.361	0.353
电焊条恒温箱	台班	21.41	0.426	0.418	0.391
电焊条烘干箱 60×50×75cm³	台班	26.46	0.426	0.418	0.391
汽车式起重机 25t	台班	1084.16	0.038	0.038	0.029
汽车式起重机 40t	台班	1526.12	0.183	0.168	0.152
汽车式起重机 80t	台班	3700.51	0.048	0.038	0.038
载重汽车 12t	台班	670.70	0.038	0.038	0.029
直流弧焊机 32kV·A	台班	87.75	4.257	4.183	3.905
轴流通风机 7.5kW	台班	40.15	0.134	0.134	0.134

150

工作内容：球板检验、基础验收、铲麻面、设置垫铁、立柱拉杆组对安装、球皮坡口除污、组装就位、调
整、点焊固定、焊接、打磨、材料回收等。
计量单位：t

定 额 编 号				A3-4-76	A3-4-77	A3-4-78
项 目 名 称				球罐容量：3000m³		
				球板厚度（mm以内）		
				28	32	36
基 价（元）				1648.91	1599.21	1579.33
其中	人 工 费（元）			529.76	506.52	499.52
	材 料 费（元）			272.68	269.10	268.65
	机 械 费（元）			846.47	823.59	811.16
名 称	单位	单价（元）		消 耗 量		
人工	综合工日	工日	140.00	3.784	3.618	3.568
材料	低碳钢焊条	kg	6.84	18.846	20.406	22.004
	钢垫板(综合)	kg	4.27	16.680	14.810	13.310
	尼龙砂轮片 Φ150	片	3.32	10.661	9.523	8.612
	碳精棒 Φ8～12	根	1.27	8.921	7.919	7.118
	氧气	m³	3.63	1.801	1.659	1.525
	乙炔气	kg	10.45	0.603	0.553	0.512
	其他材料费占材料费	%	—	5.000	5.000	5.000
机械	电动空气压缩机 6m³/min	台班	206.73	0.366	0.377	0.409
	电焊条恒温箱	台班	21.41	0.383	0.379	0.390
	电焊条烘干箱 60×50×75cm³	台班	26.46	0.383	0.379	0.390
	汽车式起重机 25t	台班	1084.16	0.029	0.029	0.019
	汽车式起重机 40t	台班	1526.12	0.144	0.130	0.122
	汽车式起重机 80t	台班	3700.51	0.038	0.038	0.038
	载重汽车 12t	台班	670.70	0.029	0.029	0.019
	直流弧焊机 32kV·A	台班	87.75	3.827	3.786	3.898
	轴流通风机 7.5kW	台班	40.15	0.134	0.134	0.143

工作内容：球板检验、基础验收、铲麻面、设置垫铁、立柱拉杆组对安装、球皮坡口除污、组装就位、调整、点焊固定、焊接、打磨、材料回收等。

计量单位：t

定 额 编 号				A3-4-79	A3-4-80
项 目 名 称				球罐容量:3000m³	
				球板厚度(mm以内)	
				40	44
基 价（元）				1585.11	1623.83
其中	人 工 费（元）			497.14	501.20
	材 料 费（元）			270.64	287.26
	机 械 费（元）			817.33	835.37
名 称		单位	单价(元)	消 耗 量	
人工	综合工日	工日	140.00	3.551	3.580
材料	低碳钢焊条	kg	6.84	23.629	27.070
	钢垫板(综合)	kg	4.27	12.090	11.070
	尼龙砂轮片 φ150	片	3.32	7.873	7.285
	碳精棒 φ8～12	根	1.27	6.464	5.919
	氧气	m³	3.63	1.424	1.326
	乙炔气	kg	10.45	0.477	0.444
	其他材料费占材料费	%	—	5.000	5.000
机械	电动空气压缩机 6m³/min	台班	206.73	0.438	0.479
	电焊条恒温箱	台班	21.41	0.403	0.427
	电焊条烘干箱 60×50×75cm³	台班	26.46	0.403	0.427
	汽车式起重机 25t	台班	1084.16	0.019	0.019
	汽车式起重机 40t	台班	1526.12	0.114	0.106
	汽车式起重机 80t	台班	3700.51	0.038	0.038
	载重汽车 12t	台班	670.70	0.019	0.019
	直流弧焊机 32kV·A	台班	87.75	4.032	4.267
	轴流通风机 7.5kW	台班	40.15	0.143	0.143

工作内容：球板检验、基础验收、铲麻面、设置垫铁、立柱拉杆组对安装、球皮坡口除污、组装就位、调
整、点焊固定、焊接、打磨、材料回收等。

计量单位：t

定　额　编　号				A3-4-81	A3-4-82	A3-4-83
项　目　名　称				球罐容量：4000m³		
				球板厚度(mm以内)		
				16	20	24
基　　　价（元）				1815.91	1706.08	1578.31
其中	人　工　费（元）			597.24	556.36	512.54
	材　料　费（元）			306.32	282.69	265.77
	机　械　费（元）			912.35	867.03	800.00
名　　　称		单位	单价（元）	消　　耗　　量		
人工	综合工日	工日	140.00	4.266	3.974	3.661
材料	低碳钢焊条	kg	6.84	12.734	14.155	15.316
	钢垫板(综合)	kg	4.27	28.970	24.140	20.690
	尼龙砂轮片 φ150	片	3.32	14.835	12.495	10.640
	碳精棒 φ8～12	根	1.27	12.653	10.623	9.020
	氧气	m³	3.63	2.194	2.018	1.851
	乙炔气	kg	10.45	0.732	0.673	0.623
	其他材料费占材料费	%	—	5.000	5.000	5.000
机械	电动空气压缩机 6m³/min	台班	206.73	0.289	0.320	0.312
	电焊条恒温箱	台班	21.41	0.375	0.372	0.345
	电焊条烘干箱 60×50×75cm³	台班	26.46	0.375	0.372	0.345
	汽车式起重机 25t	台班	1084.16	0.038	0.038	0.029
	汽车式起重机 40t	台班	1526.12	0.168	0.160	0.144
	汽车式起重机 80t	台班	3700.51	0.048	0.038	0.038
	载重汽车 12t	台班	670.70	0.038	0.038	0.029
	直流弧焊机 32kV·A	台班	87.75	3.749	3.722	3.450
	轴流通风机 7.5kW	台班	40.15	0.124	0.124	0.124

工作内容：球板检验、基础验收、铲麻面、设置垫铁、立柱拉杆组对安装、球皮坡口除污、组装就位、调整、点焊固定、焊接、打磨、材料回收等。

计量单位：t

定 额 编 号			A3-4-84	A3-4-85	A3-4-86
项 目 名 称			球罐容量：4000m³		
			球板厚度(mm以内)		
			28	32	36
基 价（元）			1511.73	1479.06	1452.28
其中	人 工 费（元）		479.78	464.94	455.00
	材 料 费（元）		256.96	252.28	250.48
	机 械 费（元）		774.99	761.84	746.80
名 称	单位	单价（元）	消 耗 量		
人工 综合工日	工日	140.00	3.427	3.321	3.250
材料 低碳钢焊条	kg	6.84	16.660	18.051	19.476
钢垫板(综合)	kg	4.27	18.100	16.080	14.470
尼龙砂轮片 φ150	片	3.32	9.424	8.425	7.623
碳精棒 φ8～12	根	1.27	7.886	7.005	6.300
氧气	m³	3.63	1.709	1.575	1.440
乙炔气	kg	10.45	0.572	0.531	0.480
其他材料费占材料费	%	—	5.000	5.000	5.000
机械 电动空气压缩机 6m³/min	台班	206.73	0.324	0.335	0.361
电焊条恒温箱	台班	21.41	0.338	0.335	0.345
电焊条烘干箱 60×50×75cm³	台班	26.46	0.338	0.335	0.345
汽车式起重机 25t	台班	1084.16	0.029	0.029	0.019
汽车式起重机 40t	台班	1526.12	0.130	0.122	0.114
汽车式起重机 80t	台班	3700.51	0.038	0.038	0.038
载重汽车 12t	台班	670.70	0.029	0.029	0.019
直流弧焊机 32kV·A	台班	87.75	3.384	3.349	3.450
轴流通风机 7.5kW	台班	40.15	0.124	0.124	0.124

154

工作内容：球板检验、基础验收、铲麻面、设置垫铁、立柱拉杆组对安装、球皮坡口除污、组装就位、调整、点焊固定、焊接、打磨、材料回收等。

计量单位：t

定 额 编 号				A3-4-87	A3-4-88	A3-4-89
项 目 名 称				球罐容量：5000m³		
				球板厚度(mm以内)		
				16	20	24
基 价 （元）				1769.18	1652.79	1544.45
其中	人 工 费（元）			557.06	525.00	493.64
	材 料 费（元）			290.41	268.13	254.75
	机 械 费（元）			921.71	859.66	796.06
名 称	单位	单价(元)		消 耗 量		
人工	综合工日	工日	140.00	3.979	3.750	3.526
材料	低碳钢焊条	kg	6.84	13.056	14.337	15.604
	钢垫板(综合)	kg	4.27	24.710	20.630	17.710
	尼龙砂轮片 φ150	片	3.32	15.210	12.655	10.840
	碳精棒 φ8～12	根	1.27	12.973	10.759	9.189
	氧气	m³	3.63	2.079	1.902	1.769
	乙炔气	kg	10.45	0.693	0.634	0.592
	其他材料费占材料费	%	—	5.000	5.000	5.000
机械	电动空气压缩机 6m³/min	台班	206.73	0.296	0.326	0.318
	电焊条恒温箱	台班	21.41	0.384	0.377	0.352
	电焊条烘干箱 60×50×75cm³	台班	26.46	0.384	0.377	0.352
	汽车式起重机 25t	台班	1084.16	0.038	0.038	0.029
	汽车式起重机 40t	台班	1526.12	0.168	0.152	0.137
	汽车式起重机 80t	台班	3700.51	0.048	0.038	0.038
	载重汽车 12t	台班	670.70	0.038	0.038	0.029
	直流弧焊机 32kV·A	台班	87.75	3.843	3.769	3.513
	轴流通风机 7.5kW	台班	40.15	0.105	0.105	0.115

工作内容：球板检验、基础验收、铲麻面、设置垫铁、立柱拉杆组对安装、球皮坡口除污、组装就位、调整、点焊固定、焊接、打磨、材料回收等。

计量单位：t

定 额 编 号			A3-4-90	A3-4-91
项 目 名 称			球罐容量:5000m³	
			球板厚度(mm以内)	
			28	32
基 价（元）			1477.63	1385.77
其中	人 工 费（元）		463.26	427.98
	材 料 费（元）		243.34	231.25
	机 械 费（元）		771.03	726.54
名 称	单位	单价(元)	消 耗 量	
人工 综合工日	工日	140.00	3.309	3.057
材料 低碳钢焊条	kg	6.84	16.520	16.966
钢垫板(综合)	kg	4.27	15.510	13.790
尼龙砂轮片 φ150	片	3.32	9.345	7.918
碳精棒 φ8～12	根	1.27	7.820	6.584
氧气	m³	3.63	1.627	1.493
乙炔气	kg	10.45	0.542	0.501
其他材料费占材料费	%	—	5.000	5.000
机械 电动空气压缩机 6m³/min	台班	206.73	0.320	0.315
电焊条恒温箱	台班	21.41	0.335	0.315
电焊条烘干箱 60×50×75cm³	台班	26.46	0.335	0.315
汽车式起重机 25t	台班	1084.16	0.029	0.029
汽车式起重机 40t	台班	1526.12	0.130	0.114
汽车式起重机 80t	台班	3700.51	0.038	0.038
载重汽车 12t	台班	670.70	0.029	0.029
直流弧焊机 32kV·A	台班	87.75	3.354	3.148
轴流通风机 7.5kW	台班	40.15	0.115	0.115

工作内容：球板检验、基础验收、铲麻面、设置垫铁、立柱拉杆组对安装、球皮坡口除污、组装就位、调整、点焊固定、焊接、打磨、材料回收等。

计量单位：t

定 额 编 号			A3-4-92	A3-4-93	A3-4-94
项 目 名 称			球罐容量：6000m³		
			球板厚度(mm以内)		
			16	20	24
基 价（元）			1797.64	1724.38	1600.05
其中	人 工 费（元）		562.94	534.38	502.04
	材 料 费（元）		318.94	295.97	283.38
	机 械 费（元）		915.76	894.03	814.63
名 称	单位	单价（元）	消 耗 量		
人工 综合工日	工日	140.00	4.021	3.817	3.586
材料 低碳钢焊条	kg	6.84	14.647	16.162	17.753
钢垫板(综合)	kg	4.27	26.690	22.320	19.180
尼龙砂轮片 φ150	片	3.32	17.064	14.267	12.333
碳精棒 φ8～12	根	1.27	14.554	12.129	10.455
氧气	m³	3.63	2.025	1.857	1.724
乙炔气	kg	10.45	0.681	0.623	0.581
其他材料费占材料费	%	—	5.000	5.000	5.000
机械 电动空气压缩机 6m³/min	台班	206.73	0.333	0.366	0.362
电焊条恒温箱	台班	21.41	0.431	0.424	0.400
电焊条烘干箱 60×50×75cm³	台班	26.46	0.431	0.424	0.400
履带式起重机 100t	台班	2805.30	0.101	0.095	0.083
汽车式起重机 25t	台班	1084.16	0.038	0.038	0.029
汽车式起重机 60t	台班	2927.21	0.032	0.030	0.028
载重汽车 12t	台班	670.70	0.038	0.038	0.029
直流弧焊机 32kV·A	台班	87.75	4.312	4.249	3.997
轴流通风机 7.5kW	台班	40.15	0.105	0.105	0.105

工作内容：球板检验、基础验收、铲麻面、设置垫铁、立柱拉杆组对安装、球皮坡口除污、组装就位、调整、点焊固定、焊接、打磨、材料回收等。

计量单位：t

定 额 编 号				A3-4-95	A3-4-96
项 目 名 称				球罐容量：6000m³	
				球板厚度(mm以内)	
				28	32
基 价（元）				1530.22	1497.71
其中	人 工 费（元）			478.52	460.60
	材 料 费（元）			272.50	272.22
	机 械 费（元）			779.20	764.89
名 称		单位	单价（元）	消 耗 量	
人工	综合工日	工日	140.00	3.418	3.290
材料	低碳钢焊条	kg	6.84	18.935	20.830
	钢垫板(综合)	kg	4.27	16.810	14.960
	尼龙砂轮片 φ150	片	3.32	10.711	9.721
	碳精棒 φ8～12	根	1.27	8.963	8.083
	氧气	m³	3.63	1.581	1.448
	乙炔气	kg	10.45	0.531	0.489
	其他材料费占材料费	%	—	5.000	5.000
机械	电动空气压缩机 6m³/min	台班	206.73	0.368	0.386
	电焊条恒温箱	台班	21.41	0.384	0.386
	电焊条烘干箱 60×50×75cm³	台班	26.46	0.384	0.386
	履带式起重机 100t	台班	2805.30	0.076	0.071
	汽车式起重机 25t	台班	1084.16	0.029	0.029
	汽车式起重机 60t	台班	2927.21	0.027	0.025
	载重汽车 12t	台班	670.70	0.029	0.029
	直流弧焊机 32kV·A	台班	87.75	3.845	3.865
	轴流通风机 7.5kW	台班	40.15	0.105	0.105

工作内容：球板检验、基础验收、铲麻面、设置垫铁、立柱拉杆组对安装、球皮坡口除污、组装就位、调整、点焊固定、焊接、打磨、材料回收等。

计量单位：t

定　额　编　号			A3-4-97	A3-4-98	A3-4-99
项　目　名　称			球罐容量：8000m³		
			球板厚度(mm以内)		
			16	20	24
基　　　价（元）			1665.05	1598.30	1476.66
其中	人　工　费（元）		498.26	476.28	448.14
	材　料　费（元）		321.74	295.56	278.79
	机　械　费（元）		845.05	826.46	749.73
名　　称	单位	单价（元）	消　耗　量		
人工 综合工日	工日	140.00	3.559	3.402	3.201
材料 低碳钢焊条	kg	6.84	12.452	13.830	15.176
钢垫板(综合)	kg	4.27	33.760	28.310	24.380
尼龙砂轮片 φ150	片	3.32	14.507	12.208	10.543
碳精棒 φ8～12	根	1.27	12.373	10.379	8.937
氧气	m³	3.63	1.868	1.735	1.593
乙炔气	kg	10.45	0.616	0.574	0.524
其他材料费占材料费	%	—	5.000	5.000	5.000
机械 电动空气压缩机 6m³/min	台班	206.73	0.282	0.315	0.309
电焊条恒温箱	台班	21.41	0.366	0.364	0.342
电焊条烘干箱 60×50×75cm³	台班	26.46	0.366	0.364	0.342
履带式起重机 100t	台班	2805.30	0.101	0.095	0.083
汽车式起重机 25t	台班	1084.16	0.038	0.038	0.029
汽车式起重机 60t	台班	2927.21	0.032	0.030	0.028
载重汽车 12t	台班	670.70	0.038	0.038	0.029
直流弧焊机 32kV·A	台班	87.75	3.666	3.636	3.418
轴流通风机 7.5kW	台班	40.15	0.096	0.096	0.096

工作内容：球板检验、基础验收、铲麻面、设置垫铁、立柱拉杆组对安装、球皮坡口除污、组装就位、调整、点焊固定、焊接、打磨、材料回收等。 计量单位：t

定 额 编 号			A3-4-100	A3-4-101
项 目 名 称			球罐容量：8000m³	
			球板厚度(mm以内)	
			28	32
基 价（元）			1428.65	1392.17
其中	人 工 费（元）		434.70	422.94
	材 料 费（元）		269.02	263.66
	机 械 费（元）		724.93	705.57
名 称	单位	单价（元）	消 耗 量	
人工	综合工日	工日	140.00	3.105	3.021
材料	低碳钢焊条	kg	6.84	16.577	18.021
	钢垫板(综合)	kg	4.27	21.400	19.070
	尼龙砂轮片 φ150	片	3.32	9.377	8.410
	碳精棒 φ8～12	根	1.27	7.847	6.993
	氧气	m³	3.63	1.459	1.358
	乙炔气	kg	10.45	0.483	0.448
	其他材料费占材料费	%	—	5.000	5.000
机械	电动空气压缩机 6m³/min	台班	206.73	0.321	0.334
	电焊条恒温箱	台班	21.41	0.337	0.334
	电焊条烘干箱 60×50×75cm³	台班	26.46	0.337	0.334
	履带式起重机 100t	台班	2805.30	0.076	0.071
	汽车式起重机 25t	台班	1084.16	0.029	0.029
	汽车式起重机 60t	台班	2927.21	0.027	0.025
	载重汽车 12t	台班	670.70	0.029	0.029
	直流弧焊机 32kV·A	台班	87.75	3.367	3.344
	轴流通风机 7.5kW	台班	40.15	0.096	0.096

工作内容：球板检验、基础验收、铲麻面、设置垫铁、立柱拉杆组对安装、球皮坡口除污、组装就位、调整、点焊固定、焊接、打磨、材料回收等。

计量单位：t

定　额　编　号			A3-4-102	A3-4-103	A3-4-104
项　目　名　称			球罐容量：10000m³		
			球板厚度(mm以内)		
			16	20	24
基　　　　价（元）			1520.38	1465.52	1365.20
其中	人　工　费（元）		440.72	426.72	409.92
	材　料　费（元）		294.27	267.27	253.25
	机　械　费（元）		785.39	771.53	702.03
名　　称	单位	单价（元）	消　　耗　　量		
人工 综合工日	工日	140.00	3.148	3.048	2.928
材料 低碳钢焊条	kg	6.84	10.594	11.961	13.284
钢垫板(综合)	kg	4.27	33.080	26.960	23.250
尼龙砂轮片 φ150	片	3.32	12.342	10.558	9.229
碳精棒 φ8～12	根	1.27	10.526	8.976	7.823
氧气	m³	3.63	1.716	1.574	1.503
乙炔气	kg	10.45	0.571	0.521	0.480
其他材料费占材料费	%	—	5.000	5.000	5.000
机械 电动空气压缩机 6m³/min	台班	206.73	0.240	0.271	0.271
电焊条恒温箱	台班	21.41	0.312	0.315	0.299
电焊条烘干箱 60×50×75cm³	台班	26.46	0.312	0.315	0.299
履带式起重机 100t	台班	2805.30	0.101	0.095	0.083
汽车式起重机 25t	台班	1084.16	0.038	0.038	0.029
汽车式起重机 60t	台班	2927.21	0.032	0.030	0.028
载重汽车 12t	台班	670.70	0.038	0.038	0.029
直流弧焊机 32kV·A	台班	87.75	3.119	3.145	2.992
轴流通风机 7.5kW	台班	40.15	0.086	0.086	0.086

工作内容：球板检验、基础验收、铲麻面、设置垫铁、立柱拉杆组对安装、球皮坡口除污、组装就位、调整、点焊固定、焊接、打磨、材料回收等。　　　　　　　　　　　　　　　　　计量单位：t

定　额　编　号				A3-4-105	A3-4-106
项　目　名　称				球罐容量：10000m³	
				球板厚度(mm以内)	
				28	32
基　　　　　价（元）				1327.73	1301.19
其中	人　工　费（元）			402.22	394.80
	材　料　费（元）			244.94	242.79
	机　械　费（元）			680.57	663.60
名　　　称		单位	单价（元）	消　　耗　　量	
人工	综合工日	工日	140.00	2.873	2.820
材料	低碳钢焊条	kg	6.84	14.646	16.041
	钢垫板(综合)	kg	4.27	20.440	18.730
	尼龙砂轮片 φ150	片	3.32	8.285	7.486
	碳精棒 φ8~12	根	1.27	6.933	6.225
	氧气	m³	3.63	1.339	1.230
	乙炔气	kg	10.45	0.445	0.412
	其他材料费占材料费	%	—	5.000	5.000
机械	电动空气压缩机 6m³/min	台班	206.73	0.284	0.297
	电焊条恒温箱	台班	21.41	0.297	0.298
	电焊条烘干箱 60×50×75cm³	台班	26.46	0.297	0.298
	履带式起重机 100t	台班	2805.30	0.076	0.071
	汽车式起重机 25t	台班	1084.16	0.029	0.029
	汽车式起重机 60t	台班	2927.21	0.027	0.025
	载重汽车 12t	台班	670.70	0.029	0.029
	直流弧焊机 32kV·A	台班	87.75	2.975	2.977
	轴流通风机 7.5kW	台班	40.15	0.086	0.086

2.球形罐组装胎具制作、安装、拆除
(1)球形罐组装胎具制作

工作内容：材料机具运输、放样号料、切割、组对、焊接等。　　　　　　　　　计量单位：台

定 额 编 号			A3-4-107	A3-4-108	A3-4-109	A3-4-110
项 目 名 称			球罐容量（m³以内）			
			50	120	200	400
基 价 （元）			6303.00	9948.84	11364.71	20504.34
其中	人 工 费 （元）		1449.28	2158.94	2484.86	3249.26
	材 料 费 （元）		4143.93	6738.36	7637.24	15326.86
	机 械 费 （元）		709.79	1051.54	1242.61	1928.22
名 称	单位	单价（元）	消 耗 量			
人工	综合工日	工日	140.00	10.352	15.421	17.749	23.209
材料	低碳钢焊条	kg	6.84	11.424	15.530	17.315	20.885
	夹具用钢	kg	3.26	403.333	807.333	989.333	1709.333
	热轧厚钢板 δ10~20	kg	3.20	286.927	492.408	476.482	1074.018
	无缝钢管	kg	4.44	54.110	75.755	131.352	251.816
	型钢	kg	3.70	362.397	451.320	461.061	1130.198
	氧气	m³	3.63	7.635	13.694	16.313	20.395
	乙炔气	kg	10.45	2.545	4.565	5.437	6.798
	其他材料费占材料费	%	—	5.000	5.000	5.000	5.000
机械	半自动切割机 100mm	台班	83.55	0.514	0.643	0.772	1.286
	电焊条烘干箱 60×50×75cm³	台班	26.46	0.326	0.446	0.497	0.600
	剪板机 20×2000mm	台班	316.68	0.258	0.334	0.360	0.514
	汽车式起重机 16t	台班	958.70	0.197	0.334	0.420	0.763
	载重汽车 8t	台班	501.85	0.197	0.334	0.420	0.763
	直流弧焊机 32kV·A	台班	87.75	3.291	4.472	4.986	6.014

工作内容：材料机具运输、放样号料、切割、组对、焊接等。　　　　　　　　　　　　　　计量单位：台

定　额　编　号			A3-4-111	A3-4-112	A3-4-113	A3-4-114
项　目　名　称			球罐容量（m³以内）			
			650	1000	1500	2000
基　　　价（元）			29258.91	35104.91	45102.61	54665.20
其中	人　工　费（元）		4197.76	5044.34	5757.22	6770.40
	材　料　费（元）		22510.87	26943.57	35556.61	43566.96
	机　械　费（元）		2550.28	3117.00	3788.78	4327.84
名　　　称	单位	单价（元）	消　　耗　　量			
人工 综合工日	工日	140.00	29.984	36.031	41.123	48.360
材料 低碳钢焊条	kg	6.84	26.597	31.595	34.366	37.222
夹具用钢	kg	3.26	2168.667	2731.333	3454.667	4175.333
热轧厚钢板 δ10～20	kg	3.20	1553.588	1894.207	2569.519	3022.491
无缝钢管	kg	4.44	350.445	376.462	533.502	643.277
型钢	kg	3.70	2020.344	2321.051	3116.086	4007.177
氧气	m³	3.63	25.926	30.850	34.502	38.166
乙炔气	kg	10.45	8.642	10.283	11.501	12.722
其他材料费占材料费	%	—	5.000	5.000	5.000	5.000
机械 半自动切割机 100mm	台班	83.55	1.928	2.314	2.956	1.028
电焊条烘干箱 60×50×75cm³	台班	26.46	0.763	0.094	0.103	0.120
剪板机 20×2000mm	台班	316.68	0.617	0.772	0.925	1.028
汽车式起重机 16t	台班	958.70	1.028	1.286	1.628	1.971
载重汽车 8t	台班	501.85	1.028	1.286	1.628	1.971
直流弧焊机 32kV·A	台班	87.75	7.660	9.099	9.896	11.789

工作内容：材料机具运输、放样号料、切割、组对、焊接等。计量单位：台

定 额 编 号			A3-4-115	A3-4-116	A3-4-117
项 目 名 称			球罐容量（m³以内）		
			3000	4000	5000
基 价 （元）			62184.57	81891.48	101927.88
其中	人 工 费 （元）		7111.58	8293.88	8807.26
	材 料 费 （元）		49718.44	67005.98	85458.12
	机 械 费 （元）		5354.55	6591.62	7662.50
名 称	单位	单价（元）	消 耗 量		
人工	综合工日	工日	140.00	50.797	59.242	62.909
材料	低碳钢焊条	kg	6.84	39.185	47.990	47.600
	夹具用钢	kg	3.26	4616.640	4717.980	4796.820
	热轧厚钢板 δ10～20	kg	3.20	3584.508	5200.030	4752.800
	无缝钢管	kg	4.44	460.795	690.850	1395.770
	型钢	kg	3.70	4923.399	7572.990	11808.800
	氧气	m³	3.63	42.135	53.260	45.928
	乙炔气	kg	10.45	14.042	17.750	15.312
	其他材料费占材料费	%	—	5.000	5.000	5.000
机械	半自动切割机 100mm	台班	83.55	4.155	5.236	5.855
	电焊条烘干箱 60×50×75cm³	台班	26.46	1.242	1.438	1.504
	剪板机 20×2000mm	台班	316.68	1.242	1.618	1.857
	汽车式起重机 16t	台班	958.70	2.143	2.666	—
	汽车式起重机 30t	台班	1127.57	—	—	2.904
	载重汽车 12t	台班	670.70	2.143	2.666	2.904
	直流弧焊机 32kV·A	台班	87.75	12.415	14.356	15.080

工作内容：材料机具运输、放样号料、切割、组对、焊接等。 计量单位：台

定　额　编　号				A3-4-118	A3-4-119	A3-4-120
项　目　名　称				球罐容量（m³以内）		
				6000	8000	10000
基　　　　价（元）				110095.88	123176.48	141592.76
其中	人　工　费（元）			9151.10	10004.68	10857.98
	材　料　费（元）			92769.00	104312.92	116400.48
	机　械　费（元）			8175.78	8858.88	14334.30
名　　　称		单位	单价（元）	消　　耗　　量		
人工	综合工日	工日	140.00	65.365	71.462	77.557
材料	低碳钢焊条	kg	6.84	52.105	58.140	61.880
	夹具用钢	kg	3.26	5164.113	5898.693	6633.480
	热轧厚钢板 δ10～20	kg	3.20	5403.200	6044.000	6942.400
	无缝钢管	kg	4.44	1605.140	1845.910	2023.500
	型钢	kg	3.70	12538.400	13997.600	15457.600
	氧气	m³	3.63	49.327	54.703	58.497
	乙炔气	kg	10.45	16.442	18.363	19.494
	其他材料费占材料费	%	—	5.000	5.000	5.000
机械	半自动切割机 100mm	台班	83.55	6.474	7.616	8.758
	电焊条烘干箱 60×50×75cm³	台班	26.46	1.552	1.676	1.800
	剪板机 20×2000mm	台班	316.68	2.094	2.523	2.951
	汽车式起重机 30t	台班	1127.57	3.095	3.285	—
	汽车式起重机 50t	台班	2464.07	—	—	3.522
	载重汽车 12t	台班	670.70	3.095	3.285	3.522
	直流弧焊机 32kV·A	台班	87.75	15.556	16.774	18.003

(2)球形罐组装胎具安装、拆除

工作内容：工夹具、中心柱及支撑材料等的运输、安装、焊接、拆除、焊疤打磨、回收堆放等。

计量单位：台

定　额　编　号			A3-4-121	A3-4-122	A3-4-123	A3-4-124
项　目　名　称			球罐容量(m³以内)			
			50	120	200	400
基　　　价（元）			7273.82	13388.62	19476.39	29881.40
其中	人　工　费（元）		3137.54	7042.42	10383.24	17150.84
	材　料　费（元）		401.06	584.00	660.41	924.87
	机　械　费（元）		3735.22	5762.20	8432.74	11805.69
名　　称	单位	单价（元）	消　　耗　　量			
人工	综合工日	工日	140.00	22.411	50.303	74.166	122.506
材料	低碳钢焊条	kg	6.84	9.588	18.270	20.370	24.570
	尼龙砂轮片 φ150	片	3.32	15.470	36.550	42.194	67.592
	氧气	m³	3.63	37.256	43.562	49.139	68.654
	乙炔气	kg	10.45	12.419	14.521	16.380	22.885
	其他材料费占材料费	%	—	5.000	5.000	5.000	5.000
机械	电焊条烘干箱 60×50×75cm³	台班	26.46	0.365	0.429	0.478	0.520
	汽车式起重机 16t	台班	958.70	3.278	3.278	4.217	4.217
	载重汽车 12t	台班	670.70	0.162	0.268	0.333	0.522
	直流弧焊机 32kV·A	台班	87.75	5.405	27.675	47.338	84.319

工作内容：工夹具、中心柱及支撑材料等的运输、安装、焊接、拆除、焊疤打磨、回收堆放等。

计量单位：台

定 额 编 号				A3-4-125	A3-4-126	A3-4-127	A3-4-128
项 目 名 称				球罐容量（m³以内）			
				650	1000	1500	2000
基 价（元）				35685.68	43300.94	56558.56	68457.59
其中	人 工 费（元）			19677.14	23094.68	28821.38	36217.58
	材 料 费（元）			1125.64	1348.24	1679.66	2164.83
	机 械 费（元）			14882.90	18858.02	26057.52	30075.18
名 称		单位	单价（元）	消 耗 量			
人工	综合工日	工日	140.00	140.551	164.962	205.867	258.697
材料	低碳钢焊条	kg	6.84	31.290	32.170	40.430	123.012
	尼龙砂轮片 φ150	片	3.32	80.852	106.182	135.558	166.124
	氧气	m³	3.63	82.885	100.019	122.739	43.790
	乙炔气	kg	10.45	27.628	33.340	40.913	48.790
	其他材料费占材料费	%	—	5.000	5.000	5.000	5.000
机械	电焊条烘干箱 60×50×75cm³	台班	26.46	0.523	0.632	1.360	2.007
	汽车式起重机 16t	台班	958.70	1.488	4.288	—	—
	汽车式起重机 40t	台班	1526.12	3.342	3.739	4.985	4.985
	汽车式起重机 75t	台班	3151.07	—	—	2.153	2.153
	载重汽车 12t	台班	670.70	0.841	1.174	1.425	1.643
	直流弧焊机 32kV·A	台班	87.75	88.640	93.867	121.639	165.563

168

工作内容：工夹具、中心柱及支撑材料等的运输、安装、焊接、拆除、焊疤打磨、回收堆放等。

计量单位：台

定 额 编 号				A3-4-129	A3-4-130	A3-4-131
项 目 名 称				球罐容量(m³以内)		
				3000	4000	5000
基 价（元）				81625.38	104186.87	114996.60
其中	人 工 费（元）			43691.34	58173.78	64923.74
	材 料 费（元）			2592.26	3290.65	3519.27
	机 械 费（元）			35341.78	42722.44	46553.59
名 称		单位	单价（元）	消 耗 量		
人工	综合工日	工日	140.00	312.081	415.527	463.741
材料	低碳钢焊条	kg	6.84	136.935	163.800	166.390
	尼龙砂轮片 φ150	片	3.32	216.376	277.380	301.660
	氧气	m³	3.63	46.100	47.990	50.400
	乙炔气	kg	10.45	61.863	87.890	98.480
	其他材料费占材料费	%	—	5.000	5.000	5.000
机械	电焊条烘干箱 60×50×75cm³	台班	26.46	18.604	22.934	24.000
	汽车式起重机 40t	台班	1526.12	5.891	6.931	7.997
	汽车式起重机 75t	台班	3151.07	2.638	3.104	3.446
	载重汽车 12t	台班	670.70	1.821	2.437	2.676
	直流弧焊机 32kV·A	台班	87.75	186.043	229.318	240.009

工作内容：工夹具、中心柱及支撑材料等的运输、安装、焊接、拆除、焊疤打磨、回收堆放等。

计量单位：台

定　额　编　号			A3-4-132	A3-4-133	A3-4-134
项　目　名　称			球罐容量(m³以内)		
			6000	8000	10000
基　　价（元）			127879.47	147809.17	169032.06
其中	人　工　费（元）		72961.28	86903.60	100774.38
	材　料　费（元）		3925.15	4496.59	5121.11
	机　械　费（元）		50993.04	56408.98	63136.57
名　　称		单位	单价(元)	消　耗　量	
人工	综合工日	工日	140.00	521.152	620.740	719.817
材料	低碳钢焊条	kg	6.84	188.220	207.790	235.400
	尼龙砂轮片 φ150	片	3.32	331.010	381.930	432.580
	氧气	m³	3.63	52.580	56.070	58.900
	乙炔气	kg	10.45	111.100	132.980	154.750
	其他材料费占材料费	%	—	5.000	5.000	5.000
机械	电焊条烘干箱 60×50×75cm³	台班	26.46	27.999	31.911	37.348
	汽车式起重机 40t	台班	1526.12	7.997	9.092	9.092
	汽车式起重机 75t	台班	3151.07	3.666	3.666	4.189
	载重汽车 12t	台班	670.70	2.875	3.190	3.427
	直流弧焊机 32kV·A	台班	87.75	279.974	319.063	373.499

3.球形罐水压试验

工作内容：临时管线、阀门、试压泵、压力表、盲板的安装、拆除、充水、升压、稳压检查、降压放水、整理记录等。

计量单位：台

定　额　编　号			A3-4-135	A3-4-136	A3-4-137	A3-4-138
项　目　名　称			球罐容量（m³以内）			
			50	120	200	400
基　　　　　价（元）			2095.05	3022.61	4149.00	7427.49
其中	人　工　费（元）		1134.42	1364.16	1787.10	2653.42
	材　料　费（元）		675.92	1336.83	2005.33	4376.03
	机　械　费（元）		284.71	321.62	356.57	398.04
名　　　称	单位	单价（元）	消　　耗　　量			
人工	综合工日	工日	140.00	8.103	9.744	12.765	18.953
材料	低碳钢焊条	kg	6.84	3.000	3.000	3.000	10.300
	法兰截止阀 DN50	个	101.10	0.050	0.050	0.050	—
	法兰截止阀 J41T-16 DN100	个	311.00	—	—	—	0.050
	焊接钢管 DN100	m	29.68	—	—	—	6.000
	焊接钢管 DN50	m	13.35	6.000	6.000	6.000	—
	六角螺栓带螺母（综合）	kg	12.20	1.993	1.993	1.993	2.052
	盲板	kg	6.07	0.840	0.840	0.840	3.300
	平焊法兰 1.6MPa DN100	片	30.77	—	—	—	0.100
	平焊法兰 1.6MPa DN50	片	17.09	0.100	0.100	0.100	—
	石棉橡胶板	kg	9.40	2.882	2.882	2.913	2.913
	水	t	7.96	61.200	142.600	224.900	489.300
	压制弯头 90° R=1.5D DN100	个	38.48	—	—	—	0.100
	压制弯头 90° R=1.5D DN50	个	9.38	0.100	0.100	0.100	—
	氧气	m³	3.63	1.503	1.503	1.503	7.302
	乙炔气	kg	10.45	0.501	0.501	0.501	2.434
	其他材料费占材料费	%	—	2.000	2.000	2.000	2.000
机械	电动单级离心清水泵 100mm	台班	33.35	0.095	0.171	0.286	0.476
	汽车式起重机 16t	台班	958.70	0.076	0.076	0.076	0.076
	试压泵 60MPa	台班	24.08	0.095	0.171	0.286	0.495
	直流弧焊机 32kV·A	台班	87.75	2.352	2.723	3.046	3.389

工作内容：临时管线、阀门、试压泵、压力表、盲板的安装、拆除、充水、升压、稳压检查、降压放水、
整理记录等。

计量单位：台

定 额 编 号				A3-4-139	A3-4-140	A3-4-141	A3-4-142
项 目 名 称				球罐容量(m³以内)			
				650	1000	1500	2000
基 价（元）				10102.85	13867.95	20849.69	27221.26
其中	人 工 费（元）			2940.28	3358.74	4462.22	5747.98
	材 料 费（元）			6654.65	9912.22	15552.03	20485.78
	机 械 费（元）			507.92	596.99	835.44	987.50
名 称		单位	单价（元）	消 耗 量			
人工	综合工日	工日	140.00	21.002	23.991	31.873	41.057
材料	低碳钢焊条	kg	6.84	10.300	12.300	15.200	18.000
	法兰截止阀 J41T-16 DN100	个	311.00	0.050	0.050	—	—
	法兰截止阀 J41T-16 DN150	个	588.82	—	—	0.050	0.050
	焊接钢管 DN100	m	29.68	6.000	6.000	—	—
	焊接钢管 DN150	m	48.71	—	—	6.000	6.000
	六角螺栓带螺母(综合)	kg	12.20	2.052	2.052	6.460	6.460
	盲板	kg	6.07	3.300	3.300	5.800	5.800
	平焊法兰 1.6MPa DN100	片	30.77	0.100	0.100	—	—
	平焊法兰 1.6MPa DN150	片	56.39	—	—	0.100	0.100
	石棉橡胶板	kg	9.40	3.121	3.121	6.004	6.004
	水	t	7.96	769.700	1169.200	1829.250	2431.500
	压制弯头 90° R=1.5D DN100	个	38.48	0.100	0.100	—	—
	压制弯头 90° R=1.5D DN150	个	87.40	—	—	0.100	0.100
	氧气	m³	3.63	7.302	7.302	10.650	14.001
	乙炔气	kg	10.45	2.434	2.434	3.550	4.677
	其他材料费占材料费	%	—	2.000	2.000	2.000	2.000
机械	电动单级离心清水泵 100mm	台班	33.35	0.952	1.428	2.380	2.951
	汽车式起重机 16t	台班	958.70	0.114	0.114	0.190	0.190
	试压泵 60MPa	台班	24.08	0.838	1.447	2.428	3.408
	直流弧焊机 32kV·A	台班	87.75	3.951	4.618	5.874	7.121

工作内容：临时管线、阀门、试压泵、压力表、盲板的安装、拆除、充水、升压、稳压检查、降压放水、整理记录等。

计量单位：台

定 额 编 号			A3-4-143	A3-4-144	A3-4-145
项 目 名 称			球罐容量（m³以内）		
			3000	4000	5000
基 价 （元）			38095.89	48640.06	58085.32
其中	人 工 费（元）		7332.22	8271.06	8902.18
	材 料 费（元）		29509.60	38801.69	47347.98
	机 械 费（元）		1254.07	1567.31	1835.16
名 称	单位	单价（元）	消 耗 量		
人工	综合工日	工日	140.00	52.373	59.079	63.587
材料	低碳钢焊条	kg	6.84	21.000	33.800	33.800
	法兰截止阀 J41T-16 DN150	个	588.82	0.050	0.150	0.050
	焊接钢管 DN150	m	48.71	6.000	8.000	8.000
	六角螺栓带螺母(综合)	kg	12.20	6.460	6.460	6.460
	盲板	kg	6.07	5.800	8.700	8.700
	平焊法兰 1.6MPa DN150	片	56.39	0.100	0.100	0.100
	石棉橡胶板	kg	9.40	6.300	6.300	6.300
	水	t	7.96	3540.000	4640.000	5700.000
	压制弯头 90° R=1.5D DN150	个	87.40	0.100	0.100	0.100
	氧气	m³	3.63	14.000	27.000	27.000
	乙炔气	kg	10.45	4.670	9.000	9.000
	其他材料费占材料费	%	—	2.000	2.000	2.000
机械	电动单级离心清水泵 100mm	台班	33.35	3.571	4.760	5.951
	汽车式起重机 16t	台班	958.70	0.305	0.305	0.407
	试压泵 60MPa	台班	24.08	4.322	4.722	4.931
	直流弧焊机 32kV·A	台班	87.75	8.416	11.424	12.852

工作内容：临时管线、阀门、试压泵、压力表、盲板的安装、拆除、充水、升压、稳压检查、降压放水、整理记录等。

计量单位：台

定　额　编　号				A3-4-146	A3-4-147	A3-4-148
项　目　名　称				球罐容量（m³以内）		
				6000	8000	10000
基　　价（元）				67172.58	86437.63	105660.60
其中	人　工　费（元）			9533.02	11346.86	13160.84
	材　料　费（元）			55629.57	72517.50	89567.82
	机　械　费（元）			2009.99	2573.27	2931.94
名　　称		单位	单价（元）	消　　耗　　量		
人工	综合工日	工日	140.00	68.093	81.049	94.006
材料	低碳钢焊条	kg	6.84	33.800	33.800	33.800
	法兰截止阀 J41T-16 DN150	个	588.82	0.050	0.050	0.050
	焊接钢管 DN150	m	48.71	8.000	8.000	8.000
	六角螺栓带螺母（综合）	kg	12.20	6.460	6.460	6.460
	盲板	kg	6.07	8.700	8.700	8.700
	平焊法兰 1.6MPa DN150	片	56.39	0.100	0.100	0.100
	石棉橡胶板	kg	9.40	6.300	6.300	6.300
	水	t	7.96	6720.000	8800.000	10900.000
	压制弯头 90° R=1.5D DN150	个	87.40	0.100	0.100	0.100
	氧气	m³	3.63	27.000	27.000	27.000
	乙炔气	kg	10.45	9.000	9.000	9.000
	其他材料费占材料费	%	—	2.000	2.000	2.000
机械	电动单级离心清水泵 100mm	台班	33.35	6.731	9.816	11.891
	汽车式起重机 16t	台班	958.70	0.407	0.571	0.571
	试压泵 60MPa	台班	24.08	6.217	9.063	10.986
	直流弧焊机 32kV·A	台班	87.75	14.195	16.869	19.640

174

4.球形罐气密性试验

工作内容：试压泵、压力表、盲板的安装、拆除、充气打压、稳压检查、卸压、整理记录等。

计量单位：台

定 额 编 号				A3-4-149	A3-4-150	A3-4-151	A3-4-152
项 目 名 称				球形罐气密性试验1.6MPa			
				球罐容量（m³以内）			
				50	120	200	400
基 价 （元）				379.95	794.74	1295.69	2636.29
其中	人 工 费 （元）			190.96	443.38	750.40	1588.16
	材 料 费 （元）			65.22	76.43	87.64	116.90
	机 械 费 （元）			123.77	274.93	457.65	931.23
名 称		单位	单价（元）	消 耗 量			
人工	综合工日	工日	140.00	1.364	3.167	5.360	11.344
材料	低碳钢焊条	kg	6.84	2.000	2.500	3.000	5.000
	石棉橡胶板	kg	9.40	2.880	2.880	2.910	2.910
	氧气	m³	3.63	3.003	4.023	5.004	7.003
	乙炔气	kg	10.45	1.001	1.341	1.668	2.331
	其他材料费占材料费	%	—	5.000	5.000	5.000	5.000
机械	电动空气压缩机 6m³/min	台班	206.73	0.239	0.562	0.962	2.104
	电动空气压缩机 9m³/min	台班	317.86	0.171	0.381	0.638	1.267
	直流弧焊机 32kV·A	台班	87.75	0.228	0.429	0.638	1.066

工作内容：试压泵、压力表、盲板的安装、拆除、充气打压、稳压检查、卸压、整理记录等。

计量单位：台

定 额 编 号				A3-4-153	A3-4-154	A3-4-155	A3-4-156
项 目 名 称				球形罐气密性试验1.6MPa			
				球罐容量（m³以内）			
				650	1000	1500	2000
基 价 （元）				3998.73	6039.05	7375.41	9760.78
其中	人 工 费 （元）			2436.28	3733.66	4380.46	5844.58
	材 料 费 （元）			140.90	155.47	202.28	220.69
	机 械 费 （元）			1421.55	2149.92	2792.67	3695.51
名 称		单位	单价(元)	消 耗 量			
人工	综合工日	工日	140.00	17.402	26.669	31.289	41.747
材料	低碳钢焊条	kg	6.84	7.000	8.000	9.000	10.000
	石棉橡胶板	kg	9.40	3.120	3.120	6.000	6.000
	氧气	m³	3.63	8.011	9.000	10.500	12.003
	乙炔气	kg	10.45	2.670	3.000	3.500	4.001
	其他材料费占材料费	%	—	5.000	5.000	5.000	5.000
机械	电动空气压缩机 20m³/min	台班	506.55	—	—	2.152	2.875
	电动空气压缩机 6m³/min	台班	206.73	3.104	4.760	—	—
	电动空气压缩机 9m³/min	台班	317.86	2.075	3.171	4.770	6.369
	直流弧焊机 32kV·A	台班	87.75	1.371	1.800	2.124	2.447

工作内容：试压泵、压力表、盲板的安装、拆除、充气打压、稳压检查、卸压、整理记录等。

计量单位：台

定 额 编 号				A3-4-157	A3-4-158	A3-4-159
项 目 名 称				球形罐气密性试验1.6MPa		
				球罐容量（m³以内）		
				3000	4000	5000
基 价 （元）				13689.22	17547.67	21459.10
其中	人 工 费 （元）			7955.78	10066.84	12177.90
	材 料 费 （元）			281.84	319.43	380.60
	机 械 费 （元）			5451.60	7161.40	8900.60
	名 称	单位	单价（元）	消 耗 量		
人工	综合工日	工日	140.00	56.827	71.906	86.985
材料	低碳钢焊条	kg	6.84	12.000	14.000	16.000
	石棉橡胶板	kg	9.40	8.400	8.400	10.800
	氧气	m³	3.63	15.100	18.200	21.300
	乙炔气	kg	10.45	5.030	6.070	7.100
	其他材料费占材料费	%	—	5.000	5.000	5.000
机械	电动空气压缩机 20m³/min	台班	506.55	4.284	5.712	7.140
	电动空气压缩机 9m³/min	台班	317.86	9.425	12.376	15.422
	直流弧焊机 32kV·A	台班	87.75	3.256	3.808	4.351

工作内容：试压泵、压力表、盲板的安装、拆除、充气打压、稳压检查、卸压、整理记录等。

计量单位：台

定 额 编 号				A3-4-160	A3-4-161	A3-4-162
项 目 名 称				球形罐气密性试验1.6MPa		
				球罐容量（m³以内）		
				6000	8000	10000
基 价 （元）				25455.59	32086.01	40572.95
其中	人 工 费 （元）			14288.96	17455.34	22205.82
	材 料 费 （元）			418.08	474.94	538.63
	机 械 费 （元）			10748.55	14155.73	17828.50
名 称		单位	单价（元）	消 耗 量		
人工	综合工日	工日	140.00	102.064	124.681	158.613
材料	低碳钢焊条	kg	6.84	18.000	21.000	25.500
	石棉橡胶板	kg	9.40	10.800	11.200	11.200
	氧气	m³	3.63	24.400	28.600	32.800
	乙炔气	kg	10.45	8.130	9.530	10.930
	其他材料费占材料费	%	—	5.000	5.000	5.000
机械	电动空气压缩机 20m³/min	台班	506.55	8.663	11.424	14.280
	电动空气压缩机 9m³/min	台班	317.86	18.659	24.752	31.416
	直流弧焊机 32kV·A	台班	87.75	4.893	5.712	6.941

工作内容：试压泵、压力表、盲板的安装、拆除、充气打压、稳压检查、卸压、整理记录等。

计量单位：台

定　额　编　号				A3-4-163	A3-4-164	A3-4-165	A3-4-166
项　目　名　称				球形罐气密性试验2.5MPa			
				球罐容量(m³以内)			
				50	120	200	400
基　　　　　价（元）				551.78	1229.98	2033.15	4048.09
其中	人　工　费（元）			327.46	786.38	1310.40	2622.62
	材　料　费（元）			65.20	76.26	91.21	124.10
	机　械　费（元）			159.12	367.34	631.54	1301.37
名　　　称		单位	单价(元)	消　　耗　　量			
人工	综合工日	工日	140.00	2.339	5.617	9.360	18.733
材料	低碳钢焊条	kg	6.84	2.000	2.500	3.500	6.000
	石棉橡胶板	kg	9.40	2.880	2.880	2.910	2.910
	氧气	m³	3.63	3.000	4.000	5.000	7.000
	乙炔气	kg	10.45	1.000	1.334	1.667	2.334
	其他材料费占材料费	%	—	5.000	5.000	5.000	5.000
机械	电动空气压缩机 6m³/min	台班	206.73	0.410	1.009	1.714	3.599
	电动空气压缩机 9m³/min	台班	317.86	0.171	0.381	0.638	1.267
	直流弧焊机 32kV·A	台班	87.75	0.228	0.429	0.848	1.762

工作内容：试压泵、压力表、盲板的安装、拆除、充气打压、稳压检查、卸压、整理记录等。

计量单位：台

定 额 编 号				A3-4-167	A3-4-168	A3-4-169	A3-4-170
项 目 名 称				球形罐气密性试验2.5MPa			
				球罐容量(m³以内)			
				650	1000	1500	2000
基 价（元）				6352.46	10737.71	13660.87	17675.12
其中	人 工 费（元）			4262.30	6559.00	9070.18	12098.38
	材 料 费（元）			148.08	166.24	220.24	249.42
	机 械 费（元）			1942.08	4012.47	4370.45	5327.32
名 称		单位	单价(元)	消 耗 量			
人工	综合工日	工日	140.00	30.445	46.850	64.787	86.417
材料	低碳钢焊条	kg	6.84	8.000	9.500	11.500	14.000
	石棉橡胶板	kg	9.40	3.120	3.120	6.000	6.000
	氧气	m³	3.63	8.011	9.000	10.500	12.003
	乙炔气	kg	10.45	2.670	3.000	3.500	4.001
	其他材料费占材料费	%	—	5.000	5.000	5.000	5.000
机械	电动空气压缩机 20m³/min	台班	506.55	—	2.152	2.875	2.875
	电动空气压缩机 6m³/min	台班	206.73	5.436	8.359	—	—
	电动空气压缩机 9m³/min	台班	317.86	2.075	3.171	8.369	11.148
	直流弧焊机 32kV·A	台班	87.75	1.809	2.124	2.894	3.732

工作内容：试压泵、压力表、盲板的安装、拆除、充气打压、稳压检查、卸压、整理记录等。

计量单位：台

定 额 编 号			A3-4-171	A3-4-172	A3-4-173
项 目 名 称			球形罐气密性试验2.5MPa		
			球罐容量（m³以内）		
			3000	4000	5000
基 价（元）			21597.45	25554.09	30204.30
其中	人 工 费（元）		14868.42	17638.32	20408.36
	材 料 费（元）		339.29	386.44	457.23
	机 械 费（元）		6389.74	7529.33	9338.71
名 称		单位	单价（元）	消 耗 量		
人工	综合工日	工日	140.00	106.203	125.988	145.774
材料	低碳钢焊条	kg	6.84	20.000	23.330	26.670
	石棉橡胶板	kg	9.40	8.400	8.400	10.800
	氧气	m³	3.63	15.100	18.200	21.300
	乙炔气	kg	10.45	5.030	6.070	7.100
	其他材料费占材料费	%	—	5.000	5.000	5.000
机械	电动空气压缩机 20m³/min	台班	506.55	4.504	5.998	7.502
	电动空气压缩机 9m³/min	台班	317.86	11.424	12.376	15.422
	直流弧焊机 32kV·A	台班	87.75	5.436	6.350	7.254

工作内容：试压泵、压力表、盲板的安装、拆除、充气打压、稳压检查、卸压、整理记录等。

计量单位：台

定 额 编 号				A3-4-174	A3-4-175	A3-4-176
项 目 名 称				球形罐气密性试验2.5MPa		
				球罐容量（m³以内）		
				6000	8000	10000
基 价 （元）				34935.11	42688.35	50745.40
其中	人 工 费 （元）			23178.40	27333.74	31488.94
	材 料 费 （元）			504.26	575.49	660.73
	机 械 费 （元）			11252.45	14779.12	18595.73
名 称		单位	单价(元)	消 耗 量		
人工	综合工日	工日	140.00	165.560	195.241	224.921
材料	低碳钢焊条	kg	6.84	30.000	35.000	42.500
	石棉橡胶板	kg	9.40	10.800	11.200	11.200
	氧气	m³	3.63	24.400	28.600	32.800
	乙炔气	kg	10.45	8.130	9.530	10.930
	其他材料费占材料费	%	—	5.000	5.000	5.000
机械	电动空气压缩机 20m³/min	台班	506.55	9.092	11.995	14.995
	电动空气压缩机 9m³/min	台班	317.86	18.659	24.752	31.416
	直流弧焊机 32kV·A	台班	87.75	8.159	9.520	11.557

工作内容：试压泵、压力表、盲板的安装、拆除、充气打压、稳压检查、卸压、整理记录等。

计量单位：台

定 额 编 号			A3-4-177	A3-4-178	A3-4-179	A3-4-180
项 目 名 称			球形罐气密性试验4.0MPa			
			球罐容量（m³以内）			
			50	120	200	400
基 价 （元）			869.95	1972.67	3239.25	6372.78
其中	人 工 费（元）		514.92	1237.32	2061.92	4129.02
	材 料 费（元）		68.79	79.85	94.80	131.29
	机 械 费（元）		286.24	655.50	1082.53	2112.47
名 称	单位	单价（元）	消 耗 量			
人工	综合工日	工日	140.00	3.678	8.838	14.728	29.493
材料	低碳钢焊条	kg	6.84	2.500	3.000	4.000	7.000
	石棉橡胶板	kg	9.40	2.880	2.880	2.910	2.910
	氧气	m³	3.63	3.000	4.000	5.000	7.000
	乙炔气	kg	10.45	1.000	1.334	1.667	2.334
	其他材料费占材料费	%	—	5.000	5.000	5.000	5.000
机械	电动空气压缩机 6m³/min	台班	206.73	0.895	2.152	3.590	7.178
	电动空气压缩机 9m³/min	台班	317.86	0.200	0.476	0.800	1.599
	直流弧焊机 32kV·A	台班	87.75	0.429	0.676	0.981	1.371

183

工作内容：试压泵、压力表、盲板的安装、拆除、充气打压、稳压检查、卸压、整理记录等。

计量单位：台

定 额 编 号			A3-4-181	A3-4-182	A3-4-183	A3-4-184
项 目 名 称			球形罐气密性试验4.0MPa			
			球罐容量（m³以内）			
			650	1000	1500	2000
基 价（元）			10423.62	15794.68	19390.90	25135.98
其中	人 工 费（元）		6712.16	10330.74	13958.00	18623.08
	材 料 费（元）		162.44	191.38	252.56	292.51
	机 械 费（元）		3549.02	5272.56	5180.34	6220.39
名 称		单位	单价(元)	消 耗 量		
人工	综合工日	工日	140.00	47.944	73.791	99.700	133.022
材料	低碳钢焊条	kg	6.84	10.000	13.000	16.000	20.000
	石棉橡胶板	kg	9.40	3.120	3.120	6.000	6.000
	氧气	m³	3.63	8.011	9.000	10.500	12.003
	乙炔气	kg	10.45	2.670	3.000	3.500	4.001
	其他材料费占材料费	%	—	5.000	5.000	5.000	5.000
机械	电动空气压缩机 20m³/min	台班	506.55	—	—	3.798	3.798
	电动空气压缩机 6m³/min	台班	206.73	12.148	17.965	—	—
	电动空气压缩机 9m³/min	台班	317.86	2.589	3.989	9.112	12.140
	直流弧焊机 32kV·A	台班	87.75	2.447	3.313	4.104	4.988

工作内容：试压泵、压力表、盲板的安装、拆除、充气打压、稳压检查、卸压、整理记录等。

计量单位：台

定 额 编 号				A3-4-185	A3-4-186	A3-4-187
项 目 名 称				球形罐气密性试验4.0MPa		
				球罐容量（m³以内）		
				3000	4000	5000
基 价（元）				29674.74	35316.34	41634.62
其中	人 工 费（元）			22299.48	26104.96	29796.20
	材 料 费（元）			403.93	461.85	543.41
	机 械 费（元）			6971.33	8749.53	11295.01
名 称		单位	单价(元)	消 耗 量		
人工	综合工日	工日	140.00	159.282	186.464	212.830
材料	低碳钢焊条	kg	6.84	29.000	33.830	38.670
	石棉橡胶板	kg	9.40	8.400	8.400	10.800
	氧气	m³	3.63	15.100	18.200	21.300
	乙炔气	kg	10.45	5.030	6.070	7.100
	其他材料费占材料费	%	—	5.000	5.000	5.000
机械	电动空气压缩机 20m³/min	台班	506.55	5.407	6.486	9.006
	电动空气压缩机 9m³/min	台班	317.86	11.310	14.851	18.507
	直流弧焊机 32kV·A	台班	87.75	7.264	8.473	9.691

185

工作内容：试压泵、压力表、盲板的安装、拆除、充气打压、稳压检查、卸压、整理记录等。

计量单位：台

定　额　编　号				A3-4-188	A3-4-189	A3-4-190
项　目　名　称				球形罐气密性试验4.0MPa		
				球罐容量（m³以内）		
				6000	8000	10000
基　　　　　价（元）				47587.92	57350.80	66455.06
其中	人　工　费（元）			33377.26	38813.74	44084.60
	材　料　费（元）			601.22	688.61	798.12
	机　械　费（元）			13609.44	17848.45	21572.34
名　　　称		单位	单价（元）	消　　耗　　量		
人工	综合工日	工日	140.00	238.409	277.241	314.890
材料	低碳钢焊条	kg	6.84	43.500	50.750	61.630
	石棉橡胶板	kg	9.40	10.800	11.200	11.200
	氧气	m³	3.63	24.400	28.600	32.800
	乙炔气	kg	10.45	8.130	9.530	10.930
	其他材料费占材料费	%	—	5.000	5.000	5.000
机械	电动空气压缩机 20m³/min	台班	506.55	10.910	14.394	17.241
	电动空气压缩机 9m³/min	台班	317.86	22.420	29.702	36.129
	直流弧焊机 32kV·A	台班	87.75	10.901	12.719	15.441

二、球形罐焊接防护棚制作、安装、拆除

1.金属焊接防护棚

工作内容：材料运输、挂拆铁皮、清理、堆放等。

计量单位：台

定 额 编 号			A3-4-191	A3-4-192	A3-4-193	A3-4-194
项 目 名 称			球罐容量（m³以内）			
			50	120	200	400
基 价（元）			5920.41	8164.04	9939.52	14023.33
其中	人 工 费（元）		2954.98	3973.34	4803.12	6634.32
	材 料 费（元）		2580.87	3659.46	4473.82	6470.45
	机 械 费（元）		384.56	531.24	662.58	918.56
名 称	单位	单价（元）	消 耗 量			
人工	综合工日	工日	140.00	21.107	28.381	34.308	47.388
材料	镀锌钢板(综合)	kg	3.79	432.768	633.664	783.453	1155.966
	镀锌铁丝 16号	kg	3.57	13.650	19.100	24.100	33.800
	无缝钢管 φ57～219	kg	4.44	173.210	228.700	271.500	374.000
	其他材料费占材料费	%	—	5.000	5.000	5.000	5.000
机械	汽车式起重机 16t	台班	958.70	0.376	0.529	0.666	0.933
	载重汽车 8t	台班	501.85	0.048	0.048	0.048	0.048

工作内容：材料运输、挂拆铁皮、清理、堆放等。 计量单位：台

定 额 编 号				A3-4-195	A3-4-196	A3-4-197	A3-4-198
项 目 名 称				球罐容量（m³以内）			
				650	1000	1500	2000
基 价（元）				18321.49	22001.56	30421.99	35527.67
其中	人 工 费（元）			8883.14	10244.64	15176.42	17496.78
	材 料 费（元）			8144.94	10158.65	12752.10	15058.30
	机 械 费（元）			1293.41	1598.27	2493.47	2972.59
名 称		单位	单价（元）	消 耗 量			
人工	综合工日	工日	140.00	63.451	73.176	108.403	124.977
材料	镀锌钢板(综合)	kg	3.79	1469.857	1853.546	2343.171	2780.907
	镀锌铁丝 16号	kg	3.57	43.550	54.150	66.150	78.250
	无缝钢管 Φ57～219	kg	4.44	457.400	553.300	682.000	793.300
	其他材料费占材料费	%	—	5.000	5.000	5.000	5.000
机械	汽车式起重机 16t	台班	958.70	1.324	1.642	—	—
	汽车式起重机 30t	台班	1127.57	—	—	2.190	2.594
	载重汽车 8t	台班	501.85	0.048	0.048	0.048	0.095

工作内容：材料运输、挂拆铁皮、清理、堆放等。 计量单位：台

定 额 编 号			A3-4-199	A3-4-200	A3-4-201
项 目 名 称			球罐容量(m³以内)		
			3000	4000	5000
基 价 （元）			42658.45	52091.69	58892.50
其中	人 工 费 （元）		20232.10	25268.88	28319.20
	材 料 费 （元）		18760.30	22147.59	25469.60
	机 械 费 （元）		3666.05	4675.22	5103.70
名 称	单位	单价（元）	消 耗 量		
人工	综合工日	工日	140.00	144.515	180.492	202.280
材料	镀锌钢板(综合)	kg	3.79	3508.156	4119.992	4677.193
	镀锌铁丝 16号	kg	3.57	96.900	114.300	124.950
	无缝钢管 φ57～219	kg	4.44	951.600	1141.920	1370.300
	其他材料费占材料费	%	—	5.000	5.000	5.000
机械	汽车式起重机 30t	台班	1127.57	3.209	4.104	4.484
	载重汽车 8t	台班	501.85	0.095	0.095	0.095

工作内容：材料运输、挂拆铁皮、清理、堆放等。 计量单位：台

定 额 编 号			A3-4-202	A3-4-203	A3-4-204
项 目 名 称			球罐容量(m³以内)		
			6000	8000	10000
基 价（元）			66595.85	77055.92	88308.59
其中	人 工 费（元）		31714.06	35806.54	40143.46
	材 料 费（元）		29090.27	34465.60	40109.45
	机 械 费（元）		5791.52	6783.78	8055.68
名 称	单位	单价(元)	消 耗 量		
人工	综合工日	工日	140.00	226.529	255.761	286.739
材料	镀锌钢板(综合)	kg	3.79	5249.948	6192.340	7125.583
	镀锌铁丝 16号	kg	3.57	141.950	166.450	190.500
	无缝钢管 φ57～219	kg	4.44	1644.360	1973.240	2367.890
	其他材料费占材料费	%	—	5.000	5.000	5.000
机械	汽车式起重机 30t	台班	1127.57	5.094	5.974	7.102
	载重汽车 8t	台班	501.85	0.095	0.095	0.095

2.防火篷布防护棚

工作内容：材料运输、挂拆铁皮、清理、堆放等。

计量单位：台

定　额　编　号				A3-4-205	A3-4-206	A3-4-207	A3-4-208
项　目　名　称				球罐容量（m³以内）			
				50	120	200	400
基　　　价（元）				3299.07	4558.28	5523.55	7805.91
其中	人　工　费（元）			1270.08	1707.86	2050.16	2830.66
	材　料　费（元）			1924.32	2710.28	3299.69	4738.28
	机　械　费（元）			104.67	140.14	173.70	236.97
名　　　称		单位	单价（元）	消　　耗　　量			
人工	综合工日	工日	140.00	9.072	12.199	14.644	20.219
材料	镀锌铁丝 16号	kg	3.57	13.650	19.100	24.100	33.800
	篷布	m²	9.83	104.018	152.305	188.308	277.843
	无缝钢管 Φ57～219	kg	4.44	171.500	228.800	271.500	374.050
	其他材料费占材料费	%	—	5.000	5.000	5.000	5.000
机械	汽车式起重机 16t	台班	958.70	0.094	0.131	0.166	0.232
	载重汽车 8t	台班	501.85	0.029	0.029	0.029	0.029

工作内容：材料运输、挂拆铁皮、清理、堆放等。 计量单位：台

定 额 编 号				A3-4-209	A3-4-210	A3-4-211	A3-4-212
项 目 名 称				球罐容量（m³以内）			
				650	1000	1500	2000
基 价（元）				9952.90	12425.80	16167.63	19124.96
其中	人 工 费（元）			3687.88	4638.34	6284.04	7341.60
	材 料 费（元）			5936.01	7380.80	9240.46	10893.91
	机 械 费（元）			329.01	406.66	643.13	889.45
名 称		单位	单价（元）	消 耗 量			
人工	综合工日	工日	140.00	26.342	33.131	44.886	52.440
材料	镀锌铁丝 16号	kg	3.57	43.550	54.150	66.150	78.250
	篷布	m²	9.83	353.289	445.510	563.195	668.407
	无缝钢管 φ57～219	kg	4.44	456.090	553.300	682.000	794.000
	其他材料费占材料费	%	—	5.000	5.000	5.000	5.000
机械	汽车式起重机 16t	台班	958.70	0.328	0.409	—	—
	汽车式起重机 30t	台班	1127.57	—	—	0.545	0.759
	载重汽车 8t	台班	501.85	0.029	0.029	0.057	0.067

工作内容：材料运输、挂拆铁皮、清理、堆放等。

计量单位：台

定 额 编 号				A3-4-213	A3-4-214	A3-4-215
项 目 名 称				球罐容量（m³以内）		
				3000	4000	5000
基 价（元）				23664.04	28212.36	31676.92
其中	人 工 费（元）			9065.56	10934.70	12066.74
	材 料 费（元）			13508.32	15890.95	18099.44
	机 械 费（元）			1090.16	1386.71	1510.74
名 称		单位	单价（元）	消 耗 量		
人工	综合工日	工日	140.00	64.754	78.105	86.191
材料	镀锌铁丝 16号	kg	3.57	96.900	114.300	124.950
	篷布	m²	9.83	843.205	990.264	1124.190
	无缝钢管 φ57～219	kg	4.44	952.800	1124.300	1292.950
	其他材料费占材料费	%	—	5.000	5.000	5.000
机械	汽车式起重机 30t	台班	1127.57	0.937	1.200	1.310
	载重汽车 8t	台班	501.85	0.067	0.067	0.067

193

工作内容：材料运输、挂拆铁皮、清理、堆放等。 计量单位：台

定 额 编 号				A3-4-216	A3-4-217	A3-4-218
项 目 名 称				球罐容量(m³以内)		
				6000	8000	10000
基 价（元）				36028.69	42567.37	50120.46
其中	人 工 费（元）			13516.16	15887.48	18925.48
	材 料 费（元）			20801.08	24679.78	28823.90
	机 械 费（元）			1711.45	2000.11	2371.08
名 称		单位	单价(元)	消 耗 量		
人工	综合工日	工日	140.00	96.544	113.482	135.182
材料	镀锌铁丝 16号	kg	3.57	141.950	166.450	190.500
	篷布	m²	9.83	1261.855	1488.364	1712.675
	无缝钢管 φ57～219	kg	4.44	1554.000	1864.800	2237.760
	其他材料费占材料费	%	—	5.000	5.000	5.000
机械	汽车式起重机 30t	台班	1127.57	1.488	1.744	2.073
	载重汽车 8t	台班	501.85	0.067	0.067	0.067

194

第五章 气柜制作安装

说　明

一、本章内容包括直升式气柜、螺旋式气柜及干式气柜的制作安装工程。

二、本章包括气柜制作安装、胎具制作安装与拆除及气柜充水、气密、快速升降试验。

三、本章不包括以下工作内容：

1. 导轮、法兰及特种螺栓、配重块的制作和加工。

2. 无损探伤检测。

3. 除锈、刷油、防腐。

4. 基础工程及荷载预压试验。

5. 防雷接地。

6. 组装平台的铺设与拆除。

四、有关说明：

1. 胎具主材已将回收值从定额内扣除。

2. 实际采用的施工方法与定额取定不同时，除另有规定外，定额不得调整。

工程量计算规则

一、气柜制作安装应根据气柜的结构形式和容积，按设计排版图（如无设计排版图时可按经过批准的下料配板图）所示几何尺寸计算，不扣除孔洞和切角面积所占重量，以"t"为计量单位。

二、螺旋式气柜、直升式气柜计算重量时应包括气柜本体结构（底板、水槽壁、中节、钟罩、轨道、导轮、法兰）、放散装置、人孔、接管、加强板、平台、梯子、栏杆等全部金属重量，不含配重块重量。低压干式气柜计算重量时应包括气柜本体结构、放散装置、人孔、接管、加强板、平台、梯子、栏杆等全部金属重量，不含配置块重量。

三、配重块安装中混凝土预制块按实际体积以"m³"为计量单位，铸铁块按实际重量以"t"为计量单位。若实际采用的配重块与消耗量标准取定不同时，可按实际换算配重块的主材费，但其余不得调整。

四、气柜组装胎具制作安装与拆除，按气柜结构形式和不同容积，以"座"为计量单位。

五、螺旋式气柜轨道撅弯胎具制作，按容积以"套"为计量单位。本项目是以单套胎具考虑的，如根据施工图需要多套胎具时，其工程量按公式：$1+0.6(N-1)$ 计算（公式中 N 为胎具的套数）。

六、气柜型钢撅弯胎具制作，按容积以"套"为计量单位。本项目是以单套胎具考虑的，如根据施工图需要制作多套胎具时，其工程量按公式：$1+0.4(N-1)$ 计算（公式中 N 为胎具的套数）。

七、气柜充水、气密、快速升降试验，按气柜结构形式和不同容积，以"座"为计量单位，并包括临时水管线的敷设、拆除和材料摊销量。

一、气柜制作、安装

1.螺旋式气柜制作、安装

工作内容：型钢调直、平板、摆料、放样号料、剪切、坡口、冷热成型、组对、焊接、成品矫正、本体附件梯子、平台、栏杆制作、安装。

计量单位：t

定 额 编 号			A3-5-1	A3-5-2	A3-5-3	A3-5-4
项 目 名 称			螺旋式气柜容量（m³以内）			
			1000	2500	5000	10000
基 价 （元）			4765.13	4532.95	4198.62	3876.29
其中	人 工 费 （元）		2434.74	2346.96	2201.92	2030.28
	材 料 费 （元）		373.54	368.26	354.86	330.90
	机 械 费 （元）		1956.85	1817.73	1641.84	1515.11
名 称	单位	单价（元）	消 耗 量			
人工	综合工日	工日	140.00	17.391	16.764	15.728	14.502
材料	主材	t	—	(1.128)	(1.128)	(1.128)	(1.128)
	薄砂轮片	片	6.08	0.931	0.912	0.912	0.893
	道木	m³	2137.00	0.010	0.010	0.010	0.010
	低碳钢焊条	kg	6.84	29.564	29.089	27.512	25.232
	二氧化碳气体	m³	4.87	0.473	0.438	0.408	0.383
	尼龙砂轮片 φ150	片	3.32	3.800	3.762	3.743	3.715
	碳钢 CO_2 焊丝	kg	7.69	0.893	0.827	0.770	0.722
	碳精棒 φ8～12	根	1.27	3.325	3.040	2.945	2.850
	氧气	m³	3.63	15.099	15.014	14.811	13.848
	乙炔气	kg	10.45	5.033	5.005	4.937	4.616
	其他材料费占材料费	%	—	3.000	3.000	3.000	3.000
机械	半自动切割机 100mm	台班	83.55	0.862	0.826	0.791	0.782
	电动空气压缩机 9m³/min	台班	317.86	0.355	0.338	0.320	0.294
	电焊条恒温箱	台班	21.41	0.651	0.622	0.587	0.544
	电焊条烘干箱 80×80×100cm³	台班	49.05	0.651	0.622	0.587	0.544
	二氧化碳气体保护焊机 250A	台班	63.53	0.187	0.169	0.151	0.134

续表

定 额 编 号			A3-5-1	A3-5-2	A3-5-3	A3-5-4
项 目 名 称			螺旋式气柜容量(m³以内)			
			1000	2500	5000	10000
名 称	单位	单价(元)	消 耗 量			
剪板机 20×2500mm	台班	333.30	0.071	0.071	0.071	0.071
交流弧焊机 32kV·A	台班	83.14	3.553	3.349	3.136	2.754
卷板机 20×2500mm	台班	276.83	0.160	0.142	0.124	0.107
卷板机 40×3500mm	台班	514.10	0.036	0.036	0.036	0.036
履带式起重机 15t	台班	757.48	0.320	0.284	0.223	0.187
摩擦压力机 1600kN	台班	313.55	0.063	0.053	0.045	0.036
刨边机 12000mm	台班	569.09	0.045	0.045	0.045	0.045
汽车式起重机 12t	台班	857.15	0.134	0.124	0.116	0.098
汽车式起重机 16t	台班	958.70	0.382	0.338	0.285	0.267
汽车式起重机 40t	台班	1526.12	0.062	0.062	0.062	0.062
砂轮切割机 500mm	台班	29.08	0.249	0.223	0.195	0.178
摇臂钻床 63mm	台班	41.15	0.107	0.098	0.080	0.071
载重汽车 12t	台班	670.70	0.160	0.142	0.116	0.107
载重汽车 5t	台班	430.70	0.177	0.171	0.166	0.161
真空泵 204m³/h	台班	57.07	0.009	0.009	0.009	0.009
直流弧焊机 32kV·A	台班	87.75	2.959	2.877	2.736	2.692
轴流通风机 7.5kW	台班	40.15	0.338	0.302	0.276	0.240

机 械

工作内容：型钢调直、平板、摆料、放样号料、剪切、坡口、冷热成型、组对、焊接、成品矫正、本体附件梯子、平台、栏杆制作、安装。

计量单位：t

定 额 编 号			A3-5-5	A3-5-6	A3-5-7	A3-5-8
项 目 名 称			螺旋式气柜容量（m³以内）			
			20000	30000	50000	100000
基 价 （元）			3611.06	3409.75	3182.99	2906.56
其中	人 工 费 （元）		1860.60	1733.48	1603.98	1435.42
	材 料 费 （元）		318.34	307.16	289.51	266.47
	机 械 费 （元）		1432.12	1369.11	1289.50	1204.67
名 称	单位	单价（元）	消 耗 量			
人工	综合工日	工日	140.00	13.290	12.382	11.457	10.253
材料	主材	t	—	(1.128)	(1.128)	(1.128)	(1.128)
	薄砂轮片	片	6.08	0.884	0.865	0.837	0.810
	道木	m³	2137.00	0.009	0.009	0.009	0.009
	低碳钢焊条	kg	6.84	24.186	23.250	22.004	19.935
	二氧化碳气体	m³	4.87	0.359	0.330	0.304	0.267
	尼龙砂轮片 φ150	片	3.32	3.657	3.571	3.431	3.231
	碳钢 CO_2 焊丝	kg	7.69	0.677	0.623	0.573	0.504
	碳精棒 φ8～12	根	1.27	2.820	2.604	2.457	2.340
	氧气	m³	3.63	13.544	13.093	12.070	11.151
	乙炔气	kg	10.45	4.515	4.364	4.023	3.717
	其他材料费占材料费	%	—	3.000	3.000	3.000	3.000
机械	半自动切割机 100mm	台班	83.55	0.659	0.600	0.553	0.496
	电动空气压缩机 9m³/min	台班	317.86	0.272	0.252	0.230	0.202
	电焊条恒温箱	台班	21.41	0.500	0.467	0.435	0.390
	电焊条烘干箱 80×80×100cm³	台班	49.05	0.500	0.467	0.435	0.390
	二氧化碳气体保护焊机 250A	台班	63.53	0.114	0.113	0.102	0.093

续表

定 额 编 号			A3-5-5	A3-5-6	A3-5-7	A3-5-8
项 目 名 称			螺旋式气柜容量(m³以内)			
			20000	30000	50000	100000
名 称	单位	单价(元)	消 耗 量			
剪板机 20×2500mm	台班	333.30	0.070	0.069	0.068	0.067
交流弧焊机 32kV·A	台班	83.14	2.391	2.208	1.974	1.573
卷板机 20×2500mm	台班	276.83	0.088	0.087	0.077	0.067
卷板机 40×3500mm	台班	514.10	0.036	0.035	0.034	0.034
履带式起重机 15t	台班	757.48	0.184	0.165	0.153	0.143
摩擦压力机 1600kN	台班	313.55	0.036	0.035	0.034	0.025
刨边机 12000mm	台班	569.09	0.044	0.044	0.043	0.043
汽车式起重机 12t	台班	857.15	0.096	0.095	0.085	0.084
汽车式起重机 16t	台班	958.70	0.264	0.261	0.256	0.244
汽车式起重机 40t	台班	1526.12	0.062	0.062	0.062	0.062
砂轮切割机 500mm	台班	29.08	0.158	0.148	0.136	0.126
摇臂钻床 63mm	台班	41.15	0.070	0.061	0.060	0.042
载重汽车 12t	台班	670.70	0.096	0.095	0.085	0.084
载重汽车 5t	台班	430.70	0.158	0.156	0.145	0.143
真空泵 204m³/h	台班	57.07	0.008	0.008	0.008	0.008
直流弧焊机 32kV·A	台班	87.75	2.601	2.461	2.382	2.322
轴流通风机 7.5kW	台班	40.15	0.220	0.218	0.204	0.194

机

械

2. 低压干式气柜制作、安装

工作内容：施工准备、来料验收、调直调平、平板、放样号料、切割、开坡口、冷热成型、吊装、组对成型、焊接、矫正、放散装置安装、调整、配合检查验收，本体附件梯子、平台、栏杆制作、安装。

计量单位：t

定 额 编 号			A3-5-9	A3-5-10	A3-5-11
项 目 名 称			低压干式气柜容量(m³以内)		
			20000	30000	50000
基 价（元）			2850.93	2705.31	2562.15
其中	人 工 费（元）		1604.40	1523.62	1446.48
	材 料 费（元）		433.38	421.34	409.33
	机 械 费（元）		813.15	760.35	706.34
名 称	单位	单价（元）	消 耗 量		
人工 综合工日	工日	140.00	11.460	10.883	10.332
材料 主材	t	—	(1.130)	(1.130)	(1.130)
薄砂轮片	片	6.08	0.960	0.930	0.910
道木	m³	2137.00	0.014	0.013	0.012
低碳钢焊条	kg	6.84	32.140	31.250	30.720
钢丝绳 φ14.1～15	kg	6.24	0.410	0.407	0.405
木板	m³	1634.16	0.011	0.011	0.010
尼龙砂轮片 φ150	片	3.32	4.930	4.810	4.620
碳精棒 φ8～12	根	1.27	3.000	2.800	2.600
氧气	m³	3.63	17.500	17.133	16.413
乙炔气	kg	10.45	5.830	5.708	5.648
其他材料费占材料费	%	—	3.000	3.000	3.000
机械 半自动切割机 100mm	台班	83.55	0.636	0.524	0.467
单速电动葫芦 5t	台班	40.03	0.061	0.061	0.058
电动空气压缩机 10m³/min	台班	355.21	0.234	0.229	0.224
电焊条恒温箱	台班	21.41	0.421	0.383	0.365
电焊条烘干箱 60×50×75cm³	台班	26.46	0.421	0.383	0.365
硅整流弧焊机 20kV·A	台班	56.65	4.198	3.833	3.665
剪板机 20×2500mm	台班	333.30	0.075	0.071	0.068
卷板机 30×2000mm	台班	352.40	0.144	0.144	0.140
平板拖车组 20t	台班	1081.33	0.039	0.037	0.035
汽车式起重机 100t	台班	4651.90	0.009	0.009	0.008
汽车式起重机 16t	台班	958.70	0.047	0.047	0.041
汽车式起重机 50t	台班	2464.07	0.065	0.059	0.052
摇臂钻床 63mm	台班	41.15	0.093	0.084	0.075
载重汽车 10t	台班	547.99	0.047	0.047	0.040
真空泵 204m³/h	台班	57.07	0.252	0.243	0.237
轴流通风机 7.5kW	台班	40.15	0.187	0.187	0.182

3. 直升式气柜制作、安装

工作内容：型钢调直、平板、摆料、放样号料、剪切、坡口、冷热成型、组对、焊接、成品矫正、本体附件梯子、平台、栏杆制作、安装。

计量单位：t

定 额 编 号			A3-5-12	A3-5-13	A3-5-14
项 目 名 称			直升式气柜容量（m³以内）		
			100	200	400
基 价（元）			5017.69	4890.64	4777.96
其中	人 工 费（元）		2554.02	2497.18	2439.22
	材 料 费（元）		455.07	447.60	434.12
	机 械 费（元）		2008.60	1945.86	1904.62
名 称	单位	单价（元）	消 耗 量		
人工 综合工日	工日	140.00	18.243	17.837	17.423
材料 主材	t	—	(1.100)	(1.100)	(1.100)
薄砂轮片	片	6.08	1.071	1.008	0.954
道木	m³	2137.00	0.027	0.027	0.027
低碳钢焊条	kg	6.84	29.844	29.241	27.792
焦炭	kg	1.42	31.500	31.500	31.500
木板	m³	1634.16	0.009	0.009	0.009
木柴	kg	0.18	3.150	3.150	3.150
尼龙砂轮片 φ150	片	3.32	3.321	3.231	3.141
碳精棒 φ8～12	根	1.27	6.210	6.030	5.850
氧气	m³	3.63	13.292	12.982	12.655
乙炔气	kg	10.45	4.431	4.327	4.218
其他材料费占材料费	%	—	3.000	3.000	3.000
机械 半自动切割机 100mm	台班	83.55	0.875	0.858	0.833
电动空气压缩机 6m³/min	台班	206.73	0.362	0.353	0.345
电焊条恒温箱	台班	21.41	0.757	0.737	0.715
电焊条烘干箱 80×80×100cm³	台班	49.05	0.757	0.737	0.715
剪板机 20×2500mm	台班	333.30	0.042	0.042	0.042
交流弧焊机 32kV·A	台班	83.14	6.765	6.597	6.420
卷板机 20×2500mm	台班	276.83	0.135	0.126	0.126
履带式起重机 15t	台班	757.48	0.724	0.707	0.690
摩擦压力机 1600kN	台班	313.55	0.084	0.076	0.076
刨边机 12000mm	台班	569.09	0.122	0.115	0.115
汽车式起重机 12t	台班	857.15	0.084	0.084	0.084
汽车式起重机 16t	台班	958.70	0.160	0.152	0.152
桥式起重机 15t	台班	293.90	0.042	0.042	0.042
砂轮切割机 500mm	台班	29.08	0.294	0.261	0.261
摇臂钻床 63mm	台班	41.15	0.109	0.109	0.109
载重汽车 12t	台班	670.70	0.236	0.227	0.219
载重汽车 5t	台班	430.70	0.160	0.151	0.151
真空泵 204m³/h	台班	57.07	0.008	0.008	0.008
直流弧焊机 32kV·A	台班	87.75	0.808	0.766	0.732

工作内容：型钢调直、平板、摆料、放样号料、剪切、坡口、冷热成型、组对、焊接、成品矫正、本体附件梯子、平台、栏杆制作、安装。

计量单位：t

定　额　编　号				A3-5-15	A3-5-16
项　目　名　称				直升式气柜容量（m³以内）	
				600	1000
基　　　价（元）				4533.50	4175.32
其中	人　工　费（元）			2332.40	2138.22
	材　料　费（元）			394.37	370.02
	机　械　费（元）			1806.73	1667.08
名　　称		单位	单价（元）	消　耗　量	
人工	综合工日	工日	140.00	16.660	15.273
材料	主材	t	—	(1.100)	(1.100)
	薄砂轮片	片	6.08	0.909	0.873
	道木	m³	2137.00	0.018	0.018
	低碳钢焊条	kg	6.84	26.568	24.345
	焦炭	kg	1.42	27.000	27.000
	木板	m³	1634.16	0.009	0.009
	木柴	kg	0.18	2.700	2.700
	尼龙砂轮片 φ150	片	3.32	3.107	3.078
	碳精棒 φ8～12	根	1.27	5.580	5.130
	氧气	m³	3.63	12.123	11.062
	乙炔气	kg	10.45	4.041	3.687
	其他材料费占材料费	%	—	3.000	3.000
机械	半自动切割机 100mm	台班	83.55	0.799	0.732
	电动空气压缩机 6m³/min	台班	206.73	0.328	0.303
	电焊条恒温箱	台班	21.41	0.685	0.628
	电焊条烘干箱 80×80×100cm³	台班	49.05	0.685	0.628
	剪板机 20×2500mm	台班	333.30	0.034	0.034
	交流弧焊机 32kV·A	台班	83.14	6.142	5.638
	卷板机 20×2500mm	台班	276.83	0.118	0.109
	履带式起重机 15t	台班	757.48	0.656	0.606
	摩擦压力机 1600kN	台班	313.55	0.076	0.067
	刨边机 12000mm	台班	569.09	0.107	0.100
	汽车式起重机 12t	台班	857.15	0.076	0.067
	汽车式起重机 16t	台班	958.70	0.143	0.135
	桥式起重机 15t	台班	293.90	0.034	0.034
	砂轮切割机 500mm	台班	29.08	0.244	0.219
	摇臂钻床 63mm	台班	41.15	0.101	0.093
	载重汽车 12t	台班	670.70	0.210	0.194
	载重汽车 5t	台班	430.70	0.143	0.135
	真空泵 204m³/h	台班	57.07	0.008	0.008
	直流弧焊机 32kV·A	台班	87.75	0.698	0.639

4. 配重块安装

工作内容：吊装、就位、固定。

计量单位：m³

定 额 编 号				A3-5-17
项 目 名 称				配重块安装
				混凝土预制块
基 价 （元）				403.31
其中	人 工 费（元）			25.76
	材 料 费（元）			215.71
	机 械 费（元）			161.84
名 称	单位	单价（元）	消 耗 量	
人工	综合工日	工日	140.00	0.184
材料	混凝土预制块(综合)	m³	—	(1.030)
	低碳钢焊条	kg	6.84	2.200
	角钢 63以外	kg	3.61	52.000
	氧气	m³	3.63	0.375
	乙炔气	kg	10.45	0.125
	其他材料费占材料费	%	—	5.000
机械	汽车式起重机 16t	台班	958.70	0.084
	载重汽车 5t	台班	430.70	0.103
	直流弧焊机 32kV·A	台班	87.75	0.421

工作内容：吊装、就位、固定。 计量单位：t

定 额 编 号	A3-5-18
项 目 名 称	配重块安装
	铸铁块
基 价（元）	313.55

其中	人 工 费（元）	21.00
	材 料 费（元）	165.42
	机 械 费（元）	127.13

	名 称	单位	单价（元）	消 耗 量
人工	综合工日	工日	140.00	0.150
材料	铸铁块	t	—	(1.000)
	低碳钢焊条	kg	6.84	1.880
	角钢 63以外	kg	3.61	39.500
	氧气	m³	3.63	0.294
	乙炔气	kg	10.45	0.098
	其他材料费占材料费	%	—	5.000
机械	汽车式起重机 16t	台班	958.70	0.065
	载重汽车 5t	台班	430.70	0.080
	直流弧焊机 32kV·A	台班	87.75	0.346

5.密封装置制作、安装

工作内容：施工准备、密封帘吊入柜内、开箱检查、展开、密封角型钢清扫、抹密封胶泥、安装铁压条、密封帘安装、配合检查验收。

计量单位：套

定 额 编 号				A3-5-19	A3-5-20	A3-5-21
项 目 名 称				密封装置制作安装		
				干式气柜容量（m³以内）		
				20000	30000	50000
基 价（元）				39235.08	46912.58	60594.10
其中	人 工 费（元）			19062.12	22470.42	29004.64
	材 料 费（元）			5335.86	6250.99	8128.01
	机 械 费（元）			14837.10	18191.17	23461.45
名 称		单位	单价（元）	消 耗 量		
人工	综合工日	工日	140.00	136.158	160.503	207.176
材料	木板	m³	1634.16	1.180	1.430	1.860
	篷布	m²	9.83	320.800	367.902	478.273
	其他材料费占材料费	%	—	5.000	5.000	5.000
机械	电动空气压缩机 10m³/min	台班	355.21	5.610	6.778	8.414
	汽车式起重机 100t	台班	4651.90	2.216	2.739	3.553
	汽车式起重机 16t	台班	958.70	1.683	2.019	2.618
	载重汽车 10t	台班	547.99	1.683	2.019	2.618

二、胎具制作、安装与拆除

1.直升式气柜组装胎具制作

工作内容：调直、摆料、放样号料、切割、成型、组对、焊接、矫正、打磨。　　　　　计量单位：座

定　额　编　号			A3-5-22	A3-5-23	A3-5-24
项　目　名　称			气柜容积（m³以内）		
			100	200	400
基　　价（元）			6822.22	9376.14	14034.55
其中	人　工　费（元）		1347.50	1786.68	2560.60
	材　料　费（元）		3344.37	4734.28	7237.07
	机　械　费（元）		2130.35	2855.18	4236.88
名　　称	单位	单价（元）	消　　耗　　量		
人工	综合工日	工日	140.00	9.625	12.762	18.290
材料	槽钢	kg	3.20	466.000	666.000	1131.000
	低碳钢焊条	kg	6.84	24.690	34.080	51.070
	钢板 δ4～16	kg	3.18	62.000	88.000	148.000
	角钢 50×5以外	kg	3.61	163.000	233.000	302.000
	六角螺栓带螺母 M12	kg	5.55	32.900	42.300	60.200
	尼龙砂轮片 φ150	片	3.32	2.900	3.900	5.800
	无缝钢管 φ57～219	kg	4.44	64.000	91.000	118.000
	氧气	m³	3.63	13.174	18.213	27.360
	乙炔气	kg	10.45	4.391	6.071	9.120
	圆钢 φ37以内	kg	3.40	68.000	97.000	125.000
	其他材料费占材料费	%	—	3.000	3.000	3.000
机械	电焊条烘干箱 60×50×75cm³	台班	26.46	0.513	0.664	0.955
	汽车式起重机 16t	台班	958.70	1.187	1.617	2.440
	摇臂钻床 63mm	台班	41.15	1.683	1.870	2.150
	载重汽车 5t	台班	430.70	1.066	1.458	2.197
	直流弧焊机 32kV·A	台班	87.75	5.133	6.638	9.546

工作内容：调直、摆料、放样号料、切割、成型、组对、焊接、矫正、打磨。 计量单位：座

定 额 编 号				A3-5-25	A3-5-26
项 目 名 称				气柜容积（m³以内）	
				600	1000
基 价（元）				19205.63	27902.75
其中	人 工 费（元）			3430.28	4856.18
	材 料 费（元）			10145.52	15045.61
	机 械 费（元）			5629.83	8000.96
名 称		单位	单价（元）	消 耗 量	
人工	综合工日	工日	140.00	24.502	34.687
材料	槽钢	kg	3.20	1467.000	2037.000
	低碳钢焊条	kg	6.84	68.850	98.120
	钢板 δ4～16	kg	3.18	256.000	331.000
	角钢 50×5以外	kg	3.61	370.000	750.000
	六角螺栓带螺母 M12	kg	5.55	76.500	101.900
	尼龙砂轮片 φ150	片	3.32	7.500	10.400
	无缝钢管 φ57～219	kg	4.44	267.000	447.000
	氧气	m³	3.63	35.700	50.949
	乙炔气	kg	10.45	11.900	16.983
	圆钢 φ37以内	kg	3.40	190.000	209.000
	其他材料费占材料费	%	—	3.000	3.000
机械	电焊条烘干箱 60×50×75cm³	台班	26.46	1.262	1.731
	汽车式起重机 16t	台班	958.70	3.263	4.703
	摇臂钻床 63mm	台班	41.15	2.337	2.524
	载重汽车 5t	台班	430.70	2.936	4.235
	直流弧焊机 32kV·A	台班	87.75	12.621	17.305

210

2. 直升式气柜组装胎具安装、拆除

工作内容：组装、焊接、紧固螺栓、切割、拆除。　　　　　　　　　　　　计量单位：座

定　额　编　号			A3-5-27	A3-5-28	A3-5-29
项　目　名　称			气柜容积(m³以内)		
			100	200	400
基　　　价（元）			3536.37	4886.52	7322.97
其中	人　工　费（元）		1155.14	1580.88	2347.10
	材　料　费（元）		94.51	118.22	164.31
	机　械　费（元）		2286.72	3187.42	4811.56
名　　　称	单位	单价（元）	消　　耗　　量		
人工	综合工日	工日	140.00	8.251	11.292	16.765
材料	低碳钢焊条	kg	6.84	6.570	7.240	8.880
	氧气	m³	3.63	6.582	9.174	13.887
	乙炔气	kg	10.45	2.194	3.058	4.629
	其他材料费占材料费	%	—	3.000	3.000	3.000
机械	电焊条烘干箱 60×50×75cm³	台班	26.46	0.207	0.242	0.283
	汽车式起重机 16t	台班	958.70	1.384	1.954	3.001
	载重汽车 5t	台班	430.70	1.795	2.543	3.899
	直流弧焊机 32kV·A	台班	87.75	2.066	2.421	2.823

工作内容：组装、焊接、紧固螺栓、切割、拆除。

计量单位：座

定 额 编 号			A3-5-30	A3-5-31
项 目 名 称			气柜容积(m³以内)	
			600	1000
基 价（元）			**9796.60**	**13995.12**
其中	人 工 费（元）		3073.56	4194.12
	材 料 费（元）		217.58	310.46
	机 械 费（元）		6505.46	9490.54
名 称	单位	单价(元)	消 耗	量
人工 综合工日	工日	140.00	21.954	29.958
材料 低碳钢焊条	kg	6.84	11.790	16.590
氧气	m³	3.63	18.360	26.421
乙炔气	kg	10.45	6.120	8.807
其他材料费占材料费	%	—	3.000	3.000
机械 电焊条烘干箱 60×50×75cm³	台班	26.46	0.381	0.542
汽车式起重机 16t	台班	958.70	4.058	5.927
载重汽车 5t	台班	430.70	5.273	7.704
直流弧焊机 32kV·A	台班	87.75	3.805	5.423

3.螺旋式气柜组装胎具制作

工作内容：调直、摆料、放样号料、切割、剪切、卷弧、钻孔、成型、组对、焊接、矫正。

计量单位：座

定　额　编　号			A3-5-32	A3-5-33	A3-5-34
项　目　名　称			气柜容积(m³以内)		
			1000	2500	5000
基　　　　价（元）			23888.49	40529.40	48663.94
其中	人　工　费（元）		3946.18	6761.02	8574.30
	材　料　费（元）		13353.59	22539.62	25853.84
	机　械　费（元）		6588.72	11228.76	14235.80
名　　称		单位	单价（元）	消　　耗　　量	
人工	综合工日	工日	140.00	28.187	48.293	61.245
材料	槽钢	kg	3.20	1409.000	1742.000	1870.000
	低碳钢焊条	kg	6.84	82.780	136.420	153.340
	钢板 δ4～16	kg	3.18	847.000	1830.000	2192.000
	角钢 50×5以外	kg	3.61	438.000	876.000	1198.000
	六角螺栓带螺母 M12	kg	5.55	96.000	162.000	212.000
	尼龙砂轮片 φ150	片	3.32	9.100	15.200	20.100
	无缝钢管 φ57～219	kg	4.44	617.000	1120.000	1128.000
	氧气	m³	3.63	43.932	66.282	73.239
	乙炔气	kg	10.45	14.644	22.094	24.413
	其他材料费占材料费	%	—	3.000	3.000	3.000
机械	汽车式起重机 16t	台班	958.70	3.871	6.507	8.536
	摇臂钻床 63mm	台班	41.15	2.431	2.618	3.366
	载重汽车 5t	台班	430.70	3.487	5.853	7.685
	直流弧焊机 32kV·A	台班	87.75	14.538	26.916	29.674

工作内容：调直、摆料、放样号料、切割、剪切、卷弧、钻孔、成型、组对、焊接、矫正。

计量单位：座

定 额 编 号			A3-5-35	A3-5-36	A3-5-37
项 目 名 称			气柜容积（m³以内）		
			10000	20000	30000
基 价 （元）			60144.16	70093.91	88881.26
其中	人 工 费 （元）		12428.50	15162.28	20137.74
	材 料 费 （元）		30751.62	34707.79	44594.31
	机 械 费 （元）		16964.04	20223.84	24149.21
名 称		单位	单价（元）	消 耗 量	
人工	综合工日	工日	140.00	88.775	108.302	143.841
材料	槽钢	kg	3.20	2076.000	2691.000	3760.000
	低碳钢焊条	kg	6.84	177.000	194.000	246.290
	钢板 δ4～16	kg	3.18	2440.000	2451.000	3081.000
	角钢 50×5以外	kg	3.61	1600.000	1628.000	1693.000
	六角螺栓带螺母 M12	kg	5.55	227.000	274.000	328.000
	尼龙砂轮片 φ150	片	3.32	23.700	28.700	34.400
	无缝钢管 φ57～219	kg	4.44	1437.000	1705.000	2412.000
	氧气	m³	3.63	105.162	126.703	144.183
	乙炔气	kg	10.45	35.054	42.234	48.061
	其他材料费占材料费	%	—	3.000	3.000	3.000
机械	汽车式起重机 16t	台班	958.70	10.088	12.191	14.622
	摇臂钻床 63mm	台班	41.15	4.114	4.862	5.983
	载重汽车 5t	台班	430.70	9.078	10.976	13.164
	直流弧焊机 32kV·A	台班	87.75	36.621	41.127	48.036

工作内容：调直、摆料、放样号料、切割、剪切、卷弧、钻孔、成型、组对、焊接、矫正。

计量单位：座

定　额　编　号				A3-5-38	A3-5-39
项　目　名　称				气柜容积（m³以内）	
				50000	100000
基　　　价（元）				111885.36	156276.64
其中	人　工　费（元）			27977.32	42851.76
	材　料　费（元）			56521.73	78147.12
	机　械　费（元）			27386.31	35277.76
名　　　称		单位	单价（元）	消　　耗　　量	
人工	综合工日	工日	140.00	199.838	306.084
材料	槽钢	kg	3.20	4574.000	5418.000
	低碳钢焊条	kg	6.84	305.840	399.920
	钢板 δ4～16	kg	3.18	3786.000	3870.000
	角钢 50×5以外	kg	3.61	2146.000	2618.000
	六角螺栓带螺母 M12	kg	5.55	351.000	388.000
	尼龙砂轮片 φ150	片	3.32	39.700	51.200
	无缝钢管 φ57～219	kg	4.44	3396.000	6695.000
	氧气	m³	3.63	168.990	279.921
	乙炔气	kg	10.45	56.330	93.307
	其他材料费占材料费	%	—	3.000	3.000
机械	汽车式起重机 16t	台班	958.70	16.866	21.737
	摇臂钻床 63mm	台班	41.15	6.731	8.601
	载重汽车 5t	台班	430.70	15.183	19.568
	直流弧焊机 32kV·A	台班	87.75	50.149	64.463

4.螺旋式气柜组装胎具安装、拆除

工作内容：组装、焊接、紧固螺栓、切割、拆除、清理现场、材料堆放。　　　　　　　　　计量单位：座

定　额　编　号				A3-5-40	A3-5-41	A3-5-42	A3-5-43
项　目　名　称				气柜容积(m³以内)			
				1000	2500	5000	10000
基　　　价　（元）				5439.62	7645.28	10056.99	13491.83
其中	人　工　费（元）			3733.80	4878.44	6401.92	9232.72
	材　料　费（元）			216.69	348.12	414.15	477.89
	机　械　费（元）			1489.13	2418.72	3240.92	3781.22
名　　称		单位	单价(元)	消　　耗　　量			
人工	综合工日	工日	140.00	26.670	34.846	45.728	65.948
材料	低碳钢焊条	kg	6.84	6.650	9.450	13.600	15.200
	氧气	m³	3.63	23.181	38.427	43.449	50.610
	乙炔气	kg	10.45	7.727	12.809	14.483	16.870
	其他材料费占材料费	%	—	3.000	3.000	3.000	3.000
机械	电焊条烘干箱 60×50×75cm³	台班	26.46	0.344	0.491	0.711	0.791
	汽车式起重机 16t	台班	958.70	0.776	1.300	1.711	2.019
	载重汽车 5t	台班	430.70	1.010	1.692	2.225	2.627
	直流弧焊机 32kV·A	台班	87.75	3.431	4.908	7.105	7.900

216

工作内容：组装、焊接、紧固螺栓、切割、拆除、清理现场、材料堆放。　　　　　　　　　　计量单位：座

定　额　编　号			A3-5-44	A3-5-45	A3-5-46	A3-5-47
项　目　名　称			气柜容积（m³以内）			
			20000	30000	50000	100000
基　　　　　价（元）			17589.52	23068.98	29940.86	34012.06
其中	人　工　费（元）		12293.96	16146.48	22211.70	24199.70
	材　料　费（元）		557.84	737.40	882.93	1285.29
	机　械　费（元）		4737.72	6185.10	6846.23	8527.07
名　　　称	单位	单价（元）	消　　耗　　量			
人工 综合工日	工日	140.00	87.814	115.332	158.655	172.855
材料 低碳钢焊条	kg	6.84	21.000	30.670	32.800	60.560
氧气	m³	3.63	55.944	71.154	88.968	117.192
乙炔气	kg	10.45	18.648	23.718	29.656	39.064
其他材料费占材料费	%	—	3.000	3.000	3.000	3.000
机械 电焊条烘干箱 60×50×75cm³	台班	26.46	1.144	1.645	1.708	2.129
汽车式起重机 16t	台班	958.70	2.440	2.926	3.375	4.347
载重汽车 5t	台班	430.70	3.169	4.394	4.800	5.656
直流弧焊机 32kV·A	台班	87.75	11.434	16.455	17.072	21.279

217

5.干式气柜组装胎具制作

工作内容：施工准备、放样下料、卷弧、钻孔、组对、焊接、矫正、调整、配合检查验收。

计量单位：座

定 额 编 号				A3-5-48	A3-5-49	A3-5-50
项 目 名 称				气柜容积（m³以内）		
				20000	30000	50000
基 价（元）				62141.36	79944.67	101395.26
其中	人 工 费（元）			15903.72	20980.54	28680.96
	材 料 费（元）			25554.79	34589.71	44000.81
	机 械 费（元）			20682.85	24374.42	28713.49
名 称		单位	单价（元）	消 耗 量		
人工	综合工日	工日	140.00	113.598	149.861	204.864
材料	槽钢	kg	3.20	1775.000	3467.250	4410.340
	带帽六角螺栓 M12以外	kg	6.41	297.000	351.000	370.450
	低碳钢焊条	kg	6.84	208.360	260.330	319.260
	角钢 63以内	kg	3.61	399.000	399.000	705.500
	尼龙砂轮片 φ150	片	3.32	31.000	37.000	42.000
	热轧厚钢板 δ12～20	kg	3.20	3089.600	3459.330	4400.000
	无缝钢管	m	5.56	537.240	746.770	949.890
	氧气	m³	3.63	128.190	145.050	166.808
	乙炔气	kg	10.45	42.730	48.340	55.591
	其他材料费占材料费	%	—	5.000	5.000	5.000
机械	电焊条恒温箱	台班	21.41	4.441	5.544	5.292
	电焊条烘干箱 60×50×75cm³	台班	26.46	4.441	5.544	5.292
	硅整流弧焊机 20kV·A	台班	56.65	44.399	55.469	52.916
	汽车式起重机 16t	台班	958.70	13.182	15.623	18.982
	摇臂钻床 63mm	台班	41.15	5.245	6.386	7.479
	载重汽车 5t	台班	430.70	11.845	13.295	16.152

218

6. 干式气柜组装胎具安装、拆除

工作内容：施工准备、组装、焊接、紧固螺栓、拆除。

计量单位：座

定 额 编 号			A3-5-51	A3-5-52	A3-5-53
项 目 名 称			气柜容积（m³以内）		
			20000	30000	50000
基 价（元）			21171.51	27598.84	35174.09
其中	人 工 费（元）		12793.20	16680.58	22597.68
	材 料 费（元）		841.36	1076.94	1280.97
	机 械 费（元）		7536.95	9841.32	11295.44
名 称	单位	单价（元）	消 耗 量		
人工	综合工日	工日	140.00	91.380	119.147	161.412
材 料	低碳钢焊条	kg	6.84	48.290	61.811	72.628
	尼龙砂轮片 Φ150	片	3.32	18.000	23.040	28.000
	氧气	m³	3.63	57.150	73.152	88.120
	乙炔气	kg	10.45	19.500	24.960	29.700
	其他材料费占材料费	%	—	5.000	5.000	5.000
机 械	电焊条恒温箱	台班	21.41	1.437	1.963	2.197
	电焊条烘干箱 60×50×75cm³	台班	26.46	1.437	1.963	2.197
	硅整流弧焊机 20kV·A	台班	56.65	14.360	19.633	21.971
	汽车式起重机 16t	台班	958.70	5.404	7.012	8.064
	载重汽车 5t	台班	430.70	3.422	4.441	5.142

219

7. 螺旋式气柜轨道揼弯胎具制作

工作内容：调直、摆料、放样号料、切割、剪切、卷弧、钻孔、成型、组对、焊接、矫正。

计量单位：座

定 额 编 号				A3-5-54	A3-5-55	A3-5-56	A3-5-57
项 目 名 称				气柜容积（m³以内）			
				1000	2500	5000	10000
基 价 （元）				7009.68	7669.49	8582.67	9233.39
其中	人 工 费 （元）			1222.34	1344.70	1466.78	1589.14
	材 料 费 （元）			4234.69	4560.12	5110.81	5387.54
	机 械 费 （元）			1552.65	1764.67	2005.08	2256.71
名 称		单位	单价（元）	消 耗 量			
人工	综合工日	工日	140.00	8.731	9.605	10.477	11.351
材料	槽钢	kg	3.20	620.000	620.000	689.000	689.000
	低碳钢焊条	kg	6.84	20.400	22.400	24.500	26.500
	角钢 63以外	kg	3.61	48.000	96.000	145.000	192.000
	尼龙砂轮片 φ150	片	3.32	4.000	4.300	4.600	4.800
	热轧厚钢板 δ8.0～20	kg	3.20	550.000	590.000	628.000	648.000
	氧气	m³	3.63	5.799	5.799	5.799	8.703
	乙炔气	kg	10.45	1.933	1.933	1.933	2.901
	其他材料费占材料费	%	—	3.000	3.000	3.000	3.000
机械	电焊条烘干箱 60×50×75cm³	台班	26.46	0.191	0.287	0.381	0.381
	剪板机 20×2500mm	台班	333.30	0.365	0.365	0.449	0.449
	汽车式起重机 16t	台班	958.70	0.935	1.028	1.122	1.309
	载重汽车 5t	台班	430.70	0.841	0.926	1.010	1.178
	直流弧焊机 32kV·A	台班	87.75	1.907	2.861	3.814	3.814

工作内容：调直、摆料、放样号料、切割、剪切、卷弧、钻孔、成型、组对、焊接、矫正。

计量单位：座

定　额　编　号				A3-5-58	A3-5-59	A3-5-60	A3-5-61
项　目　名　称				气柜容积（m³以内）			
				20000	30000	50000	100000
基　　　价（元）				9904.78	10466.97	11067.42	12664.19
其中	人　工　费（元）			1711.36	1772.82	1863.96	2078.02
	材　料　费（元）			5754.78	6129.74	6325.80	7311.32
	机　械　费（元）			2438.64	2564.41	2877.66	3274.85
名　　　称		单位	单价(元)	消　　耗　　量			
人工	综合工日	工日	140.00	12.224	12.663	13.314	14.843
材料	槽钢	kg	3.20	758.000	827.000	827.000	1033.000
	低碳钢焊条	kg	6.84	27.500	28.600	30.600	32.600
	角钢 63以外	kg	3.61	216.000	241.000	241.000	265.000
	尼龙砂轮片 φ150	片	3.32	5.000	5.200	5.400	5.600
	热轧厚钢板 δ8.0～20	kg	3.20	661.000	675.000	730.000	785.000
	氧气	m³	3.63	8.703	8.703	8.703	11.604
	乙炔气	kg	10.45	2.901	2.901	2.901	3.868
	其他材料费占材料费	%	—	3.000	3.000	3.000	3.000
机械	电焊条烘干箱 60×50×75cm³	台班	26.46	0.429	0.429	0.477	0.572
	剪板机 20×2500mm	台班	333.30	0.449	0.449	0.542	0.720
	汽车式起重机 16t	台班	958.70	1.412	1.505	1.683	1.870
	载重汽车 5t	台班	430.70	1.271	1.356	1.515	1.683
	直流弧焊机 32kV·A	台班	87.75	4.291	4.291	4.768	5.722

8.螺旋式气柜型钢揾弯胎具制作

工作内容：调直、摆料、放样号料、切割、剪切、卷弧、钻孔、成型、组对、焊接、矫正。

计量单位：套

定 额 编 号				A3-5-62	A3-5-63	A3-5-64	A3-5-65
项 目 名 称				气柜容积(m³以内)			
				2500	5000	10000	20000
基 价（元）				4684.57	5698.40	6478.14	7298.52
其中	人 工 费（元）			1094.94	1186.08	1277.36	1307.74
	材 料 费（元）			1824.43	2524.83	2908.25	3412.29
	机 械 费（元）			1765.20	1987.49	2292.53	2578.49
名 称		单位	单价(元)	消 耗 量			
人工	综合工日	工日	140.00	7.821	8.472	9.124	9.341
材料	低碳钢焊条	kg	6.84	15.600	18.700	20.700	21.800
	工字钢 18号以外	kg	3.15	100.000	150.000	160.000	180.000
	尼龙砂轮片 φ150	片	3.32	2.100	2.300	2.500	2.600
	热轧厚钢板 δ8.0～20	kg	3.20	400.000	550.000	652.000	730.000
	无缝钢管 φ77～90×4.5～7	kg	4.44	—	—	—	35.000
	氧气	m³	3.63	8.802	11.704	11.704	13.602
	乙炔气	kg	10.45	2.934	3.901	3.901	4.534
	其他材料费占材料费	%	—	3.000	3.000	3.000	3.000
机械	电焊条烘干箱 60×50×75cm³	台班	26.46	0.242	0.290	0.339	0.339
	剪板机 20×2500mm	台班	333.30	0.486	0.580	0.673	0.776
	汽车式起重机 16t	台班	958.70	1.028	1.122	1.309	1.496
	载重汽车 5t	台班	430.70	0.926	1.060	1.178	1.346
	直流弧焊机 32kV·A	台班	87.75	2.421	2.898	3.384	3.384

工作内容：调直、摆料、放样号料、切割、剪切、卷弧、钻孔、成型、组对、焊接、矫正。

计量单位：套

定 额 编 号				A3-5-66	A3-5-67	A3-5-68
项 目 名 称				气柜容积(m³以内)		
				30000	50000	100000
基 价（元）				7686.13	8116.36	8731.28
其中	人 工 费（元）			1368.64	1429.40	1459.78
	材 料 费（元）			3595.87	3791.31	4074.69
	机 械 费（元）			2721.62	2895.65	3196.81
名 称		单位	单价（元）	消 耗 量		
人工	综合工日	工日	140.00	9.776	10.210	10.427
材料	低碳钢焊条	kg	6.84	22.800	23.800	24.800
	工字钢 18号以外	kg	3.15	190.000	200.000	217.000
	尼龙砂轮片 φ150	片	3.32	2.700	2.800	2.900
	热轧厚钢板 δ8.0～20	kg	3.20	770.000	810.000	870.000
	无缝钢管 φ77～90×4.5～7	kg	4.44	36.000	38.000	40.000
	氧气	m³	3.63	14.604	16.599	18.501
	乙炔气	kg	10.45	4.868	5.533	6.167
	其他材料费占材料费	%	—	3.000	3.000	3.000
机械	电焊条恒温箱	台班	21.41	—	0.368	0.387
	电焊条烘干箱 60×50×75cm³	台班	26.46	0.358	0.368	0.387
	剪板机 20×2500mm	台班	333.30	0.776	0.869	0.963
	汽车式起重机 16t	台班	958.70	1.589	1.683	1.870
	载重汽车 5t	台班	430.70	1.430	1.515	1.683
	直流弧焊机 32kV·A	台班	87.75	3.581	3.674	3.871

三、气柜充水、气密、快速升压试验

工作内容：临时管线、阀门、盲板安装与拆除、气柜内部清理、设备封口、装水、充气、检查调整导轮、配重块及快速升降试验。

计量单位：座

定　额　编　号				A3-5-69
项　目　名　称				直升式气柜容量(m³以内)
				1000
基　　　价（元）				7679.91
其中	人　工　费（元）			2017.82
	材　料　费（元）			4853.03
	机　械　费（元）			809.06
名　称		单位	单价(元)	消　耗　量
人工	综合工日	工日	140.00	14.413
材料	低碳钢焊条	kg	6.84	4.000
	法兰截止阀 J41H-16 DN50	个	98.47	0.050
	焊接钢管 DN50	m	13.35	10.000
	六角螺栓带螺母(综合)	kg	12.20	7.002
	盲板	kg	6.07	2.000
	平焊法兰 1.6MPa DN50	片	17.09	0.100
	石棉橡胶板	kg	9.40	2.181
	水	t	7.96	556.000
	橡胶板	kg	2.91	1.000
	压制弯头 90° R=1.5D DN50	个	9.38	0.100
	氧气	m³	3.63	6.004
	乙炔气	kg	10.45	2.001
	其他材料费占材料费	%	—	2.000
机械	电动单级离心清水泵 50mm	台班	27.04	1.870
	电动空气压缩机 9m³/min	台班	317.86	1.870
	直流弧焊机 32kV·A	台班	87.75	1.870

工作内容：临时管线、阀门、盲板安装与拆除、气柜内部清理、设备封口、装水、充气、检查调整导轮、
　　　　配重块及快速升降试验。　　　　　　　　　　　　　　　　　　　　计量单位：座

定　额　编　号				A3-5-70	A3-5-71	A3-5-72
项　目　名　称				螺旋式气柜容量(m³以内)		
				1000	2500	5000
基　　价（元）				14517.79	30054.88	36474.63
其中	人　工　费（元）			2398.06	3275.30	4064.90
	材　料　费（元）			11178.06	25075.51	30295.26
	机　械　费（元）			941.67	1704.07	2114.47
名　　称		单位	单价（元）	消　　耗　　量		
人工	综合工日	工日	140.00	17.129	23.395	29.035
材料	低碳钢焊条	kg	6.84	6.000	8.000	10.000
	法兰截止阀 J41H-16 DN100	个	396.01	—	0.050	0.050
	法兰截止阀 J41H-16 DN50	个	98.47	0.050	—	—
	焊接钢管 DN100	m	29.68	—	10.000	10.000
	焊接钢管 DN50	m	13.35	10.000	—	—
	六角螺栓带螺母(综合)	kg	12.20	8.631	11.380	15.734
	盲板	kg	6.07	3.300	5.800	14.500
	平焊法兰 1.6MPa DN100	片	30.77	—	0.100	0.100
	平焊法兰 1.6MPa DN50	片	17.09	0.100	—	—
	石棉橡胶板	kg	9.40	4.820	6.422	8.261
	水	t	7.96	1324.000	3000.000	3623.000
	橡胶板	kg	2.91	1.000	2.000	2.000
	压制弯头 90° R=1.5D DN100	个	38.48	—	0.100	0.100
	压制弯头 90° R=1.5D DN50	个	9.38	0.100	—	—
	氧气	m³	3.63	9.023	12.000	15.012
	乙炔气	kg	10.45	3.008	4.000	5.004
	其他材料费占材料费	%	—	2.000	2.000	2.000
机械	电动单级离心清水泵 100mm	台班	33.35	—	5.610	6.544
	电动单级离心清水泵 50mm	台班	27.04	3.740	—	—
	电动空气压缩机 9m³/min	台班	317.86	1.870	3.740	4.675
	直流弧焊机 32kV·A	台班	87.75	2.805	3.740	4.675

工作内容：临时管线、阀门、盲板安装与拆除、气柜内部清理、设备封口、装水、充气、检查调整导轮、
配重块及快速升降试验。   计量单位：座

定　额　编　号			A3-5-73	A3-5-74	A3-5-75
项　目　名　称			螺旋式气柜容量(m³以内)		
			10000	20000	30000
基　　　价（元）			46634.59	76075.31	105344.52
其中	人　工　费（元）		5322.38	5819.38	6199.62
	材　料　费（元）		38529.80	67058.49	95829.29
	机　械　费（元）		2782.41	3197.44	3315.61
名　　　称		单位	单价(元)	消　　耗　　量	
人工	综合工日	工日	140.00	38.017	41.567	44.283
材料	低碳钢焊条	kg	6.84	12.000	13.000	14.000
	法兰截止阀 J41H-16 DN100	个	396.01	0.050	0.050	0.050
	法兰截止阀 J41H-16 DN150	个	791.08	—	—	0.050
	焊接钢管 DN100	m	29.68	10.000	10.000	—
	焊接钢管 DN150	m	48.71	—	—	10.000
	六角螺栓带螺母(综合)	kg	12.20	19.703	20.541	21.382
	盲板	kg	6.07	14.500	19.500	24.500
	平焊法兰 1.6MPa DN100	片	30.77	0.100	0.100	—
	平焊法兰 1.6MPa DN150	片	56.39	—	—	0.100
	石棉橡胶板	kg	9.40	10.574	10.790	11.001
	水	t	7.96	4624.000	8130.000	11636.000
	橡胶板	kg	2.91	2.000	2.500	3.000
	压制弯头 90° R=1.5D DN100	个	38.48	0.100	0.100	—
	压制弯头 90° R=1.5D DN150	个	87.40	—	—	0.100
	氧气	m³	3.63	18.002	19.500	21.005
	乙炔气	kg	10.45	6.001	6.500	7.002
	其他材料费占材料费	%	—	2.000	2.000	2.000
机械	电动单级离心清水泵 100mm	台班	33.35	9.349	—	—
	电动单级离心清水泵 150mm	台班	55.06	—	10.752	12.154
	电动空气压缩机 40m³/min	台班	705.29	2.805	2.805	2.805
	鼓风机 8m³/min	台班	25.09	—	3.740	3.740
	直流弧焊机 32kV·A	台班	87.75	5.610	6.077	6.544

工作内容：临时管线、阀门、盲板安装与拆除、气柜内部清理、设备封口、装水、充气、检查调整导轮、
　　　　　配重块及快速升降试验。

计量单位：座

定 额 编 号				A3-5-76	A3-5-77
项 目 名 称				螺旋式气柜容量（㎥以内）	
				50000	100000
基 价（元）				136018.49	276471.54
其中	人 工 费（元）			7077.00	10761.66
	材 料 费（元）			125337.91	262182.67
	机 械 费（元）			3603.58	3527.21
名 称		单位	单价（元）	消 耗 量	
人工	综合工日	工日	140.00	50.550	76.869
材料	低碳钢焊条	kg	6.84	16.000	20.000
	法兰截止阀 J41H-16 DN100	个	396.01	0.050	—
	法兰截止阀 J41H-16 DN150	个	791.08	0.050	0.100
	焊接钢管 DN150	m	48.71	10.000	10.000
	六角螺栓带螺母(综合)	kg	12.20	22.493	26.350
	盲板	kg	6.07	24.500	42.300
	平焊法兰 1.6MPa DN150	片	56.39	0.100	0.100
	石棉橡胶板	kg	9.40	12.122	14.100
	水	t	7.96	15263.000	32084.000
	橡胶板	kg	2.91	3.000	4.000
	压制弯头 90° R=1.5D DN150	个	87.40	0.100	0.100
	氧气	㎥	3.63	24.003	30.000
	乙炔气	kg	10.45	8.001	10.000
	其他材料费占材料费	%	—	2.000	2.000
机械	电动单级离心清水泵 100mm	台班	33.35	—	37.397
	电动单级离心清水泵 150mm	台班	55.06	15.894	—
	电动空气压缩机 40㎥/min	台班	705.29	2.805	1.870
	鼓风机 8㎥/min	台班	25.09	3.740	5.610
	直流弧焊机 32kV·A	台班	87.75	7.479	9.349

工作内容：临时管线、阀门、盲板安装与拆除、气柜内部清理、设备封口、装水、充气、检查调整导轮、
配重块及快速升降试验。 计量单位：座

定　额　编　号			A3-5-78	A3-5-79	A3-5-80
项　目　名　称			干式气柜容量（m³以内）		
			20000	30000	50000
基　　　　价（元）			10090.48	11209.77	13166.44
其中	人　工　费（元）		5581.66	6268.92	7256.48
	材　料　费（元）		1222.66	1278.39	1335.02
	机　械　费（元）		3286.16	3662.46	4574.94
名　　　　称		单位	单价（元）	消　　耗　　量	
人工	综合工日	工日	140.00	39.869	44.778	51.832
材料	低碳钢焊条	kg	6.84	7.150	7.350	8.520
	法兰截止阀 J41H-16 DN100	个	396.01	0.050	—	—
	法兰截止阀 J41H-16 DN150	个	791.08	—	0.050	0.050
	焊接钢管 DN150	m	48.71	10.000	10.000	10.000
	六角螺栓带螺母(综合)	kg	12.20	22.594	22.449	23.952
	盲板	kg	6.07	21.450	25.725	26.093
	平焊法兰 1.6MPa DN100	片	30.77	0.100	—	—
	平焊法兰 1.6MPa DN150	片	56.39	—	0.100	0.100
	石棉橡胶板	kg	9.40	11.869	11.550	12.908
	橡胶板	kg	2.91	2.750	3.150	3.195
	压制弯头 90° R=1.5D DN100	个	38.48	0.100	—	—
	压制弯头 90° R=1.5D DN150	个	87.40	—	0.100	0.100
	氧气	m³	3.63	10.725	11.030	12.780
	乙炔气	kg	10.45	3.575	3.675	4.260
	其他材料费占材料费	%	—	5.000	5.000	5.000
机械	电动单级离心清水泵 150mm	台班	55.06	12.864	13.369	17.483
	电动空气压缩机 40m³/min	台班	705.29	3.272	3.740	4.675
	鼓风机 8m³/min	台班	25.09	3.908	4.114	4.114
	硅整流弧焊机 20kV·A	台班	56.65	3.038	3.272	3.740

228

第六章 工艺金属结构制作安装

说　　明

一、本章内容包括金属结构、烟囱、烟道、料斗、料仓、火炬及排气筒的制作安装，钢板组合工字钢与型钢圈的制作。

二、本章不包括以下工作内容：

1. 除锈、刷油、防腐衬里和防火层。

2. 无损探伤检测。

3. 焊缝的预热与后热。

4. 不锈钢料斗、料仓的酸洗、钝化、脱脂、气密性试验及内壁抛光。

5. 烟囱、火炬等的防雷接地。

6. 烟囱揽风绳地锚的埋设。

7. 火炬点火装置、自控装置的安装。

8. 高强螺栓副扭矩系数试验、连接件的摩擦系数试验。

9. 建筑基础地脚螺栓与安装物底座预留孔不匹配所发生的费用。

10. 150t 以上（含150t）大型吊装机械使用费用、停滞费用和进退场费用。

11. 二次灌浆。

12. 现场组装平台的铺设与拆除、吊耳、胎具、加固件制作安装。

13. 胎具和加固件制作安装及运输。

三、关于下列各项内容的规定：

1. 角钢撇八字按角钢圈揻制，定额乘以系数1.1。

2. 操作高度增加费：

（1）金属结构构件安装高度超过40m时，超过部分工程量按定额人工乘以系数1.1，实际使用的大型吊装机械另计，原吊装机械不作调整。

（2）平台、梯子、栏杆安装高度超过40m时，超过部分工程量按定额人工、机械乘以系数1.1。

3. 火炬、排气筒的筒体制作组对是按钢板卷管计算的，如采用无缝钢管时，按相应定额乘以系数0.6。

四、有关说明：

1. 本章定额是综合取定，除另有规定外，不得因施工方法不同而进行调整。

2. 金属结构的格栅板安装，是按比例综合取定其螺栓连接和焊接的工程量，执行定额时不得调整。

3.花纹板平台制作安装项目按原材料供货考虑，格栅板平台安装项目按成品供货考虑。

4.高强螺栓连接钢结构安装项目中已包括连接螺栓安装，但不包括连接螺栓的用量，螺栓按主材另计（螺栓损耗率按3％计算）。

5.设备支架、零星小型金属制作安装，属于不锈钢材质应套用相对应的碳钢项目，人工乘以系数1.15，焊材按实际材料价格调整。

6.大型金属构件吊装需要的临时加固件，可根据批准的施工方案计算加固件工程量，执行"设备整体安装加固件"的定额项目。

7.本章适用于与安装工程有关的工艺金属结构制作安装工程。工业厂房的主体钢结构执行本章设备框架制作安装相关项目。

8.工艺金属结构制作安装中制作和安装的人工、材料、机械比例见下表：

序号	项 目 名 称	制作（%）			安装（%）		
		人工	材料	机械	人工	材料	机械
1	设备框架制作安装	72.00	70.64	46.70	28.00	29.36	53.30
2	管廊制作安装	72.00	55.39	66.50	28.00	44.61	33.50
3	桁架制作安装	72.00	75.38	64.00	28.00	24.62	36.00
4	单梁结构制作安装	40.00	75.34	51.50	60.00	24.66	48.50
5	设备支架制作安装	72.00	76.65	68.70	28.00	23.35	31.30
6	平台制作安装	66.50	62.52	71.20	33.50	37.48	28.80
7	梯子、栏杆、扶手制作安装	71.32	74.00	71.20	28.68	26.00	28.80
8	联合平台制作安装	72.30	69.50	36.63	27..70	30.50	73.37

9.烟囱、火炬、排气筒吊装是按整体吊装就位取定的。如实际工程中采用其他方法施工时，应另行计算。

10.火炬头安装是按火炬整体吊装前在地面安装考虑的，若采用高空安装按实另行计算。

11.型钢搣制胎具，如一个工地同时搣制同样的材料、规格、直径型钢圈时，不论搣制批量多少，只能计算一次胎具制作，胎具用料已将回收值从定额内扣除。

12.不锈钢材质的料斗、料仓制作安装，实际采用的焊接材料与定额不同时，可按实换算焊接材料单价。

工程量计算规则

一、金属结构制作安装，按施工图纸所示尺寸计算，不扣除孔眼和切角所占重量，以"t"为计量单位，零星小型金属结构件制作安装以"100kg"为计量单位。

二、多角形连接筋板重量以图示最长边和最宽边尺寸，按矩形面积计算重量。

三、金属结构制作安装定额内已考虑安装时焊接或螺栓连接的重量，不得另行计算。

四、大型金属结构采用整体或分片、分段安装，需要临时加固时可根据批准的施工方案计算加固件的工程量，执行"设备整体安装加固件"定额。

五、联合平台界定为两台及以上设备的平台互相连接组成便于操作检修使用的平台。计算其工程量时应包括联合平台上的梯子、栏杆、扶手等整体重量。单台设备上不同空间的几个平台均不应按联合平台计算。

六、格栅板平台安装，按安装形式以"t"为计量单位。

七、金属结构构件在基础上安装，需要二次灌浆时，执行相应定额项目。

八、料斗、料仓预制安装，按经过批准的实际下料配板图所示几何尺寸，以"t"为计量单位；不扣除人孔、检查孔、清扫孔等所占面积重量。

九、烟囱、烟道制作安装，按经过批准的实际下料配板图所示几何尺寸，以"t"为计量单位；不扣除人孔、检查孔、清扫孔等所占面积重量。其重量包括筒体、弯头、异径过渡段、加强圈、人孔、检查孔、清扫孔等全部金属重量。

十、火炬、排气筒筒体现场制作组对，根据不同筒体直径，按施工图纸所示几何尺寸，以"t"为计量单位，其重量包括火炬或排气筒筒体、引火管等的重量（不扣除孔眼所占面积的重量）。

十一、火炬、排气筒型钢或钢管式塔架现场制作组装，根据塔架形式、重量，按所示几何尺寸以"t"为计量单位；其重量包括塔架本体（主体、腹杆、松杆节、筋板）、底部铰腕、管架等金属件的重量，不扣除孔洞和切角所占的重量。塔架上的平台、梯子、栏杆应按相应定额另行计算。

十二、火炬、排气筒整体吊装，按高度以"座"为计量单位。火炬、排气筒整体吊装包括：火炬或排气筒筒体、引火管、塔架（塔架式火炬、排气筒）、风缆绳（拉绳式火炬、排气筒）、平台、梯子、栏杆、火炬头、分子密封器、工艺配管、电气、仪表、点火装置、避雷装置、临时加固支撑等构件。

十三、火炬头安装，按火炬头直径以"套"为计量单位；计量单位"套"中包括火炬头、分子密封器。

十四、型钢圈械制按型钢规格和型钢圈直径，以"t"为计量单位。

十五、型钢圈械制胎具，根据胎具规格，以"个"为计量单位。

十六、钢板组合工字钢（H 型钢）制作，按所示几何尺寸，以"t"为计量单位，不扣除孔眼和切角面积所占的重量。

一、金属结构制作安装

1.桁架、管廊、设备框架、单梁结构制作安装

工作内容：放样、号料、切割、剪切、调直、坡口、修口、组对、焊接、吊装就位、找正、垫铁点固、紧固螺栓。

计量单位：t

定 额 编 号			A3-6-1	A3-6-2	A3-6-3	A3-6-4
项 目 名 称			桁架制作安装			
			每组重量(t以内)			
			2t以内	2～5t	5～10t	10t以上
基 价（元）			2367.22	2156.51	2045.06	2087.91
其中	人 工 费（元）		975.94	854.00	813.12	767.20
	材 料 费（元）		257.80	220.88	199.50	190.07
	机 械 费（元）		1133.48	1081.63	1032.44	1130.64
名 称	单位	单价（元）	消 耗 量			
人工	综合工日	工日	140.00	6.971	6.100	5.808	5.480
材料	主材	t	—	(1.060)	(1.060)	(1.060)	(1.060)
	低碳钢焊条	kg	6.84	24.440	21.411	20.368	19.413
	六角螺栓带螺母 M12	kg	5.55	1.125	1.125	1.125	1.107
	木方	m³	1675.21	0.002	0.002	0.002	0.002
	尼龙砂轮片 φ100	片	2.05	1.611	1.530	1.467	1.386
	氧气	m³	3.63	9.535	7.479	5.611	5.292
	乙炔气	kg	10.45	3.178	2.493	1.870	1.764
	其他材料费占材料费	%	—	4.000	4.000	4.000	4.000
机械	电焊条恒温箱	台班	21.41	0.379	0.332	0.316	0.314
	电焊条烘干箱 60×50×75cm³	台班	26.46	0.379	0.332	0.316	0.314
	剪板机 20×2500mm	台班	333.30	0.184	0.159	0.151	0.142
	立式钻床 25mm	台班	6.58	0.226	0.209	0.184	0.167
	平板拖车组 30t	台班	1243.07	—	—	—	0.109
	汽车式起重机 16t	台班	958.70	0.711	0.711	0.678	0.644
	载重汽车 10t	台班	547.99	0.017	0.017	0.017	0.017
	载重汽车 8t	台班	501.85	0.059	0.059	0.059	0.059
	直流弧焊机 32kV•A	台班	87.75	3.783	3.314	3.155	3.138

工作内容：放样、号料、切割、剪切、调直、坡口、修口、组对、焊接、吊装就位、找正、垫铁点固、紧固螺栓。

计量单位：t

定 额 编 号			A3-6-5	A3-6-6	A3-6-7	A3-6-8
项 目 名 称			管廊制作安装			
			高度(m以内)			
			3m以内	3～5m	5～10m	10m以上
基 价（元）			2109.98	2163.64	2232.85	2302.09
其中	人 工 费（元）		758.80	796.88	844.62	892.50
	材 料 费（元）		297.40	311.75	328.98	343.09
	机 械 费（元）		1053.78	1055.01	1059.25	1066.50
名 称	单位	单价（元）	消 耗 量			
人工	综合工日	工日	140.00	5.420	5.692	6.033	6.375
材料	主材	t	—	(1.060)	(1.060)	(1.060)	(1.060)
	低碳钢焊条	kg	6.84	23.825	25.028	26.552	28.031
	钢板垫板	kg	5.13	11.700	12.150	12.600	12.600
	六角螺栓带螺母 M12	kg	5.55	1.035	1.107	1.170	1.170
	木方	m³	1675.21	0.001	0.001	0.001	0.001
	尼龙砂轮片 φ100	片	2.05	1.422	1.503	1.593	1.674
	氧气	m³	3.63	7.401	7.780	8.243	8.705
	乙炔气	kg	10.45	2.467	2.593	2.748	2.902
	其他材料费占材料费	%	—	4.000	4.000	4.000	4.000
机械	电焊条恒温箱	台班	21.41	0.355	0.373	0.395	0.418
	电焊条烘干箱 60×50×75cm³	台班	26.46	0.355	0.373	0.395	0.418
	剪板机 20×2500mm	台班	333.30	0.059	0.059	0.059	0.067
	立式钻床 25mm	台班	6.58	0.126	0.092	0.092	0.100
	立式钻床 50mm	台班	19.84	—	0.042	0.042	0.050
	汽车式起重机 16t	台班	958.70	0.695	0.678	0.661	0.644
	载重汽车 10t	台班	547.99	0.017	0.017	0.017	0.017
	载重汽车 8t	台班	501.85	0.059	0.059	0.059	0.059
	直流弧焊机 32kV·A	台班	87.75	3.545	3.728	3.950	4.173

工作内容：放样、号料、切割、剪切、调直、坡口、修口、组对、焊接、吊装就位、找正、垫铁点固、紧
固螺栓。

计量单位：t

定 额 编 号			A3-6-9	A3-6-10	A3-6-11
项 目 名 称			设备框架制作安装		
			跨度(m以内)		
			10m以内	10~20m	20m以上
基 价 （元）			2502.96	2460.51	2471.22
其中	人 工 费 （元）		818.72	909.30	1009.26
	材 料 费 （元）		318.40	336.09	357.14
	机 械 费 （元）		1365.84	1215.12	1104.82
名 称	单位	单价(元)	消 耗 量		
人工	综合工日	工日	140.00	5.848	6.495	7.209

	名 称	单位	单价(元)			
材料	主材	t	—	(1.060)	(1.060)	(1.060)
	低碳钢焊条	kg	6.84	23.344	24.948	26.730
	钢板垫板	kg	5.13	4.950	4.500	4.050
	六角螺栓带螺母 M12	kg	5.55	0.225	0.270	0.450
	木方	m³	1675.21	0.004	0.004	0.004
	尼龙砂轮片 φ100	片	2.05	1.935	2.259	2.421
	氧气	m³	3.63	15.347	16.392	17.661
	乙炔气	kg	10.45	5.116	5.464	5.887
	其他材料费占材料费	%	—	4.000	4.000	4.000
机械	电焊条恒温箱	台班	21.41	0.319	0.340	0.365
	电焊条烘干箱 60×50×75cm³	台班	26.46	0.354	0.379	0.405
	剪板机 20×2500mm	台班	333.30	0.126	0.109	0.092
	立式钻床 25mm	台班	6.58	0.100	0.100	0.100
	平板拖车组 30t	台班	1243.07	0.117	0.109	0.100
	汽车式起重机 16t	台班	958.70	0.720	0.544	0.410
	汽车式起重机 40t	台班	1526.12	0.100	0.109	0.117
	载重汽车 10t	台班	547.99	0.017	0.017	0.017
	载重汽车 8t	台班	501.85	0.059	0.059	0.059
	直流弧焊机 32kV·A	台班	87.75	3.188	3.402	3.648

工作内容：放样、号料、切割、剪切、调直、坡口、修口、组对、焊接、吊装就位、找正、垫铁点固、紧固螺栓。

计量单位：t

定 额 编 号	A3-6-12
项 目 名 称	单梁结构
基 价（元）	2035.27

其中	人 工 费（元）	782.74
	材 料 费（元）	197.32
	机 械 费（元）	1055.21

	名 称	单位	单价（元）	消 耗 量
人工	综合工日	工日	140.00	5.591
材料	主材	t	—	(1.060)
	低碳钢焊条	kg	6.84	17.820
	木方	m³	1675.21	0.004
	尼龙砂轮片 φ100	片	2.05	1.719
	氧气	m³	3.63	8.100
	乙炔气	kg	10.45	2.700
	其他材料费占材料费	%	—	4.000
机械	电焊条恒温箱	台班	21.41	0.231
	电焊条烘干箱 60×50×75cm³	台班	26.46	0.257
	剪板机 20×2500mm	台班	333.30	0.109
	立式钻床 25mm	台班	6.58	0.142
	平板拖车组 15t	台班	981.46	0.167
	汽车式起重机 16t	台班	958.70	0.627
	载重汽车 10t	台班	547.99	0.017
	载重汽车 8t	台班	501.85	0.059
	直流弧焊机 32kV·A	台班	87.75	2.305

2.高强度螺栓连接管廊钢结构制作、安装

工作内容：施工准备、放样下料、调直、组对焊接、吊装就位、安装找正、紧固螺栓、配合检查验收。

计量单位：t

定 额 编 号			A3-6-13	A3-6-14
项 目 名 称			制作	安装
基 价 （元）			1457.71	847.14
其中	人 工 费 （元）		753.20	446.04
	材 料 费 （元）		185.25	99.47
	机 械 费 （元）		519.26	301.63
名 称	单位	单价(元)	消 耗 量	
人工 综合工日	工日	140.00	5.380	3.186
材料 主材	t	—	(1.060)	—
低碳钢焊条	kg	6.84	8.432	—
钢板垫板	kg	5.13	—	14.700
木方	m³	1675.21	0.020	0.011
尼龙砂轮片 φ100	片	2.05	2.554	—
尼龙砂轮片 φ500×25×4	片	12.82	2.356	—
氧气	m³	3.63	6.772	—
乙炔气	kg	10.45	2.255	—
其他材料费占材料费	%	—	6.000	6.000
机械 电焊条恒温箱	台班	21.41	0.109	—
电焊条烘干箱 60×50×75cm³	台班	26.46	0.109	—
硅整流弧焊机 20kV·A	台班	56.65	1.086	—
剪板机 20×2500mm	台班	333.30	0.129	—
立式钻床 25mm	台班	6.58	0.078	—
汽车式起重机 16t	台班	958.70	0.092	—
汽车式起重机 25t	台班	1084.16	—	0.231
桥式起重机 5t	台班	255.85	0.580	—
型钢矫正机 60×800mm	台班	260.94	0.184	—
摇臂钻床 63mm	台班	41.15	0.206	—
载重汽车 8t	台班	501.85	0.231	0.102

3.高强度螺栓连接设备框架结构安装

工作内容：施工准备、吊装组对、焊接、吊装就位、安装找正、紧固螺栓、配合检查验收。 计量单位：t

定 额 编 号				A3-6-15	A3-6-16	A3-6-17	A3-6-18
项 目 名 称				高度(m以内)			
				3	8	15	40
基 价（元）				935.80	820.20	778.90	989.08
其中	人 工 费（元）			457.80	398.16	362.18	321.86
	材 料 费（元）			59.98	58.81	57.65	55.91
	机 械 费（元）			418.02	363.23	359.07	611.31
名 称		单位	单价（元）	消 耗 量			
人工	综合工日	工日	140.00	3.270	2.844	2.587	2.299
材料	主材	t	—	(1.060)	(1.060)	(1.060)	(1.060)
	钢板垫板	kg	5.13	7.560	7.350	7.140	6.825
	木方	m³	1675.21	0.010	0.010	0.010	0.010
	其他材料费占材料费	%	—	8.000	8.000	8.000	8.000
机械	汽车式起重机 16t	台班	958.70	0.352	0.312	0.098	0.095
	汽车式起重机 25t	台班	1084.16	—	—	0.195	—
	汽车式起重机 50t	台班	2464.07	—	—	—	0.190
	载重汽车 10t	台班	547.99	0.147	0.117	0.098	0.095

4. 联合平台制作安装

工作内容：放样、号料、切割、剪切、调直、型钢捆制、坡口、修口、组对、焊接、吊装就位、找正、焊接、垫铁点固、紧固螺栓。

计量单位：t

定 额 编 号			A3-6-19	A3-6-20	A3-6-21
项 目 名 称			花纹板式平台		
			每组重量(t以内)		
			10	10～20	20～40
基 价（元）			3114.27	3250.08	3712.10
其中	人 工 费（元）		1064.98	1012.20	1001.00
	材 料 费（元）		377.25	345.46	315.67
	机 械 费（元）		1672.04	1892.42	2395.43
名 称	单位	单价（元）	消 耗 量		
人工 综合工日	工日	140.00	7.607	7.230	7.150
材料 主材	t	—	(1.060)	(1.060)	(1.060)
道木	m³	2137.00	0.007	0.007	0.006
低碳钢焊条	kg	6.84	22.290	21.537	21.161
钢板垫板	kg	5.13	12.350	8.360	4.750
六角螺栓带螺母 M12	kg	5.55	0.475	0.475	0.475
木方	m³	1675.21	0.003	0.003	0.002
尼龙砂轮片 φ100	片	2.05	1.425	1.378	1.349
氧气	m³	3.63	17.063	16.381	15.863
乙炔气	kg	10.45	5.688	5.461	5.288
其他材料费占材料费	%	—	4.000	4.000	4.000
机械 电焊条恒温箱	台班	21.41	0.362	0.351	0.340
电焊条烘干箱 60×50×75cm³	台班	26.46	0.362	0.351	0.340
剪板机 20×2500mm	台班	333.30	0.230	0.177	0.168
立式钻床 25mm	台班	6.58	0.018	0.018	0.018
平板拖车组 30t	台班	1243.07	—	0.115	0.115
汽车式起重机 16t	台班	958.70	0.804	0.777	0.760
汽车式起重机 30t	台班	1127.57	0.398	—	—
汽车式起重机 40t	台班	1526.12	—	0.380	—
汽车式起重机 75t	台班	3151.07	—	—	0.353
载重汽车 10t	台班	547.99	0.018	0.018	0.018
载重汽车 8t	台班	501.85	0.062	0.062	0.062
直流弧焊机 32kV·A	台班	87.75	3.617	3.507	3.398

241

工作内容：放样、号料、切割、剪切、调直、型钢揽制、坡口、修口、组对、焊接、吊装就位、找正、焊接、垫铁点固、紧固螺栓。

计量单位：t

定 额 编 号				A3-6-22	A3-6-23	A3-6-24
项 目 名 称				花纹板式平台		
				每组重量(t以内)		
				40~60	60~80	80t以上
基 价 （元）				4019.25	3779.26	3580.62
其中	人 工 费 （元）			936.88	905.66	841.26
	材 料 费 （元）			302.03	283.64	273.53
	机 械 费 （元）			2780.34	2589.96	2465.83
名 称		单位	单价（元）	消 耗 量		
人工	综合工日	工日	140.00	6.692	6.469	6.009
材料	主材	t	—	(1.060)	(1.060)	(1.060)
	道木	m³	2137.00	0.006	0.003	0.003
	低碳钢焊条	kg	6.84	20.503	19.647	19.299
	钢板垫板	kg	5.13	4.275	4.275	4.275
	六角螺栓带螺母 M12	kg	5.55	0.475	0.475	0.475
	木方	m³	1675.21	0.002	0.001	0.001
	尼龙砂轮片 φ100	片	2.05	1.264	1.216	1.197
	氧气	m³	3.63	15.020	14.507	13.481
	乙炔气	kg	10.45	5.007	4.836	4.494
	其他材料费占材料费	%	—	4.000	4.000	4.000
机械	电焊条恒温箱	台班	21.41	0.333	0.318	0.314
	电焊条烘干箱 60×50×75cm³	台班	26.46	0.333	0.318	0.314
	剪板机 20×2500mm	台班	333.30	0.115	0.115	0.115
	立式钻床 25mm	台班	6.58	0.009	0.009	0.009
	平板拖车组 30t	台班	1243.07	0.115	0.115	0.115
	汽车式起重机 100t	台班	4651.90	0.327	0.300	0.274
	汽车式起重机 16t	台班	958.70	0.760	0.707	0.707
	载重汽车 10t	台班	547.99	0.018	0.018	0.018
	载重汽车 8t	台班	501.85	0.062	0.062	0.062
	直流弧焊机 32kV·A	台班	87.75	3.331	3.180	3.146

工作内容：放样、号料、切割、剪切、调直、型钢揾制、坡口、修口、组对、焊接、吊装就位、找正、焊
接、垫铁点固、紧固螺栓。

计量单位：t

定 额 编 号				A3-6-25	A3-6-26	A3-6-27
项 目 名 称				格栅板式平台		
				每组重量(t以内)		
				10	10～20	20～40
基 价（元）				3393.54	3526.70	3965.91
其中	人 工 费（元）			1214.22	1153.46	1129.38
	材 料 费（元）			455.52	420.21	382.57
	机 械 费（元）			1723.80	1953.03	2453.96
名 称		单位	单价（元）	消 耗 量		
人工	综合工日	工日	140.00	8.673	8.239	8.067
材料	主材	t	—	(1.060)	(1.060)	(1.060)
	道木	m³	2137.00	0.007	0.007	0.006
	低碳钢焊条	kg	6.84	25.412	24.651	24.143
	钢板垫板	kg	5.13	12.350	8.360	4.750
	六角螺栓带螺母 M12	kg	5.55	7.600	7.125	5.700
	木方	m³	1675.21	0.002	0.002	0.002
	尼龙砂轮片 φ100	片	2.05	1.568	1.520	1.473
	氧气	m³	3.63	19.277	18.497	17.927
	乙炔气	kg	10.45	6.426	6.166	5.976
	其他材料费占材料费	%	—	4.000	4.000	4.000
机械	电焊条恒温箱	台班	21.41	0.401	0.389	0.381
	电焊条烘干箱 60×50×75cm³	台班	26.46	0.401	0.389	0.381
	剪板机 20×2500mm	台班	333.30	0.194	0.177	0.168
	立式钻床 25mm	台班	6.58	1.599	1.501	1.202
	立式钻床 50mm	台班	19.84	0.857	0.804	0.645
	平板拖车组 30t	台班	1243.07	—	0.115	0.115
	汽车式起重机 16t	台班	958.70	0.804	0.777	0.760
	汽车式起重机 30t	台班	1127.57	0.398		
	汽车式起重机 40t	台班	1526.12		0.380	
	汽车式起重机 75t	台班	3151.07	—	—	0.353
	载重汽车 10t	台班	547.99	0.018	0.018	0.018
	载重汽车 8t	台班	501.85	0.062	0.062	0.062
	直流弧焊机 32kV·A	台班	87.75	4.010	3.884	3.808

工作内容：放样、号料、切割、剪切、调直、型钢捆制、坡口、修口、组对、焊接、吊装就位、找正、焊接、垫铁点固、紧固螺栓。

计量单位：t

定 额 编 号			A3-6-28	A3-6-29	A3-6-30
项 目 名 称			格栅板式平台		
			每组重量(t以内)		
			40～60	60～80	80t以上
基 价（元）			4270.56	4017.50	3782.39
其中	人 工 费（元）		1068.62	1031.94	946.96
	材 料 费（元）		360.11	339.00	324.08
	机 械 费（元）		2841.83	2646.56	2511.35
名 称	单位	单价(元)	消 耗 量		
人工 综合工日	工日	140.00	7.633	7.371	6.764
材料	主材	t	—	(1.060)	(1.060)	(1.060)
	道木	m³	2137.00	0.006	0.003	0.003
	低碳钢焊条	kg	6.84	23.381	22.365	21.857
	钢板垫板	kg	5.13	4.275	4.275	4.275
	六角螺栓带螺母 M12	kg	5.55	4.750	4.275	3.800
	木方	m³	1675.21	0.001	0.001	0.001
	尼龙砂轮片 Φ100	片	2.05	1.387	1.330	1.311
	氧气	m³	3.63	16.969	16.379	15.228
	乙炔气	kg	10.45	5.656	5.460	5.076
	其他材料费占材料费	%	—	4.000	4.000	4.000
机械	电焊条恒温箱	台班	21.41	0.369	0.353	0.345
	电焊条烘干箱 60×50×75cm³	台班	26.46	0.369	0.353	0.345
	剪板机 20×2500mm	台班	333.30	0.159	0.151	0.141
	立式钻床 25mm	台班	6.58	0.795	0.707	0.530
	立式钻床 50mm	台班	19.84	0.416	0.371	0.274
	平板拖车组 30t	台班	1243.07	0.115	0.115	0.115
	汽车式起重机 100t	台班	4651.90	0.327	0.300	0.274
	汽车式起重机 16t	台班	958.70	0.760	0.707	0.707
	载重汽车 10t	台班	547.99	0.018	0.018	0.018
	载重汽车 8t	台班	501.85	0.062	0.062	0.062
	直流弧焊机 32kV·A	台班	87.75	3.692	3.533	3.448

5. 平台制作安装

工作内容：放样、号料、切割、剪切、调直、型钢揾制、坡口、修口、组对、焊接、吊装就位、找正、焊接、紧固螺栓。

计量单位：t

定　额　编　号				A3-6-31	A3-6-32	A3-6-33
项　目　名　称				花纹板式平台制作安装		
				扇形		
				0.5t以内	0.5～1t	1t以上
基　　　价（元）				2093.52	1888.88	1633.77
其中	人　工　费（元）			1091.58	916.86	829.64
	材　料　费（元）			217.80	196.60	175.11
	机　械　费（元）			784.14	775.42	629.02
名　　称		单位	单价（元）	消　　耗　　量		
人工	综合工日	工日	140.00	7.797	6.549	5.926
材料	主材	t	—	(1.080)	(1.080)	(1.080)
	低碳钢焊条	kg	6.84	19.224	17.108	14.992
	木方	m³	1675.21	0.002	0.002	0.002
	尼龙砂轮片 φ100	片	2.05	1.292	1.188	1.007
	氧气	m³	3.63	10.112	9.301	8.493
	乙炔气	kg	10.45	3.371	3.107	2.831
	其他材料费占材料费	%	—	4.000	4.000	4.000
机械	电焊条恒温箱	台班	21.41	0.304	0.271	0.237
	电焊条烘干箱 60×50×75cm³	台班	26.46	0.304	0.271	0.237
	剪板机 20×2500mm	台班	333.30	0.141	0.133	0.115
	汽车式起重机 16t	台班	958.70	0.433	0.459	0.345
	载重汽车 10t	台班	547.99	0.018	0.018	0.018
	载重汽车 8t	台班	501.85	0.062	0.062	0.062
	直流弧焊机 32kV·A	台班	87.75	3.037	2.702	2.366

工作内容：放样、号料、切割、剪切、调直、型钢捆制、坡口、修口、组对、焊接、吊装就位、找正、焊接、紧固螺栓。

计量单位：t

定 额 编 号			A3-6-34	A3-6-35	A3-6-36
项 目 名 称			花纹板式平台制作安装		
			矩形		
			0.5t以内	0.5～1t	1t以上
基 价 （元）			1787.09	1747.07	1444.30
其中	人 工 费 （元）		796.88	783.44	653.10
	材 料 费 （元）		180.34	160.52	139.45
	机 械 费 （元）		809.87	803.11	651.75
名 称		单位	单价(元)	消 耗 量	
人工	综合工日	工日	140.00	5.692	5.596	4.665
材料	主材	t	—	(1.060)	(1.060)	(1.060)
	低碳钢焊条	kg	6.84	17.964	16.017	13.929
	木方	m³	1675.21	0.003	0.003	0.003
	尼龙砂轮片 φ100	片	2.05	0.798	0.703	0.618
	氧气	m³	3.63	6.167	5.387	4.571
	乙炔气	kg	10.45	2.056	1.796	1.524
	其他材料费占材料费	%	—	4.000	4.000	4.000
机械	电焊条恒温箱	台班	21.41	0.284	0.253	0.219
	电焊条烘干箱 60×50×75cm³	台班	26.46	0.284	0.253	0.219
	剪板机 20×2500mm	台班	333.30	0.274	0.265	0.230
	汽车式起重机 16t	台班	958.70	0.433	0.459	0.345
	载重汽车 10t	台班	547.99	0.018	0.018	0.018
	载重汽车 8t	台班	501.85	0.062	0.062	0.062
	直流弧焊机 32kV·A	台班	87.75	2.836	2.526	2.198

工作内容：放样、号料、切割、剪切、调直、型钢揎制、坡口、修口、组对、焊接、吊装就位、找正、焊接、紧固螺栓。

计量单位：t

定 额 编 号			A3-6-37	A3-6-38	A3-6-39
项 目 名 称			格栅板平台制作安装		
			扇形		
			0.5t以内	0.5～1t	1t以上
基 价（元）			2700.87	2503.60	2157.82
其中	人 工 费（元）		1241.80	1092.98	931.42
	材 料 费（元）		311.66	281.30	249.60
	机 械 费（元）		1147.41	1129.32	976.80
名 称	单位	单价（元）	消 耗 量		
人工 综合工日	工日	140.00	8.870	7.807	6.653
材料 主材	t	—	(1.080)	(1.080)	(1.080)
低碳钢焊条	kg	6.84	24.058	21.650	19.008
六角螺栓带螺母 M12	kg	5.55	10.450	9.120	8.256
木方	m³	1675.21	0.001	0.001	0.001
尼龙砂轮片 φ100	片	2.05	1.359	1.226	1.083
氧气	m³	3.63	10.214	9.502	8.473
乙炔气	kg	10.45	3.405	3.167	2.824
其他材料费占材料费	%	—	4.000	4.000	4.000
机械 电焊条恒温箱	台班	21.41	0.390	0.351	0.308
电焊条烘干箱 60×50×75cm³	台班	26.46	0.390	0.351	0.308
剪板机 20×2500mm	台班	333.30	0.124	0.106	0.098
立式钻床 25mm	台班	6.58	0.610	0.548	0.486
立式钻床 50mm	台班	19.84	0.336	0.292	0.265
汽车式起重机 16t	台班	958.70	0.433	0.459	0.345
载重汽车 10t	台班	547.99	0.018	0.018	0.018
载重汽车 8t	台班	501.85	0.618	0.618	0.618
直流弧焊机 32kV·A	台班	87.75	3.893	3.507	3.079

工作内容：放样、号料、切割、剪切、调直、型钢揻制、坡口、修口、组对、焊接、吊装就位、找正、焊接、紧固螺栓。

计量单位：t

定 额 编 号			A3-6-40	A3-6-41	A3-6-42
项 目 名 称			格栅板平台制作安装		
			矩形		
			0.5t以内	0.5～1t	1t以上
基 价（元）			2405.67	2223.60	1906.38
其中	人 工 费（元）		1020.18	886.06	744.66
	材 料 费（元）		263.09	232.60	205.75
	机 械 费（元）		1122.40	1104.94	955.97
名 称	单位	单价（元）	消 耗 量		
人工	综合工日	工日	140.00	7.287	6.329	5.319
材料	主材	t	—	(1.060)	(1.060)	(1.060)
	低碳钢焊条	kg	6.84	20.164	18.095	15.876
	六角螺栓带螺母 M12	kg	5.55	10.450	9.120	8.256
	木方	m³	1675.21	0.001	0.001	0.001
	尼龙砂轮片 φ100	片	2.05	1.074	0.960	0.846
	氧气	m³	3.63	7.476	6.413	5.626
	乙炔气	kg	10.45	2.492	2.138	1.875
	其他材料费占材料费	%	—	4.000	4.000	4.000
机械	电焊条恒温箱	台班	21.41	0.318	0.286	0.251
	电焊条烘干箱 60×50×75cm³	台班	26.46	0.318	0.286	0.251
	剪板机 20×2500mm	台班	333.30	0.247	0.212	0.194
	立式钻床 25mm	台班	6.58	0.610	0.548	0.486
	立式钻床 50mm	台班	19.84	0.336	0.292	0.265
	汽车式起重机 16t	台班	958.70	0.433	0.459	0.345
	载重汽车 10t	台班	547.99	0.018	0.018	0.018
	载重汽车 8t	台班	501.85	0.618	0.618	0.618
	直流弧焊机 32kV·A	台班	87.75	3.180	2.862	2.508

6.格栅板平台安装

工作内容：施工准备、吊装就位、安装找正、紧固螺栓、配合检查验收。　　　　　　　计量单位：t

定　额　编　号			A3-6-43	A3-6-44
项　目　名　称			固定方式	
			焊接固定	螺栓紧固
基　　　价（元）			566.41	472.92
其中	人　工　费（元）		283.78	269.08
	材　料　费（元）		70.91	37.84
	机　械　费（元）		211.72	166.00
名　　称		单位	单价（元）	消　耗　量
人工	综合工日	工日	140.00	2.027	1.922
材料	主材	t	—	(1.030)	(1.030)
	低碳钢焊条	kg	6.84	4.455	—
	钢板垫板	kg	5.13	7.128	6.930
	氧气	m³	3.63	0.069	0.069
	乙炔气	kg	10.45	0.023	0.023
	其他材料费占材料费	%		5.000	5.000
机械	电焊条恒温箱	台班	21.41	0.089	—
	电焊条烘干箱 60×50×75cm³	台班	26.46	0.089	—
	硅整流弧焊机 15kV·A	台班	46.43	0.893	—
	汽车式起重机 25t	台班	1084.16	0.140	0.140
	载重汽车 5t	台班	430.70	0.033	0.033

7. 设备支架制作安装

工作内容：放样、号料、切割、剪切、调直、型钢揎制、坡口、修口、组对、焊接、吊装就位、找正、焊接、紧固螺栓。

计量单位：t

定　额　编　号				A3-6-45	A3-6-46	A3-6-47	A3-6-48
项　目　名　称				每组重量			
				0.2t以内	0.2～0.5t	0.5～1t	1～3t
基　　　　价（元）				2108.63	2120.38	1974.05	1817.28
其中	人　工　费（元）			1231.30	1099.42	1011.22	923.30
	材　料　费（元）			220.18	203.12	193.44	182.09
	机　械　费（元）			657.15	817.84	769.39	711.89
名　　　称		单位	单价（元）	消　　耗　　量			
人工	综合工日	工日	140.00	8.795	7.853	7.223	6.595
材料	主材	t	—	(1.060)	(1.060)	(1.060)	(1.060)
	低碳钢焊条	kg	6.84	21.246	19.713	18.725	17.738
	木方	m³	1675.21	0.006	0.006	0.006	0.005
	尼龙砂轮片 φ100	片	2.05	1.197	1.121	1.074	1.007
	氧气	m³	3.63	7.575	6.766	6.421	6.090
	乙炔气	kg	10.45	2.525	2.255	2.140	2.030
	其他材料费占材料费	%	—	4.000	4.000	4.000	4.000
机械	电焊条恒温箱	台班	21.41	0.328	0.304	0.280	0.272
	电焊条烘干箱 60×50×75cm³	台班	26.46	0.328	0.304	0.280	0.272
	剪板机 20×2500mm	台班	333.30	0.247	0.212	0.186	0.159
	立式钻床 25mm	台班	6.58	0.168	0.133	0.124	0.115
	立式钻床 50mm	台班	19.84	—	0.027	0.027	0.027
	汽车式起重机 16t	台班	958.70	0.239	0.442	0.424	0.380
	载重汽车 10t	台班	547.99	0.018	0.018	0.018	0.018
	载重汽车 8t	台班	501.85	0.062	0.062	0.062	0.062
	直流弧焊机 32kV·A	台班	87.75	3.281	3.037	2.794	2.727

工作内容：放样、号料、切割、剪切、调直、型钢捆制、坡口、修口、组对、焊接、吊装就位、找正、焊接、紧固螺栓。

计量单位：t

定　额　编　号			A3-6-49	A3-6-50	A3-6-51
项　目　名　称			每组重量		
			3～5t	5～10t	10t以上
基　　　价（元）			1671.81	1499.04	1340.87
其中	人　工　费（元）		846.58	758.52	681.66
	材　料　费（元）		164.32	145.73	126.99
	机　械　费（元）		660.91	594.79	532.22
名　　称	单位	单价（元）	消　　耗　　量		
人工	综合工日	工日	140.00	6.047	5.418	4.869

名　　称	单位	单价（元）	消　耗　量		
人工　综合工日	工日	140.00	6.047	5.418	4.869
材料　主材	t	—	(1.060)	(1.060)	(1.060)
低碳钢焊条	kg	6.84	15.970	14.192	12.227
木方	m³	1675.21	0.005	0.004	0.004
尼龙砂轮片 φ100	片	2.05	0.912	0.817	0.694
氧气	m³	3.63	5.415	4.874	4.266
乙炔气	kg	10.45	1.805	1.625	1.422
其他材料费占材料费	%	—	4.000	4.000	4.000
机械　电焊条恒温箱	台班	21.41	0.246	0.219	0.189
电焊条烘干箱 60×50×75cm³	台班	26.46	0.246	0.219	0.189
剪板机 20×2500mm	台班	333.30	0.159	0.133	0.133
立式钻床 25mm	台班	6.58	0.106	0.098	0.080
立式钻床 50mm	台班	19.84	0.018	0.018	0.018
汽车式起重机 16t	台班	958.70	0.353	0.319	0.283
载重汽车 10t	台班	547.99	0.018	0.018	0.018
载重汽车 8t	台班	501.85	0.062	0.062	0.062
直流弧焊机 32kV·A	台班	87.75	2.458	2.190	1.888

8. 梯子、栏杆扶手制作安装

工作内容：放样、号料、切割、剪切、调直、型钢揉制、坡口、修口、组对、焊接、吊装就位、找正、焊接、紧固螺栓。

计量单位：t

定 额 编 号				A3-6-52	A3-6-53
项 目 名 称				斜梯制作安装	
				花纹板踏步	格栅板踏步
基 价（元）				3833.58	4022.49
其中	人 工 费（元）			1726.76	1918.70
	材 料 费（元）			355.58	440.44
	机 械 费（元）			1751.24	1663.35
名 称		单位	单价（元）	消 耗 量	
人工	综合工日	工日	140.00	12.334	13.705
材料	主材	t	—	(1.060)	(1.060)
	低碳钢焊条	kg	6.84	33.310	42.700
	尼龙砂轮片 φ100	片	2.05	1.050	1.340
	氧气	m³	3.63	15.732	18.090
	乙炔气	kg	10.45	5.244	6.030
	其他材料费占材料费	%	—	4.000	4.000
机械	电焊条恒温箱	台班	21.41	0.711	0.817
	电焊条烘干箱 60×50×75cm³	台班	26.46	0.711	0.817
	剪板机 20×2500mm	台班	333.30	0.558	—
	立式钻床 25mm	台班	6.58	0.037	0.037
	汽车式起重机 16t	台班	958.70	0.902	0.902
	载重汽车 10t	台班	547.99	0.019	0.019
	载重汽车 8t	台班	501.85	0.065	0.065
	直流弧焊机 32kV·A	台班	87.75	7.102	8.162

工作内容：放样、号料、切割、剪切、调直、型钢揾制、坡口、修口、组对、焊接、吊装就位、找正、焊接、紧固螺栓。

计量单位：t

定　额　编　号		A3-6-54
项　目　名　称		直梯制作安装
基　　　价（元）		3203.18
其中	人　工　费（元）	1774.50
	材　料　费（元）	300.50
	机　械　费（元）	1128.18

	名　　称	单位	单价（元）	消　耗　量
人工	综合工日	工日	140.00	12.675
材料	主材	t	—	(1.060)
	低碳钢焊条	kg	6.84	24.460
	尼龙砂轮片 φ100	片	2.05	2.080
	氧气	m³	3.63	16.500
	乙炔气	kg	10.45	5.500
	其他材料费占材料费	%	—	4.000
机械	电焊条恒温箱	台班	21.41	0.393
	电焊条烘干箱 60×50×75cm³	台班	26.46	0.393
	剪板机 20×2500mm	台班	333.30	0.065
	立式钻床 25mm	台班	6.58	2.008
	汽车式起重机 16t	台班	958.70	0.716
	载重汽车 10t	台班	547.99	0.019
	载重汽车 8t	台班	501.85	0.065
	直流弧焊机 32kV·A	台班	87.75	3.932

253

工作内容：放样、号料、切割、剪切、调直、型钢揉制、坡口、修口、组对、焊接、吊装就位、找正、焊接、紧固螺栓。

计量单位：t

定　额　编　号				A3-6-55	A3-6-56
项　目　名　称				螺旋盘梯制作安装	
				花纹板式踏步	格栅板式踏步
基　　　价（元）				4251.80	4594.46
其中	人　工　费（元）			1755.32	1889.58
	材　料　费（元）			542.08	615.46
	机　械　费（元）			1954.40	2089.42
名　　　称		单位	单价（元）	消　耗　量	
人工	综合工日	工日	140.00	12.538	13.497
材料	主材	t	—	(1.060)	(1.060)
	低碳钢焊条	kg	6.84	44.240	52.220
	木方	m³	1675.21	0.006	0.004
	尼龙砂轮片 φ100	片	2.05	2.780	3.120
	氧气	m³	3.63	28.521	31.140
	乙炔气	kg	10.45	9.507	10.380
	其他材料费占材料费	%	—	4.000	4.000
机械	电焊条恒温箱	台班	21.41	0.811	0.957
	电焊条烘干箱 60×50×75cm³	台班	26.46	0.811	0.957
	剪板机 20×2500mm	台班	333.30	0.605	0.605
	卷板机 30×2000mm	台班	352.40	0.233	0.233
	摩擦压力机 3000kN	台班	412.22	0.140	0.140
	汽车式起重机 16t	台班	958.70	0.855	0.855
	载重汽车 10t	台班	547.99	0.019	0.019
	载重汽车 8t	台班	501.85	0.065	0.065
	直流弧焊机 32kV·A	台班	87.75	8.107	9.566

工作内容：放样、号料、切割、剪切、调直、型钢搌制、坡口、修口、组对、焊接、吊装就位、找正、焊接、紧固螺栓。

计量单位：t

定　额　编　号				A3-6-57
项　目　名　称				栏杆、扶手制作安装
基　　　价（元）				2864.70
其中	人　工　费（元）			1473.22
	材　料　费（元）			204.48
	机　械　费（元）			1187.00
名　　　称	单位	单价（元）	消　　耗　　量	
人工	综合工日	工日	140.00	10.523
材料	主材	t	—	(1.060)
	低碳钢焊条	kg	6.84	10.500
	尼龙砂轮片 φ100	片	2.05	2.080
	氧气	m³	3.63	16.944
	乙炔气	kg	10.45	5.648
	其他材料费占材料费	%	—	4.000
机械	电焊条恒温箱	台班	21.41	0.215
	电焊条烘干箱 60×50×75cm³	台班	26.46	0.215
	汽车式起重机 16t	台班	958.70	0.986
	载重汽车 10t	台班	547.99	0.019
	载重汽车 8t	台班	501.85	0.065
	直流弧焊机 32kV·A	台班	87.75	2.147

9. 零星小型金属结构制作安装

工作内容：划线、下料、平直、加工、组对、焊接、安装。　　　　　　　　计量单位：100kg

定　额　编　号			A3-6-58	A3-6-59	A3-6-60	A3-6-61
项　目　名　称			制作-单体重量(kg)		安装-单体重量(kg)	
			50以内	大于50	50以内	大于50
基　　　　　价（元）			**328.60**	**299.59**	**150.90**	**132.25**
其中	人　工　费（元）		175.84	149.38	117.60	100.10
	材　料　费（元）		26.96	25.67	22.63	21.48
	机　械　费（元）		125.80	124.54	10.67	10.67
名　　称		单位	单价（元）	消　　耗　　量		
人工	综合工日	工日	140.00	1.256	1.067	0.840	0.715
材料	主材	t	—	(105.000)	(105.000)	—	—
	低碳钢焊条	kg	6.84	1.800	1.710	1.400	1.330
	六角螺栓带螺母 M20×80	10套	21.37	0.630	0.600	0.580	0.550
	砂轮片 Φ350	片	8.00	0.050	0.050	—	—
	其他材料费占材料费	%	—	3.000	3.000	3.000	3.000
机械	交流弧焊机 21kV·A	台班	57.35	0.236	0.214	0.186	0.186
	卷板机 20×2000mm	台班	251.09	0.093	0.093	—	—
	联合冲剪机 16mm	台班	364.62	0.093	0.093	—	—
	刨边机 12000mm	台班	569.09	0.093	0.093	—	—
	砂轮切割机 350mm	台班	22.38	0.093	0.093	—	—

二、烟囱、烟道制作安装

1. 烟囱、烟道制作安装

工作内容：放样、号料、切割、剪切、坡口、修口、卷圆压头、找圆、型钢械制、异径弯头制作、组对、焊接、吊装就位、固定缆风绳。

计量单位：t

定 额 编 号			A3-6-62	A3-6-63	A3-6-64
项 目 名 称			烟囱制作直径(mm)		
			600以内	1200以内	1200以上
基 价（元）			1568.86	1251.20	1239.63
其中	人 工 费（元）		778.26	601.58	551.18
	材 料 费（元）		183.89	165.95	174.41
	机 械 费（元）		606.71	483.67	514.04
名 称	单位	单价（元）	消 耗 量		
人工 综合工日	工日	140.00	5.559	4.297	3.937
材料 主材	t	—	(1.060)	(1.060)	(1.060)
道木	m³	2137.00	—	—	0.010
低碳钢焊条	kg	6.84	20.280	18.048	17.008
木方	m³	1675.21	0.003	0.003	—
氧气	m³	3.63	4.650	4.371	4.217
乙炔气	kg	10.45	1.550	1.457	1.406
其他材料费占材料费	%	—	4.000	4.000	4.000
机械 电动空气压缩机 6m³/min	台班	206.73	0.167	0.140	0.129
电焊条恒温箱	台班	21.41	0.292	0.225	0.203
电焊条烘干箱 60×50×75cm³	台班	26.46	0.292	0.225	0.203
剪板机 20×2500mm	台班	333.30	0.140	0.112	0.101
卷板机 30×2000mm	台班	352.40	0.140	0.112	0.092
汽车式起重机 16t	台班	958.70	0.205	0.167	—
汽车式起重机 40t	台班	1526.12	—	—	0.147
载重汽车 8t	台班	501.85	0.019	0.019	0.019
直流弧焊机 32kV·A	台班	87.75	2.919	2.251	2.025

工作内容：放样、号料、切割、剪切、坡口、修口、卷圆压头、找圆、型钢械制、异径弯头制作、组对、焊接、吊装就位、固定缆风绳。

计量单位：t

定　额　编　号				A3-6-65	A3-6-66	A3-6-67
项　目　名　称				烟囱安装直径(mm)		
				600以内	1200以内	1200以上
基　　　　价（元）				1144.40	1023.79	1087.66
其中	人　工　费（元）			371.56	326.62	251.02
	材　料　费（元）			92.87	80.48	75.49
	机　械　费（元）			679.97	616.69	761.15
名　　称		单位	单价（元）	消　　耗　　量		
人工	综合工日	工日	140.00	2.654	2.333	1.793
材料	道木	m³	2137.00	0.010	0.010	0.010
	低碳钢焊条	kg	6.84	2.426	1.940	1.683
	钢板垫板	kg	5.13	3.900	3.700	3.584
	石棉板衬垫	kg	7.59	2.800	2.200	1.980
	石棉绳	kg	3.50	0.440	0.390	0.347
	氧气	m³	3.63	1.200	0.801	0.713
	乙炔气	kg	10.45	0.400	0.267	0.238
	其他材料费占材料费	%	—	4.000	4.000	4.000
机械	电焊条恒温箱	台班	21.41	0.036	0.022	0.019
	电焊条烘干箱 60×50×75cm³	台班	26.46	0.036	0.022	0.019
	汽车式起重机 100t	台班	4651.90	—	—	0.139
	汽车式起重机 16t	台班	958.70	0.065	0.065	
	汽车式起重机 40t	台班	1526.12	—	—	0.047
	汽车式起重机 75t	台班	3151.07	0.174	0.158	—
	载重汽车 10t	台班	547.99	0.065	0.065	0.047
	直流弧焊机 32kV·A	台班	87.75	0.365	0.226	0.184

2. 烟(风)道制作安装

工作内容：放样、号料、切割、剪切、坡口、修口、卷圆压头、找圆、型钢械制、异径弯头制作、组对、
焊接、吊装就位、固定缆风绳。

计量单位：t

定 额 编 号			A3-6-68	A3-6-69
项 目 名 称			烟(风)道制作安装	
			圆筒形直径(mm)	矩形直径(mm)
基 价（元）			2790.39	3772.02
其中	人 工 费（元）		1402.52	1893.64
	材 料 费（元）		262.28	373.35
	机 械 费（元）		1125.59	1505.03
名 称	单位	单价（元）	消 耗 量	
人工	综合工日	工日	140.00	10.018	13.526
材料	主材	t	—	(1.080)	(1.100)
	道木	m³	2137.00	0.010	0.010
	低碳钢焊条	kg	6.84	23.294	35.124
	木方	m³	1675.21	0.004	0.004
	氧气	m³	3.63	9.108	12.746
	乙炔气	kg	10.45	3.036	4.249
	其他材料费占材料费	%	—	4.000	4.000
机械	电焊条烘干箱 60×50×75cm³	台班	26.46	0.310	0.457
	剪板机 20×2500mm	台班	333.30	0.074	0.127
	卷板机 30×2000mm	台班	352.40	0.249	0.363
	汽车式起重机 16t	台班	958.70	0.391	0.456
	汽车式起重机 40t	台班	1526.12	0.205	0.288
	载重汽车 10t	台班	547.99	0.065	0.065
	载重汽车 8t	台班	501.85	0.019	0.019
	直流弧焊机 32kV·A	台班	87.75	3.101	4.568

三、料斗、料仓制作安装

1.方形碳钢料斗、料仓制作安装

工作内容：施工准备、放样下料、调整、组对焊接、吊装就位、安装找正、紧固螺栓、配合检查验收。

计量单位：t

定　额　编　号				A3-6-70	A3-6-71	A3-6-72
项　目　名　称				普通方钢重量(t以内)		
				0.2	0.5	1
基　　　价（元）				2302.52	2144.02	2036.05
其中	人　工　费（元）			1376.62	1319.92	1233.82
	材　料　费（元）			369.43	321.24	307.57
	机　械　费（元）			556.47	502.86	494.66
名　　称		单位	单价（元）	消　　耗　　量		
人工	综合工日	工日	140.00	9.833	9.428	8.813
材料	主材	t	—	(1.100)	(1.100)	(1.100)
	道木	m³	2137.00	0.010	0.010	0.010
	低碳钢焊条	kg	6.84	33.565	28.322	27.244
	尼龙砂轮片 φ150	片	3.32	2.058	1.666	1.568
	氧气	m³	3.63	13.779	12.407	11.642
	乙炔气	kg	10.45	4.537	4.136	3.881
	其他材料费占材料费	%	—	4.000	4.000	4.000
机械	电动空气压缩机 6m³/min	台班	206.73	0.073	0.073	0.073
	电焊条烘干箱 60×50×75cm³	台班	26.46	0.461	0.410	0.393
	硅整流弧焊机 15kV·A	台班	46.43	4.602	4.096	3.929
	剪板机 20×2500mm	台班	333.30	0.092	0.092	0.092
	汽车式起重机 16t	台班	958.70	0.276	0.246	0.246
	载重汽车 5t	台班	430.70	0.047	0.047	0.047

工作内容：施工准备、放样下料、调整、组对焊接、吊装就位、安装找正、紧固螺栓、配合检查验收。

计量单位：t

定　额　编　号				A3-6-73	A3-6-74
项　目　名　称				普通方钢重量(t以内)	
				2	2以上
基　　　　价（元）				1848.79	1762.60
其中	人　工　费（元）			1136.80	1066.66
	材　料　费（元）			293.43	280.96
	机　械　费（元）			418.56	414.98
名　　　称		单位	单价（元）	消　　耗　　量	
人工	综合工日	工日	140.00	8.120	7.619
材料	主材	t	—	(1.100)	(1.100)
	道木	m³	2137.00	0.010	0.010
	低碳钢焊条	kg	6.84	26.558	25.970
	尼龙砂轮片 φ150	片	3.32	1.470	1.274
	氧气	m³	3.63	10.437	9.408
	乙炔气	kg	10.45	3.479	3.136
	其他材料费占材料费	%	—	4.000	4.000
机械	电动空气压缩机 6m³/min	台班	206.73	0.047	0.047
	电焊条烘干箱 60×50×75cm³	台班	26.46	0.383	0.376
	硅整流弧焊机 15kV·A	台班	46.43	3.828	3.755
	剪板机 20×2500mm	台班	333.30	0.073	0.073
	汽车式起重机 16t	台班	958.70	0.184	0.184
	载重汽车 5t	台班	430.70	0.047	0.047

2. 圆形碳钢料斗、料仓制作安装

工作内容：施工准备、放样下料、卷弧、调整、组对焊接、吊装就位、安装找正、紧固螺栓、配合检查验收。

计量单位：t

定 额 编 号				A3-6-75	A3-6-76	A3-6-77
项 目 名 称				普通圆钢重量(t以内)		
				0.2	0.5	1
基 价 （元）				2188.97	2014.41	1905.83
其中	人 工 费 （元）			1260.70	1179.78	1115.24
	材 料 费 （元）			317.51	294.50	280.72
	机 械 费 （元）			610.76	540.13	509.87
名 称		单位	单价（元）	消 耗 量		
人工	综合工日	工日	140.00	9.005	8.427	7.966
材料	主材	t	—	(1.080)	(1.080)	(1.080)
	道木	m³	2137.00	0.010	0.010	0.010
	低碳钢焊条	kg	6.84	27.048	26.264	25.382
	尼龙砂轮片 φ150	片	3.32	1.764	1.568	1.470
	氧气	m³	3.63	12.603	10.819	9.849
	乙炔气	kg	10.45	4.528	3.606	3.283
	其他材料费占材料费	%	—	4.000	4.000	4.000
机械	电动空气压缩机 6m³/min	台班	206.73	0.073	0.073	0.047
	电焊条烘干箱 60×50×75cm³	台班	26.46	0.378	0.367	0.358
	硅整流弧焊机 15kV·A	台班	46.43	3.782	3.663	3.571
	剪板机 20×2500mm	台班	333.30	0.092	0.073	0.055
	卷板机 30×2000mm	台班	352.40	0.184	0.184	0.184
	汽车式起重机 16t	台班	958.70	0.307	0.246	0.231
	载重汽车 5t	台班	430.70	0.047	0.047	0.047

工作内容：施工准备、放样下料、卷弧、调整、组对焊接、吊装就位、安装找正、紧固螺栓、配合检查验收。

计量单位：t

定 额 编 号			A3-6-78	A3-6-79
项 目 名 称			普通圆钢重量(t以内)	
			2	2以上
基 价（元）			1774.11	1707.90
其中	人 工 费（元）		1055.88	1014.86
	材 料 费（元）		270.06	261.11
	机 械 费（元）		448.17	431.93
名 称		单位	单价（元）	消 耗 量	
人工	综合工日	工日	140.00	7.542	7.249
材料	主材	t	—	(1.060)	(1.060)
	道木	m³	2137.00	0.010	0.010
	低碳钢焊条	kg	6.84	24.696	24.206
	尼龙砂轮片 φ150	片	3.32	1.372	1.176
	氧气	m³	3.63	9.114	8.467
	乙炔气	kg	10.45	3.038	2.822
	其他材料费占材料费	%	—	4.000	4.000
机械	电动空气压缩机 6m³/min	台班	206.73	0.047	0.047
	电焊条烘干箱 60×50×75cm³	台班	26.46	0.350	0.323
	硅整流弧焊机 15kV·A	台班	46.43	3.498	3.221
	剪板机 20×2500mm	台班	333.30	0.055	0.047
	卷板机 30×2000mm	台班	352.40	0.147	0.147
	汽车式起重机 16t	台班	958.70	0.184	0.184
	载重汽车 5t	台班	430.70	0.047	0.047

263

3.铝合金料斗、料仓制作安装

工作内容：施工准备、放样下料、切割、剪切、坡口、卷圆压头、找圆、组对焊接、吊装就位、安装找
正、紧固螺栓、配合检查验收。

计量单位：t

定 额 编 号				A3-6-80	A3-6-81	A3-6-82	A3-6-83
项 目 名 称				铝合金料斗、料仓制作重量(t以内)			
				2	5	8	8以上
基 价（元）				7224.41	6998.58	6551.94	6284.62
其中	人 工 费（元）			3935.12	3834.32	3634.68	3490.48
	材 料 费（元）			2229.31	2161.03	2015.54	1920.66
	机 械 费（元）			1059.98	1003.23	901.72	873.48
名 称	单位	单价（元）		消 耗 量			
人工	综合工日	工日	140.00	28.108	27.388	25.962	24.932
材料	主材	t	—	(1.120)	(1.120)	(1.120)	(1.120)
	丙酮	kg	7.51	2.200	2.200	2.200	2.200
	铝焊条 铝109	kg	87.70	13.100	12.400	11.500	11.000
	木方	m³	1675.21	0.010	0.010	0.010	0.010
	尼龙砂轮片 φ150	片	3.32	3.000	3.000	2.500	2.000
	氢氧化钠(烧碱)	kg	2.19	4.500	4.500	4.500	4.500
	碳精棒 φ8～12	根	1.27	26.000	24.000	22.000	20.000
	钍钨极棒	kg	360.00	0.800	0.800	0.800	0.800
	硝酸	kg	2.19	25.500	25.000	24.000	22.000
	氩气	m³	19.59	24.300	24.300	21.800	20.100
	氧气	m³	3.63	9.600	9.600	9.000	8.300
	乙炔气	kg	10.45	3.200	3.200	3.000	2.800
	其他材料费占材料费	%	—	5.000	5.000	5.000	5.000
机械	电动空气压缩机 6m³/min	台班	206.73	0.223	0.223	0.205	0.205
	剪板机 20×2500mm	台班	333.30	0.205	0.205	0.205	0.205
	卷板机 30×2000mm	台班	352.40	0.102	0.102	0.102	0.102
	汽车式起重机 20t	台班	1030.31	0.358	0.358	0.307	0.307
	氩弧焊机 500A	台班	92.58	4.908	4.295	3.885	3.580
	载重汽车 10t	台班	547.99	0.051	0.051	0.051	0.051
	直流弧焊机 20kV·A	台班	71.43	0.818	0.818	0.716	0.716

4.铝镁合金料斗、料仓制作
(1)整体制作

工作内容：施工准备、放样下料、卷弧、调整、组对焊接、配合检查验收。

计量单位：t

定　额　编　号				A3-6-84	A3-6-85	A3-6-86
项　目　名　称				容积(m³以内)		
				1	2	5
基　　　　价（元）				19452.75	17947.07	16512.65
其中	人　工　费（元）			8503.32	7085.12	5806.92
	材　料　费（元）			4195.83	4101.77	4018.13
	机　械　费（元）			6753.60	6760.18	6687.60
名　　称		单位	单价（元）	消　　耗　　量		
人工	综合工日	工日	140.00	60.738	50.608	41.478
材料	主材	t	—	(1.140)	(1.140)	(1.140)
	白垩	kg	0.35	1.900	1.900	1.900
	铝板（各种规格）	kg	3.88	66.492	66.177	65.230
	铝锰合金焊丝 HS321 φ1～6	kg	51.28	28.388	28.253	27.849
	煤油	kg	3.73	2.345	2.345	2.345
	木方	m³	1675.21	0.059	0.059	0.059
	尼龙砂轮片 φ150	片	3.32	54.926	54.520	53.190
	铈钨棒	g	0.38	158.973	158.217	155.954
	水	t	7.96	13.864	8.773	8.773
	脱脂剂	L	8.55	17.221	16.977	16.363
	氩气	m³	19.59	79.486	79.108	77.977
	氧气	m³	3.63	11.092	7.023	3.951
	乙炔气	kg	10.45	3.694	2.338	1.316
	其他材料费占材料费	%	—	6.000	6.000	6.000
机械	等离子切割机 400A	台班	219.59	7.868	8.553	9.055
	电动单级离心清水泵 50mm	台班	27.04	0.137	0.109	0.105
	电动滚胎机	台班	172.54	—	0.627	0.636
	电动空气压缩机 1m³/min	台班	50.29	7.868	8.553	9.055
	电动空气压缩机 6m³/min	台班	206.73	0.011	0.011	0.025
	剪板机 20×2500mm	台班	333.30	2.085	2.073	2.032
	卷板机 2×1600mm	台班	236.04	6.923	5.749	4.934
	刨边机 12000mm	台班	569.09	0.317	0.317	0.317
	桥式起重机 5t	台班	255.85	4.805	4.780	4.705
	氩弧焊机 500A	台班	92.58	9.467	9.518	9.672
	摇臂钻床 25mm	台班	8.58	0.137	0.103	0.028
	摇臂钻床 63mm	台班	41.15	0.189	0.125	0.106

工作内容：施工准备、放样下料、卷弧、调整、组对焊接、配合检查验收。 计量单位：t

定　额　编　号			A3-6-87	A3-6-88	A3-6-89
项　目　名　称			容积（m³以内）		
			10	15	20
基　　　价（元）			16029.97	15403.04	14878.26
其中	人　工　费（元）		5586.14	5485.76	5429.90
	材　料　费（元）		3884.39	3755.51	3621.40
	机　械　费（元）		6559.44	6161.77	5826.96
名　　　称	单位	单价（元）	消　　耗　　量		
人工 综合工日	工日	140.00	39.901	39.184	38.785
材料 主材	t	—	(1.140)	(1.140)	(1.140)
白垩	kg	0.35	1.876	1.876	1.873
铝板（各种规格）	kg	3.88	63.653	62.076	60.499
铝锰合金焊丝 HS321 φ1~6	kg	51.28	26.931	26.014	25.054
煤油	kg	3.73	2.345	2.345	2.341
木方	m³	1675.21	0.059	0.059	0.059
尼龙砂轮片 φ150	片	3.32	53.190	52.767	52.767
铈钨棒	g	0.38	150.814	145.678	140.302
水	t	7.96	7.673	7.316	6.776
脱脂剂	L	8.55	15.291	14.217	13.145
氩气	m³	19.59	75.407	72.839	70.151
氧气	m³	3.63	3.565	3.178	2.756
乙炔气	kg	10.45	1.187	1.058	0.918
其他材料费占材料费	%	—	6.000	6.000	6.000
机械 等离子切割机 400A	台班	219.59	9.534	9.930	9.052
电动单级离心清水泵 50mm	台班	27.04	0.100	0.096	0.090
电动滚胎机	台班	172.54	0.650	0.664	0.678
电动空气压缩机 1m³/min	台班	50.29	9.534	9.930	9.052
电动空气压缩机 6m³/min	台班	206.73	0.025	0.030	0.030
剪板机 20×2500mm	台班	333.30	1.966	1.900	1.845
卷板机 2×1600mm	台班	236.04	3.940	1.921	1.644
刨边机 12000mm	台班	569.09	0.317	0.317	0.317
桥式起重机 5t	台班	255.85	4.579	4.455	4.330
氩弧焊机 500A	台班	92.58	9.919	10.175	10.357
摇臂钻床 25mm	台班	8.58	0.025	0.023	0.020
摇臂钻床 63mm	台班	41.15	0.259	0.228	0.198

工作内容：施工准备、放样下料、卷弧、调整、组对焊接、配合检查验收。　　　　　　计量单位：t

定　额　编　号				A3-6-90	A3-6-91	A3-6-92
项　目　名　称				容积（m³以内）		
				30	40	65
基　　　价（元）				14139.38	13540.10	12557.99
其中	人　工　费（元）			5248.74	5035.10	4671.52
	材　料　费（元）			3468.15	3419.61	3218.27
	机　械　费（元）			5422.49	5085.39	4668.20
名　　　称		单位	单价（元）	消　　耗　　量		
人工	综合工日	工日	140.00	37.491	35.965	33.368
材料	主材	t	—	(1.140)	(1.140)	(1.140)
	白垩	kg	0.35	1.696	1.696	1.696
	钢板	kg	3.17	—	4.176	4.176
	铝板（各种规格）	kg	3.88	58.922	57.345	54.980
	铝锰合金焊丝 HS321 φ1～6	kg	51.28	24.067	23.080	21.897
	煤油	kg	3.73	2.341	2.121	2.121
	木方	m³	1675.21	0.059	0.059	0.059
	尼龙砂轮片 φ150	片	3.32	52.401	52.401	49.856
	铈钨棒	g	0.38	134.775	129.248	122.623
	水	t	7.96	5.850	5.850	5.850
	脱脂剂	L	8.55	11.000	10.514	7.028
	无缝钢管	kg	4.44	—	13.272	10.018
	氩气	m³	19.59	67.388	64.624	61.312
	氧气	m³	3.63	2.106	2.106	2.106
	乙炔气	kg	10.45	0.701	0.701	0.701
	其他材料费占材料费	%	—	6.000	6.000	6.000
机械	等离子切割机 400A	台班	219.59	8.137	7.221	6.434
	电动单级离心清水泵 50mm	台班	27.04	0.080	0.080	0.055
	电动滚胎机	台班	172.54	0.707	0.735	0.804
	电动空气压缩机 1m³/min	台班	50.29	8.137	7.221	6.434
	电动空气压缩机 6m³/min	台班	206.73	0.030	0.030	0.030
	剪板机 20×2500mm	台班	333.30	1.791	1.734	1.653
	卷板机 2×1600mm	台班	236.04	1.538	1.436	1.283
	刨边机 12000mm	台班	569.09	0.317	0.317	0.317
	桥式起重机 5t	台班	255.85	4.188	4.044	3.831
	氩弧焊机 500A	台班	92.58	9.489	9.329	8.266
	摇臂钻床 25mm	台班	8.58	0.015	0.015	0.015
	摇臂钻床 63mm	台班	41.15	0.137	0.137	0.137

(2)分段制作

工作内容：施工准备、放样下料、卷弧、调整、组对焊接、配合检查验收。　　　　计量单位：t

定　额　编　号			A3-6-93	A3-6-94	A3-6-95	A3-6-96
项　目　名　称			容积(m³以内)			
			100	150	200	250
基　　　价（元）			9982.38	9386.36	8680.09	7914.48
其中	人　工　费（元）		3628.38	3351.74	3074.82	2798.04
	材　料　费（元）		2892.56	2818.60	2749.73	2619.40
	机　械　费（元）		3461.44	3216.02	2855.54	2497.04
名　　　称	单位	单价(元)	消　　耗　　量			
人工 综合工日	工日	140.00	25.917	23.941	21.963	19.986
材料 主材	t	—	(1.140)	(1.140)	(1.140)	(1.140)
白垩	kg	0.35	1.281	1.208	0.902	0.902
铝板(各种规格)	kg	3.88	40.644	37.667	35.608	33.550
铝锰合金焊丝 HS321 φ1～6	kg	51.28	21.106	20.610	20.113	19.047
煤油	kg	3.73	1.602	1.511	1.420	1.330
木方	m³	1675.21	0.040	0.040	0.040	0.040
尼龙砂轮片 φ150	片	3.32	35.105	32.076	29.066	26.591
铈钨棒	g	0.38	118.194	115.416	112.633	106.663
脱脂剂	L	8.55	10.144	11.193	12.242	13.291
氩气	m³	19.59	59.097	57.708	56.316	53.332
氧气	m³	3.63	1.333	0.902	0.662	0.662
乙炔气	kg	10.45	0.444	0.300	0.221	0.221
其他材料费占材料费	%	—	6.000	6.000	6.000	6.000
机械 等离子切割机 400A	台班	219.59	5.324	4.786	4.247	3.711
电动滚胎机	台班	172.54	0.698	1.257	1.158	1.057
电动空气压缩机 1m³/min	台班	50.29	5.324	4.786	4.247	3.711
电动空气压缩机 6m³/min	台班	206.73	0.021	0.021	0.021	0.021
剪板机 20×2500mm	台班	333.30	0.202	0.168	0.136	0.104
剪板机 32×4000mm	台班	590.12	0.651	0.584	0.518	0.452
卷板机 2×1600mm	台班	236.04	0.801	0.741	0.682	0.622
刨边机 12000mm	台班	569.09	0.219	0.219	0.219	0.219
桥式起重机 5t	台班	255.85	2.185	1.891	1.595	1.298
氩弧焊机 500A	台班	92.58	6.137	5.525	4.912	4.300
摇臂钻床 25mm	台班	8.58	0.008	0.007	0.005	0.005
摇臂钻床 63mm	台班	41.15	0.179	0.185	0.139	0.139

(3)分片制作

工作内容：施工准备、放样下料、卷弧、调整、组对、焊接、配合检查验收。　　　　　　计量单位：t

定　额　编　号			A3-6-97	A3-6-98	A3-6-99
项　目　名　称			容积(m³以内)		
			300	400	500
基　　　　价（元）			2552.76	2397.98	2224.73
其中	人　工　费（元）		874.86	854.70	814.24
	材　料　费（元）		77.54	76.31	75.69
	机　械　费（元）		1600.36	1466.97	1334.80
名　　　　称	单位	单价（元）	消　　耗　　量		
人工 综合工日	工日	140.00	6.249	6.105	5.816
材料 主材	t	—	(1.140)	(1.140)	(1.140)
铝板(各种规格)	kg	3.88	1.742	1.624	1.495
铝焊丝 丝301	kg	29.91	0.032	0.031	0.030
木方	m³	1675.21	0.030	0.030	0.030
尼龙砂轮片 φ150	片	3.32	3.465	3.168	3.069
铈钨棒	g	0.38	0.179	0.174	0.168
氩气	m³	19.59	0.090	0.087	0.084
氧气	m³	3.63	0.559	0.606	0.652
乙炔气	kg	10.45	0.186	0.202	0.217
其他材料费占材料费	%	—	3.000	3.000	3.000
机械 等离子切割机 400A	台班	219.59	2.795	2.508	2.222
电动空气压缩机 1m³/min	台班	50.29	2.795	2.508	2.222
剪板机 20×2500mm	台班	333.30	0.135	0.162	0.190
剪板机 32×4000mm	台班	590.12	0.335	0.274	0.214
卷板机 2×1600mm	台班	236.04	0.285	0.285	0.285
刨边机 12000mm	台班	569.09	0.199	0.199	0.199
桥式起重机 5t	台班	255.85	1.633	1.520	1.407
氩弧焊机 500A	台班	92.58	0.027	0.025	0.023
摇臂钻床 25mm	台班	8.58	0.008	0.007	0.005
摇臂钻床 63mm	台班	41.15	0.060	0.064	0.069

工作内容：施工准备、放样下料、卷弧、调整、组对、焊接、配合检查验收。 计量单位：t

定 额 编 号				A3-6-100	A3-6-101
项 目 名 称				容积(m³以内)	
				600	700
基 价（元）				2052.09	1876.76
其中	人 工 费（元）			773.78	733.32
	材 料 费（元）			75.13	74.42
	机 械 费（元）			1203.18	1069.02
名 称		单位	单价(元)	消 耗 量	
人工	综合工日	工日	140.00	5.527	5.238
材料	主材	t	—	(1.140)	(1.140)
	铝板(各种规格)	kg	3.88	1.376	1.257
	铝焊丝 丝301	kg	29.91	0.029	0.028
	木方	m³	1675.21	0.030	0.030
	尼龙砂轮片 φ150	片	3.32	2.970	2.831
	铈钨棒	g	0.38	0.162	0.157
	氩气	m³	19.59	0.081	0.078
	氧气	m³	3.63	0.698	0.745
	乙炔气	kg	10.45	0.233	0.248
	其他材料费占材料费	%	—	3.000	3.000
机械	等离子切割机 400A	台班	219.59	1.938	1.815
	电动空气压缩机 1m³/min	台班	50.29	1.938	1.815
	剪板机 20×2500mm	台班	333.30	0.218	0.246
	剪板机 32×4000mm	台班	590.12	0.154	0.094
	卷板机 2×1600mm	台班	236.04	0.285	0.285
	刨边机 12000mm	台班	569.09	0.199	0.115
	桥式起重机 5t	台班	255.85	1.294	1.182
	氩弧焊机 500A	台班	92.58	0.022	0.020
	摇臂钻床 25mm	台班	8.58	0.003	0.001
	摇臂钻床 63mm	台班	41.15	0.072	0.115

5.铝镁合金料斗、料仓安装
(1)整体安装

工作内容：施工准备、吊装就位、安装找正、配合检查验收。　　　　　　　　计量单位：t

定　额　编　号			A3-6-102	A3-6-103	A3-6-104
项　目　名　称			容积(m³以内)		
			1	2	5
基　　　价（元）			5569.96	5090.19	4533.97
其中	人　工　费（元）		2207.38	1822.24	1604.82
	材　料　费（元）		336.46	334.54	331.41
	机　械　费（元）		3026.12	2933.41	2597.74
名　称		单位	单价（元）	消　　耗	量
人工	综合工日	工日	140.00	15.767	13.016	11.463
材料	道木	m³	2137.00	0.099	0.099	0.099
	低碳钢焊条	kg	6.84	1.782	1.742	1.703
	垫铁	kg	4.20	6.336	6.237	5.841
	氧气	m³	3.63	1.188	1.030	1.010
	乙炔气	kg	10.45	0.396	0.376	0.337
	其他材料费占材料费	%	—	30.000	30.000	30.000
机械	汽车式起重机 16t	台班	958.70	2.997	2.925	2.587
	载重汽车 5t	台班	430.70	0.355	0.300	0.273

工作内容：施工准备、吊装就位、安装找正、配合检查验收。　　　　　　　　　　　　　　　计量单位：t

定 额 编 号			A3-6-105	A3-6-106	A3-6-107
项 目 名 称			容积（m³以内）		
			10	15	20
基 价（元）			3558.56	2427.70	2105.10
其中	人 工 费（元）		1163.54	723.10	652.68
	材 料 费（元）		246.33	245.35	210.32
	机 械 费（元）		2148.69	1459.25	1242.10
名 称	单位	单价（元）	消 耗 量		
人工	综合工日	工日	140.00	8.311	5.165	4.662
材料	道木	m³	2137.00	0.069	0.069	0.059
	低碳钢焊条	kg	6.84	1.594	1.515	1.168
	垫铁	kg	4.20	5.742	5.742	5.148
	氧气	m³	3.63	0.990	0.960	0.851
	乙炔气	kg	10.45	0.327	0.317	0.287
	其他材料费占材料费	%	—	30.000	30.000	30.000
机械	电动单筒快速卷扬机 5kN	台班	188.62	—	—	0.527
	汽车式起重机 16t	台班	958.70	2.026	1.321	0.646
	汽车式起重机 25t	台班	1084.16	—	—	0.386
	载重汽车 5t	台班	430.70	0.182	0.182	—
	载重汽车 8t	台班	501.85	0.255	0.228	0.209

工作内容：施工准备、吊装就位、安装找正、配合检查验收。 计量单位：t

定 额 编 号				A3-6-108	A3-6-109	A3-6-110
项 目 名 称				容积(m³以内)		
				30	40	65
基 价（元）				1902.51	1581.40	1317.67
其中	人 工 费（元）			548.94	443.94	362.32
	材 料 费（元）			207.34	178.85	175.79
	机 械 费（元）			1146.23	958.61	779.56
名 称		单位	单价（元）	消 耗 量		
人工	综合工日	工日	140.00	3.921	3.171	2.588
材料	道木	m³	2137.00	0.059	0.050	0.050
	低碳钢焊条	kg	6.84	1.049	0.990	0.941
	垫铁	kg	4.20	4.930	4.554	4.158
	氧气	m³	3.63	0.782	0.673	0.634
	乙炔气	kg	10.45	0.257	0.228	0.208
	其他材料费占材料费	%	—	30.000	30.000	30.000
机械	电动单筒快速卷扬机 5kN	台班	188.62	0.384	0.240	0.096
	汽车式起重机 16t	台班	958.70	0.584	0.524	0.476
	汽车式起重机 25t	台班	1084.16	0.301	0.219	—
	汽车式起重机 40t	台班	1526.12	—	—	0.100
	载重汽车 15t	台班	779.76	0.182	0.164	0.137
	载重汽车 8t	台班	501.85	0.091	0.091	0.091

(2)分段安装

工作内容：施工准备、吊装就位、组对、焊接、找正、配合检查验收。　　　　　　　　　　计量单位：t

定　额　编　号			A3-6-111	A3-6-112	A3-6-113	A3-6-114
项　目　名　称			容积(m³以内)			
			100	150	200	250
基　　　　　价（元）			3124.20	2642.88	2353.37	2110.11
其中	人　工　费（元）		696.36	639.80	582.54	525.28
	材　料　费（元）		1054.92	934.84	821.18	706.51
	机　械　费（元）		1372.92	1068.24	949.65	878.32
名　　　称	单位	单价（元）	消　　耗　　量			
人工	综合工日	工日	140.00	4.974	4.570	4.161	3.752
材料	白垩	kg	0.35	0.153	0.138	0.122	0.106
	道木	m³	2137.00	0.395	0.353	0.312	0.270
	钢丝绳 φ15	m	8.97	0.850	0.734	0.617	0.500
	铝板(各种规格)	kg	3.88	2.999	2.677	2.355	2.033
	铝锰合金焊丝 HS321 φ1～6	kg	51.28	0.685	0.612	0.539	0.466
	煤油	kg	3.73	0.193	0.173	0.153	0.134
	尼龙砂轮片 φ150	片	3.32	5.414	4.836	4.258	3.676
	铈钨棒	g	0.38	3.836	3.427	3.018	2.610
	水	t	7.96	6.081	4.520	3.463	2.551
	氩气	m³	19.59	1.918	1.714	1.509	1.305
	其他材料费占材料费	%	—	5.000	5.000	5.000	5.000
机械	等离子切割机 400A	台班	219.59	0.197	0.139	0.114	0.091
	电动单级离心清水泵 50mm	台班	27.04	0.055	0.042	0.032	0.022
	电动单筒快速卷扬机 5kN	台班	188.62	0.246	0.201	0.172	0.144
	电动空气压缩机 1m³/min	台班	50.29	0.197	0.139	0.114	0.091
	电动空气压缩机 6m³/min	台班	206.73	0.004	0.003	0.002	0.001
	平板拖车组 15t	台班	981.46	0.246	0.083	0.061	0.039
	平板拖车组 20t	台班	1081.33	—	0.098	0.072	0.047
	汽车式起重机 16t	台班	958.70	0.605	0.507	0.446	0.405
	汽车式起重机 25t	台班	1084.16	0.314	0.209	—	—
	汽车式起重机 40t	台班	1526.12	—	—	0.159	—
	汽车式起重机 50t	台班	2464.07	—	—	—	0.116
	氩弧焊机 500A	台班	92.58	0.872	0.778	0.685	0.583
	载重汽车 5t	台班	430.70	0.066	0.044	0.032	0.020

（3）分片安装

工作内容：施工准备、吊装就位、组对焊接、找正、配合检查验收。　　　　　　计量单位：t

定　额　编　号			A3-6-115	A3-6-116	A3-6-117
项　目　名　称			容积（m³以内）		
			300	400	500
基　　　价（元）			8083.34	8060.20	8025.28
其中	人　工　费（元）		2377.20	2328.06	2278.78
	材　料　费（元）		2735.28	2754.07	2770.62
	机　械　费（元）		2970.86	2978.07	2975.88
名　　　称	单位	单价（元）	消　　耗　　量		
人工　综合工日	工日	140.00	16.980	16.629	16.277
材料　白垩	kg	0.35	1.154	1.100	1.046
道木	m³	2137.00	0.257	0.238	0.218
铝板（各种规格）	kg	3.88	22.054	22.677	23.299
铝锰合金焊丝 HS321 φ1～6	kg	51.28	13.571	14.081	14.591
煤油	kg	3.73	1.443	1.376	1.309
尼龙砂轮片 φ150	片	3.32	122.860	124.483	126.105
铈钨棒	g	0.38	75.998	78.854	81.710
水	t	7.96	2.897	2.601	2.305
脱脂剂	L	8.55	7.397	7.188	6.980
氩气	m³	19.59	37.999	39.427	40.855
氧气	m³	3.63	0.148	0.134	0.120
乙炔气	kg	10.45	0.050	0.045	0.040
其他材料费占材料费	%	—	5.000	5.000	5.000
机械　等离子切割机 400A	台班	219.59	0.910	0.925	0.939
电动单级离心清水泵 50mm	台班	27.04	0.020	0.020	0.019
电动单筒快速卷扬机 5kN	台班	188.62	0.250	0.232	0.213
电动空气压缩机 1m³/min	台班	50.29	0.910	0.925	0.939
电动空气压缩机 6m³/min	台班	206.73	0.020	0.020	0.019
剪板机 20×2000mm	台班	316.68	0.004	0.004	0.004
卷板机 2×1600mm	台班	236.04	0.150	0.169	0.190
汽车式起重机 16t	台班	958.70	1.024	1.064	1.104
汽车式起重机 50t	台班	2464.07	0.228	0.034	0.057
汽车式起重机 80t	台班	3700.51	0.133	0.253	0.226
氩弧焊机 500A	台班	92.58	5.877	5.858	5.840
载重汽车 10t	台班	547.99	0.104	0.103	0.102

工作内容：施工准备、吊装就位、组对焊接、找正、配合检查验收。 计量单位：t

定 额 编 号				A3-6-118	A3-6-119
项 目 名 称				容积（m³以内）	
				600	700
基 价（元）				7984.72	7916.31
其中	人 工 费（元）			2227.12	2163.84
	材 料 费（元）			2787.34	2803.96
	机 械 费（元）			2970.26	2948.51
名 称		单位	单价（元）	消 耗 量	
人工	综合工日	工日	140.00	15.908	15.456
材料	白垩	kg	0.35	0.992	0.939
	道木	m³	2137.00	0.198	0.178
	铝板（各种规格）	kg	3.88	23.921	24.544
	铝锰合金焊丝 HS321 φ1～6	kg	51.28	15.102	15.613
	煤油	kg	3.73	1.241	1.175
	尼龙砂轮片 φ150	片	3.32	127.738	129.350
	铈钨棒	g	0.38	84.571	87.433
	水	t	7.96	2.009	1.713
	脱脂剂	L	8.55	6.772	6.564
	氩气	m³	19.59	42.286	43.716
	氧气	m³	3.63	0.106	0.092
	乙炔气	kg	10.45	0.036	0.031
	其他材料费占材料费	%	—	5.000	5.000
机械	等离子切割机 400A	台班	219.59	0.954	0.968
	电动单级离心清水泵 50mm	台班	27.04	0.018	0.017
	电动单筒快速卷扬机 5kN	台班	188.62	0.195	0.177
	电动空气压缩机 1m³/min	台班	50.29	0.954	0.968
	电动空气压缩机 6m³/min	台班	206.73	0.018	0.017
	剪板机 20×2000mm	台班	316.68	0.004	0.004
	卷板机 2×1600mm	台班	236.04	0.209	0.231
	汽车式起重机 16t	台班	958.70	1.145	1.186
	汽车式起重机 50t	台班	2464.07	0.078	0.091
	汽车式起重机 80t	台班	3700.51	0.199	0.173
	氩弧焊机 500A	台班	92.58	5.822	5.804
	载重汽车 10t	台班	547.99	0.102	0.101

276

6.铝镁合金料斗、料仓接管制作、安装

工作内容：施工准备、放样下料、卷弧、组对焊接、吊装就位、安装找正、紧固螺栓、配合检查验收。

计量单位：套

定 额 编 号				A3-6-120	A3-6-121	A3-6-122	A3-6-123
项 目 名 称				接管公称直径(DN以内)			
				25	50	80	100
基 价（元）				52.36	67.86	108.55	246.22
其中	人 工 费（元）			41.02	49.14	80.78	150.92
	材 料 费（元）			2.82	5.55	8.96	25.85
	机 械 费（元）			8.52	13.17	18.81	69.45
名 称		单位	单价(元)	消 耗 量			
人工	综合工日	工日	140.00	0.293	0.351	0.577	1.078
材料	铝镁合金接管	套	—	(1.000)	(1.000)	(1.000)	(1.000)
	铝锰合金焊丝 HS321 φ1～6	kg	51.28	0.023	0.045	0.073	0.190
	尼龙砂轮片 φ150	片	3.32	0.042	0.076	0.120	0.828
	铈钨棒	g	0.38	0.129	0.252	0.409	1.064
	脱脂剂	L	8.55	0.010	0.019	0.030	0.154
	氩气	m³	19.59	0.063	0.126	0.203	0.531
	其他材料费占材料费	%	—	5.000	5.000	5.000	5.000
机械	等离子切割机 400A	台班	219.59	0.011	0.021	0.033	0.169
	电动空气压缩机 1m³/min	台班	50.29	0.011	0.021	0.033	0.169
	卷板机 2×1600mm	台班	236.04	—	—	—	0.001
	氩弧焊机 500A	台班	92.58	0.060	0.081	0.107	0.255

工作内容：施工准备、放样下料、卷弧、组对焊接、吊装就位、安装找正、紧固螺栓、配合检查验收。

计量单位：套

定 额 编 号				A3-6-124	A3-6-125	A3-6-126	A3-6-127
项 目 名 称				接管公称直径(DN以内)			
				125	150	200	250
基 价（元）				294.71	336.85	428.36	515.58
其中	人 工 费（元）			169.68	188.58	233.10	275.52
	材 料 费（元）			39.94	47.96	64.01	80.48
	机 械 费（元）			85.09	100.31	131.25	159.58
名 称		单位	单价(元)	消 耗 量			
人工	综合工日	工日	140.00	1.212	1.347	1.665	1.968
材料	铝镁合金接管	套	—	(1.000)	(1.000)	(1.000)	(1.000)
	铝锰合金焊丝 HS321 φ1~6	kg	51.28	0.297	0.356	0.476	0.602
	尼龙砂轮片 φ150	片	3.32	1.281	1.545	2.063	2.525
	铈钨棒	g	0.38	1.663	1.994	2.666	3.371
	脱脂剂	L	8.55	0.188	0.227	0.301	0.365
	氩气	m³	19.59	0.833	1.000	1.333	1.684
	其他材料费占材料费	%	—	5.000	5.000	5.000	5.000
机械	等离子切割机 400A	台班	219.59	0.206	0.248	0.329	0.400
	电动空气压缩机 1m³/min	台班	50.29	0.206	0.248	0.329	0.400
	卷板机 2×1600mm	台班	236.04	0.001	0.001	0.003	0.003
	氩弧焊机 500A	台班	92.58	0.316	0.358	0.451	0.550

278

工作内容：施工准备、放样下料、卷弧、组对焊接、吊装就位、安装找正、紧固螺栓、配合检查验收。

计量单位：套

定　额　编　号				A3-6-128	A3-6-129	A3-6-130	A3-6-131
项　目　名　称				接管公称直径(DN以内)			
				300	350	400	450
基　　　　价（元）				591.36	733.67	841.69	959.44
其中	人　工　费（元）			310.52	358.12	399.28	455.98
	材　料　费（元）			95.16	148.59	167.21	188.20
	机　械　费（元）			185.68	226.96	275.20	315.26
名　　　称		单位	单价（元）	消　　耗　　量			
人工	综合工日	工日	140.00	2.218	2.558	2.852	3.257
材料	铝镁合金接管	套	—	(1.000)	(1.000)	(1.000)	(1.000)
	铝锰合金焊丝 HS321 φ1～6	kg	51.28	0.712	1.162	1.301	1.481
	尼龙砂轮片 φ150	片	3.32	2.979	3.442	3.901	4.098
	铈钨棒	g	0.38	3.987	6.507	7.286	8.294
	脱脂剂	L	8.55	0.429	0.494	0.557	0.626
	氩气	m³	19.59	1.993	3.257	3.678	4.144
	其他材料费占材料费	%	—	5.000	5.000	5.000	5.000
机械	等离子切割机 400A	台班	219.59	0.471	0.540	0.611	0.685
	电动空气压缩机 1m³/min	台班	50.29	0.471	0.540	0.611	0.685
	卷板机 2×1600mm	台班	236.04	0.003	0.006	0.006	0.007
	汽车式起重机 16t	台班	958.70	—	—	0.020	0.027
	氩弧焊机 500A	台班	92.58	0.625	0.862	0.969	1.111

279

工作内容：施工准备、放样下料、卷弧、组对焊接、吊装就位、安装找正、紧固螺栓、配合检查验收。

计量单位：套

定　额　编　号				A3-6-132	A3-6-133	A3-6-134
项　目　名　称				接管公称直径(DN以内)		
				500	600	800
基　　　价（元）				1079.25	1386.81	1816.28
其中	人　工　费（元）			519.96	639.80	836.36
	材　料　费（元）			209.48	307.15	408.19
	机　械　费（元）			349.81	439.86	571.73
名　　称		单位	单价（元）	消　　耗　　量		
人工	综合工日	工日	140.00	3.714	4.570	5.974
材料	铝镁合金接管	套	—	(1.000)	(1.000)	(1.000)
	铝锰合金焊丝 HS321 φ1～6	kg	51.28	1.640	2.426	3.232
	尼龙砂轮片 φ150	片	3.32	4.849	6.891	8.988
	铈钨棒	g	0.38	9.184	13.586	18.099
	脱脂剂	L	8.55	0.692	0.821	1.065
	氩气	m³	19.59	4.589	6.792	9.045
	其他材料费占材料费	%	—	5.000	5.000	5.000
机械	等离子切割机 400A	台班	219.59	0.758	0.898	1.166
	电动空气压缩机 1m³/min	台班	50.29	0.758	0.898	1.166
	卷板机 2×1600mm	台班	236.04	0.007	0.012	0.012
	汽车式起重机 16t	台班	958.70	0.028	0.033	0.042
	氩弧焊机 500A	台班	92.58	1.261	1.761	2.311

280

7. 不锈钢料斗、料仓制作
(1)整体制作

工作内容：施工准备、放样下料、切割、坡口、压头卷弧、找圆、组对、焊接、焊缝酸洗钝化、内部附件制作组装、组装、配合检查验收、成品堆放。

计量单位：t

定 额 编 号			A3-6-135	A3-6-136	A3-6-137
项 目 名 称			容积（m³以内）		
			1	2	5
基 价 （元）			9326.72	7871.66	6293.68
其中	人 工 费 （元）		3678.22	3064.88	2511.88
	材 料 费 （元）		903.70	885.02	880.86
	机 械 费 （元）		4744.80	3921.76	2900.94
名 称	单位	单价（元）	消 耗 量		
人工 综合工日	工日	140.00	26.273	21.892	17.942
材料 主材	t	—	(1.140)	(1.140)	(1.140)
不锈钢焊条	kg	38.46	18.567	18.124	18.016
不锈钢氩弧焊丝 1Cr18Ni9Ti	kg	51.28	0.010	0.010	0.010
道木	m³	2137.00	0.010	0.010	0.010
低碳钢焊条	kg	6.84	0.483	0.483	0.483
飞溅净	kg	5.15	2.862	2.862	2.862
煤油	kg	3.73	1.146	1.146	1.121
木方	m³	1675.21	0.030	0.030	0.030
尼龙砂轮片 φ100×16×3	片	2.56	11.919	11.623	11.613
氢氟酸 45%	kg	4.87	0.128	0.128	0.138
酸洗膏	kg	6.56	2.325	2.325	2.325
硝酸	kg	2.19	1.024	1.024	1.143
氩气	m³	19.59	0.030	0.030	0.030
氧气	m³	3.63	0.404	0.404	0.404
乙炔气	kg	10.45	0.138	0.138	0.138
其他材料费占材料费	%	—	5.000	5.000	5.000

续表

定 额 编 号			A3-6-135	A3-6-136	A3-6-137
项 目 名 称			容积(m³以内)		
			1	2	5
名 称	单位	单价(元)	消	耗	量
等离子切割机 400A	台班	219.59	1.959	1.923	1.895
电动空气压缩机 1m³/min	台班	50.29	1.959	1.903	1.895
电动空气压缩机 6m³/min	台班	206.73	0.432	0.432	0.432
电焊条恒温箱	台班	21.41	0.466	0.404	0.451
电焊条烘干箱 60×50×75cm³	台班	26.46	0.466	0.404	0.451
硅整流弧焊机 20kV·A	台班	56.65	4.652	4.652	4.652
剪板机 20×2500mm	台班	333.30	0.083	0.083	0.083
卷板机 20×2500mm	台班	276.83	0.092	0.092	0.092
门式起重机 20t	台班	644.10	1.200	0.843	0.550
刨边机 12000mm	台班	569.09	0.062	0.062	0.062
汽车式起重机 16t	台班	958.70	1.173	1.071	0.586
桥式起重机 15t	台班	293.90	3.480	3.068	2.555
氩弧焊机 500A	台班	92.58	0.019	0.019	0.019
摇臂钻床 50mm	台班	20.95	0.138	0.138	0.138
载重汽车 10t	台班	547.99	0.028	0.024	0.019
载重汽车 5t	台班	430.70	1.886	1.054	0.568

(机 械 — row label spanning left column)

工作内容：施工准备、放样下料、切割、坡口、压头卷弧、找圆、组对、焊接、焊缝酸洗钝化、内部附件制作组装、组装、配合检查验收、成品堆放。

计量单位：t

定 额 编 号			A3-6-138	A3-6-139	A3-6-140
项 目 名 称			容积（m³以内）		
			10	15	20
基 价 （元）			5776.82	5579.82	5327.78
其中	人 工 费 （元）		2405.34	2373.14	2348.92
	材 料 费 （元）		915.77	881.60	951.96
	机 械 费 （元）		2455.71	2325.08	2026.90
名 称	单位	单价（元）	消 耗 量		
人工 综合工日	工日	140.00	17.181	16.951	16.778
材料 主材	t	—	(1.140)	(1.140)	(1.140)
不锈钢焊条	kg	38.46	18.843	17.996	19.739
不锈钢氩弧焊丝 1Cr18Ni9Ti	kg	51.28	0.010	0.010	0.010
道木	m³	2137.00	0.010	0.010	0.010
低碳钢焊条	kg	6.84	0.483	0.483	0.483
飞溅净	kg	5.15	2.862	2.862	2.862
煤油	kg	3.73	1.067	1.029	1.021
木方	m³	1675.21	0.030	0.030	0.030
尼龙砂轮片 φ100×16×3	片	2.56	12.194	12.194	12.194
氢氟酸 45%	kg	4.87	0.148	0.158	0.158
酸洗膏	kg	6.56	2.325	2.325	2.325
硝酸	kg	2.19	1.192	1.251	1.251
氩气	m³	19.59	0.030	0.030	0.030
氧气	m³	3.63	0.404	0.404	0.404
乙炔气	kg	10.45	0.138	0.138	0.138
其他材料费占材料费	%	—	5.000	5.000	5.000
机械 等离子切割机 400A	台班	219.59	1.886	1.886	1.886
电动空气压缩机 1m³/min	台班	50.29	1.886	1.886	1.886
电动空气压缩机 6m³/min	台班	206.73	0.432	0.432	0.432
电焊条恒温箱	台班	21.41	0.472	0.450	0.494
电焊条烘干箱 60×50×75cm³	台班	26.46	0.472	0.450	0.494
硅整流弧焊机 20kV·A	台班	56.65	4.652	4.652	4.652
剪板机 20×2500mm	台班	333.30	0.083	0.083	0.083
卷板机 20×2500mm	台班	276.83	0.092	0.092	0.092
门式起重机 20t	台班	644.10	0.540	0.467	0.394
刨边机 12000mm	台班	569.09	0.062	0.062	0.062
汽车式起重机 16t	台班	958.70	0.403	0.376	0.202
桥式起重机 15t	台班	293.90	1.932	1.767	1.593
氩弧焊机 500A	台班	92.58	0.019	0.019	0.019
摇臂钻床 50mm	台班	20.95	0.138	0.138	0.138
载重汽车 10t	台班	547.99	0.019	0.019	0.019
载重汽车 5t	台班	430.70	0.385	0.366	0.284

工作内容：施工准备、放样下料、切割、坡口、压头卷弧、找圆、组对、焊接、焊缝酸洗钝化、内部附件制作组装、组装、配合检查验收、成品堆放。

计量单位：t

定　额　编　号				A3-6-141	A3-6-142	A3-6-143
项　目　名　称				容积（m³以内）		
				30	40	65
基　　　价（元）				5009.51	4777.13	4558.83
其中	人　工　费（元）			2270.10	2177.84	2021.04
	材　料　费（元）			888.32	876.37	875.03
	机　械　费（元）			1851.09	1722.92	1662.76
名　　　称		单位	单价（元）	消　　耗　　量		
人工	综合工日	工日	140.00	16.215	15.556	14.436
材料	主材	t	—	(1.140)	(1.140)	(1.140)
	不锈钢焊条	kg	38.46	18.255	17.976	17.947
	不锈钢氩弧焊丝 1Cr18Ni9Ti	kg	51.28	0.010	0.010	0.010
	道木	m³	2137.00	0.010	0.010	0.010
	低碳钢焊条	kg	6.84	0.475	0.470	0.469
	飞溅净	kg	5.15	2.605	2.579	2.573
	煤油	kg	3.73	0.930	0.920	0.918
	木方	m³	1675.21	0.030	0.030	0.030
	尼龙砂轮片 φ100×16×3	片	2.56	11.718	11.600	11.572
	氢氟酸 45%	kg	4.87	0.138	0.138	0.138
	酸洗膏	kg	6.56	2.285	2.263	2.257
	硝酸	kg	2.19	1.143	1.143	1.143
	氩气	m³	19.59	0.030	0.030	0.030
	氧气	m³	3.63	0.404	0.404	0.404
	乙炔气	kg	10.45	0.138	0.138	0.138
	其他材料费占材料费	%	—	5.000	5.000	5.000
机械	等离子切割机 400A	台班	219.59	1.877	1.859	1.850

续表

定 额 编 号			A3-6-141	A3-6-142	A3-6-143
项 目 名 称			容积(m³以内)		
			30	40	65
名 称	单位	单价(元)	消	耗	量
电动空气压缩机 1m³/min	台班	50.29	1.877	1.859	1.850
电动空气压缩机 6m³/min	台班	206.73	0.432	0.428	0.427
电焊条恒温箱	台班	21.41	0.449	0.446	0.443
电焊条烘干箱 60×50×75cm³	台班	26.46	0.449	0.446	0.443
硅整流弧焊机 20kV·A	台班	56.65	4.487	4.459	4.441
剪板机 20×2500mm	台班	333.30	0.083	0.083	0.083
卷板机 20×2500mm	台班	276.83	0.092	0.092	0.092
门式起重机 20t	台班	644.10	0.321	0.312	0.302
刨边机 12000mm	台班	569.09	0.062	0.061	0.061
汽车式起重机 16t	台班	958.70	0.092	0.046	0.046
汽车式起重机 25t	台班	1084.16	0.073	0.055	0.036
桥式起重机 15t	台班	293.90	1.437	1.346	1.263
氩弧焊机 500A	台班	92.58	0.019	0.019	0.019
摇臂钻床 50mm	台班	20.95	0.138	0.138	0.138
载重汽车 10t	台班	547.99	0.092	0.055	0.046
载重汽车 15t	台班	779.76	—	0.046	0.046
载重汽车 5t	台班	430.70	0.092	—	—

机械

(2)分段制作

工作内容：施工准备、放样下料、切割、坡口、压头卷弧、找圆、组对、焊接、焊缝酸洗钝化、内部附件制作组装、组装、配合检查验收、成品堆放。　　　　　　　　　　　　计量单位：t

定　额　编　号				A3-6-144	A3-6-145	A3-6-146	A3-6-147
项　目　名　称				容积（m³以内）			
				100	150	200	250
基　　　价　（元）				4627.71	4393.28	4128.33	3880.95
其中	人　工　费（元）			1855.84	1714.58	1571.22	1430.94
	材　料　费（元）			1029.55	990.05	954.29	911.25
	机　械　费（元）			1742.32	1688.65	1602.82	1538.76
名　　　称		单位	单价（元）	消　　耗　　量			
人工	综合工日	工日	140.00	13.256	12.247	11.223	10.221
材料	主材	t	—	(1.140)	(1.140)	(1.140)	(1.140)
	不锈钢焊条	kg	38.46	18.365	17.630	16.925	16.201
	不锈钢氩弧焊丝 1Cr18Ni9Ti	kg	51.28	0.010	0.010	0.010	0.010
	道木	m³	2137.00	0.070	0.067	0.065	0.060
	低碳钢焊条	kg	6.84	0.499	0.479	0.460	0.441
	飞溅净	kg	5.15	2.762	2.651	2.545	2.444
	木方	m³	1675.21	0.030	0.030	0.030	0.030
	尼龙砂轮片 φ100×16×3	片	2.56	13.360	12.821	12.363	11.964
	氢氟酸 45%	kg	4.87	0.160	0.154	0.150	0.142
	酸洗膏	kg	6.56	2.413	2.316	2.223	2.135
	硝酸	kg	2.19	1.226	1.177	1.131	1.087
	氩气	m³	19.59	0.030	0.030	0.030	0.030
	氧气	m³	3.63	0.299	0.287	0.275	0.264
	乙炔气	kg	10.45	0.100	0.096	0.092	0.088
	其他材料费占材料费	%	—	5.000	5.000	5.000	5.000
机械	等离子切割机 400A	台班	219.59	1.357	1.302	1.249	1.194
	电动空气压缩机 1m³/min	台班	50.29	1.357	1.302	1.249	1.194

286

续表

定 额 编 号				A3-6-144	A3-6-145	A3-6-146	A3-6-147
项 目 名 称				容积(m³以内)			
				100	150	200	250
名 称		单位	单价(元)	消 耗 量			
机 械	电动空气压缩机 6m³/min	台班	206.73	0.346	0.338	0.319	0.310
	电焊条恒温箱	台班	21.41	0.375	0.360	0.346	0.331
	电焊条烘干箱 60×50×75cm³	台班	26.46	0.375	0.360	0.346	0.331
	硅整流弧焊机 20kV·A	台班	56.65	3.745	3.599	3.453	3.307
	剪板机 20×2500mm	台班	333.30	0.127	0.127	0.110	0.110
	卷板机 20×2500mm	台班	276.83	0.155	0.137	0.127	0.118
	门式起重机 20t	台班	644.10	0.300	0.292	0.273	0.255
	刨边机 12000mm	台班	569.09	0.108	0.108	0.104	0.099
	平板拖车组 20t	台班	1081.33	—	0.064	0.055	—
	平板拖车组 40t	台班	1446.84	—	—	—	0.046
	汽车式起重机 16t	台班	958.70	0.110	0.105	0.100	0.091
	汽车式起重机 25t	台班	1084.16	0.027	0.027	0.025	0.024
	桥式起重机 15t	台班	293.90	1.621	1.558	1.494	1.430
	氩弧焊机 500A	台班	92.58	0.027	0.027	0.027	0.027
	摇臂钻床 50mm	台班	20.95	0.338	0.338	0.328	0.328
	载重汽车 10t	台班	547.99	0.091	0.091	0.091	0.091
	载重汽车 15t	台班	779.76	0.082	—	—	—

(3)分片制作

工作内容：施工准备、放样下料、切割、坡口、压头卷弧、找圆、组对、焊接、焊缝酸洗钝化、内部附件制作组装、组装、配合检查验收、成品堆放。

计量单位：t

定 额 编 号				A3-6-148	A3-6-149	A3-6-150
项 目 名 称				容积（m³以内）		
				300	400	500
基 价（元）				2138.58	2023.17	1913.86
其中	人 工 费（元）			447.86	437.08	416.22
	材 料 费（元）			248.59	246.58	244.65
	机 械 费（元）			1442.13	1339.51	1252.99
名 称		单位	单价（元）	消 耗 量		
人工	综合工日	工日	140.00	3.199	3.122	2.973
材料	主材	t	—	(1.140)	(1.140)	(1.140)
	不锈钢焊条	kg	38.46	0.428	0.398	0.371
	不锈钢氩弧焊丝 1Cr18Ni9Ti	kg	51.28	0.010	0.010	0.010
	道木	m³	2137.00	0.080	0.080	0.080
	低碳钢焊条	kg	6.84	0.299	0.278	0.258
	木方	m³	1675.21	0.020	0.020	0.020
	尼龙砂轮片 φ100×16×3	片	2.56	3.337	3.108	2.888
	氢氟酸 45%	kg	4.87	0.179	0.179	0.179
	硝酸	kg	2.19	1.295	1.295	1.265
	氩气	m³	19.59	0.030	0.030	0.030
	氧气	m³	3.63	0.060	0.056	0.052
	乙炔气	kg	10.45	0.020	0.019	0.017
	其他材料费占材料费	%	—	5.000	5.000	5.000
机械	等离子切割机 400A	台班	219.59	1.803	1.678	1.560
	电动空气压缩机 6m³/min	台班	206.73	1.803	1.678	1.560
	电焊条恒温箱	台班	21.41	0.072	0.070	0.061
	电焊条烘干箱 60×50×75cm³	台班	26.46	0.072	0.070	0.061
	硅整流弧焊机 20kV·A	台班	56.65	0.714	0.669	0.605
	剪板机 20×2500mm	台班	333.30	0.092	0.092	0.092
	卷板机 20×2500mm	台班	276.83	0.284	0.264	0.246
	刨边机 12000mm	台班	569.09	0.241	0.224	0.209
	平板拖车组 40t	台班	1446.84	0.073	0.064	0.064
	汽车式起重机 16t	台班	958.70	0.009	0.009	0.009
	汽车式起重机 50t	台班	2464.07	0.028	0.026	0.024
	桥式起重机 15t	台班	293.90	0.632	0.586	0.540
	氩弧焊机 500A	台班	92.58	0.028	0.028	0.028
	摇臂钻床 50mm	台班	20.95	0.055	0.055	0.046
	载重汽车 10t	台班	547.99	0.019	0.019	0.019

工作内容：施工准备、放样下料、切割、坡口、压头卷弧、找圆、组对、焊接、焊缝酸洗钝化、内部附件制作组装、组装、配合检查验收、成品堆放。

计量单位：t

定　额　编　号			A3-6-151	A3-6-152
项　目　名　称			容积（m³以内）	
			600	800
基　　　　价（元）			1786.78	1687.32
其中	人　工　费（元）		395.92	374.36
	材　料　费（元）		220.18	218.67
	机　械　费（元）		1170.68	1094.29
名　　　称	单位	单价（元）	消　　耗　　量	
人工 综合工日	工日	140.00	2.828	2.674
材料 主材	t	—	(1.140)	(1.140)
不锈钢焊条	kg	38.46	0.345	0.321
不锈钢氩弧焊丝 1Cr18Ni9Ti	kg	51.28	0.010	0.010
道木	m³	2137.00	0.070	0.070
低碳钢焊条	kg	6.84	0.240	0.223
木方	m³	1675.21	0.020	0.020
尼龙砂轮片 φ100×16×3	片	2.56	2.639	2.490
氢氟酸 45%	kg	4.87	0.169	0.169
硝酸	kg	2.19	1.265	1.265
氩气	m³	19.59	0.025	0.025
氧气	m³	3.63	0.048	0.045
乙炔气	kg	10.45	0.016	0.015
其他材料费占材料费	%	—	5.000	5.000
机械 等离子切割机 400A	台班	219.59	1.451	1.349
电动空气压缩机 6m³/min	台班	206.73	1.451	1.349
电焊条恒温箱	台班	21.41	0.056	0.052
电焊条烘干箱 60×50×75cm³	台班	26.46	0.056	0.052
硅整流弧焊机 20kV·A	台班	56.65	0.559	0.513
剪板机 20×2500mm	台班	333.30	0.092	0.092
卷板机 20×2500mm	台班	276.83	0.228	0.213
刨边机 12000mm	台班	569.09	0.194	0.181
平板拖车组 60t	台班	1611.30	0.055	0.055
汽车式起重机 16t	台班	958.70	0.009	0.009
汽车式起重机 50t	台班	2464.07	0.022	0.020
桥式起重机 15t	台班	293.90	0.504	0.458
氩弧焊机 500A	台班	92.58	0.028	0.028
摇臂钻床 50mm	台班	20.95	0.046	0.041
载重汽车 10t	台班	547.99	0.019	0.019

8.不锈钢料斗、料仓安装

工作内容：施工准备、吊装就位、安装找正、配合检查验收。计量单位：t

定 额 编 号				A3-6-153	A3-6-154	A3-6-155
项 目 名 称				容积(m³以内)		
				1	2	5
基 价 （元）				1715.78	1487.37	1301.11
其中	人 工 费 （元）			1198.68	998.76	818.86
	材 料 费 （元）			200.02	199.20	197.22
	机 械 费 （元）			317.08	289.41	285.03
名 称		单位	单价(元)	消 耗 量		
人工	综合工日	工日	140.00	8.562	7.134	5.849
材料	道木	m³	2137.00	0.069	0.069	0.069
	低碳钢焊条	kg	6.84	0.591	0.571	0.571
	垫铁	kg	4.20	6.304	6.156	5.762
	尼龙砂轮片 φ100×16×3	片	2.56	1.182	1.182	1.182
	氧气	m³	3.63	0.591	0.591	0.571
	乙炔气	kg	10.45	0.197	0.197	0.187
	其他材料费占材料费	%	—	8.000	8.000	8.000
机械	硅整流弧焊机 20kV·A	台班	56.65	0.266	0.266	0.266
	汽车式起重机 16t	台班	958.70	0.247	0.229	0.229
	载重汽车 10t	台班	547.99	0.119	0.100	0.092

工作内容：施工准备、吊装就位、安装找正、配合检查验收。 计量单位：t

定 额 编 号				A3-6-156	A3-6-157	A3-6-158
项 目 名 称				容积（m³以内）		
				10	15	20
基 价（元）				1618.81	1516.74	1433.45
其中	人 工 费（元）			783.86	773.08	764.96
	材 料 费（元）			196.65	196.20	195.55
	机 械 费（元）			638.30	547.46	472.94
名 称		单位	单价（元）	消 耗 量		
人工	综合工日	工日	140.00	5.599	5.522	5.464
材料	道木	m³	2137.00	0.069	0.069	0.069
	低碳钢焊条	kg	6.84	0.561	0.542	0.532
	垫铁	kg	4.20	5.713	5.644	5.516
	尼龙砂轮片 φ100×16×3	片	2.56	1.084	1.084	1.084
	氧气	m³	3.63	0.571	0.571	0.571
	乙炔气	kg	10.45	0.187	0.187	0.187
	其他材料费占材料费	%	—	8.000	8.000	8.000
机械	硅整流弧焊机 20kV·A	台班	56.65	0.266	0.257	0.257
	平板拖车组 20t	台班	1081.33	—	0.055	—
	汽车式起重机 16t	台班	958.70	0.138	0.116	0.092
	汽车式起重机 50t	台班	2464.07	0.183	0.147	0.138
	载重汽车 10t	台班	547.99	0.073	—	0.055

工作内容：施工准备、吊装就位、安装找正、配合检查验收。　　　　　　　　　　　计量单位：t

定　额　编　号			A3-6-159	A3-6-160	A3-6-161
项　目　名　称			容积(m³以内)		
			30	40	65
基　　　价（元）			1338.56	1264.42	1195.75
其中	人　工　费（元）		739.34	709.80	658.56
	材　料　费（元）		195.27	194.72	194.54
	机　械　费（元）		403.95	359.90	342.65
名　　　称		单位	单价(元)	消　耗　量	
人工	综合工日	工日	140.00	5.281	5.070	4.704
材料	道木	m³	2137.00	0.069	0.069	0.069
	低碳钢焊条	kg	6.84	0.532	0.512	0.493
	垫铁	kg	4.20	5.516	5.427	5.418
	尼龙砂轮片 φ100×16×3	片	2.56	0.985	0.985	0.985
	氧气	m³	3.63	0.571	0.571	0.571
	乙炔气	kg	10.45	0.187	0.187	0.187
	其他材料费占材料费	%	—	8.000	8.000	8.000
机械	硅整流弧焊机 20kV·A	台班	56.65	0.257	0.238	0.238
	平板拖车组 20t	台班	1081.33	—	0.046	0.046
	汽车式起重机 16t	台班	958.70	0.092	0.073	0.055
	汽车式起重机 50t	台班	2464.07	0.110	0.092	0.092
	载重汽车 10t	台班	547.99	0.055	—	—

工作内容：施工准备、分段组对、点焊、焊接、组合件安装、焊缝酸洗钝化、吊装就位、安装找正、配合检查验收。

计量单位：t

定　额　编　号				A3-6-162	A3-6-163	A3-6-164	A3-6-165
项　目　名　称				容积（m³以内）			
				100	150	200	250
基　　　价（元）				1604.01	1481.26	1386.76	1274.03
其中	人　工　费（元）			356.16	329.28	299.74	273.28
	材　料　费（元）			594.21	535.15	497.16	436.63
	机　械　费（元）			653.64	616.83	589.86	564.12
名　　　称		单位	单价（元）	消　　耗　　量			
人工	综合工日	工日	140.00	2.544	2.352	2.141	1.952
材料	不锈钢焊条	kg	38.46	3.649	3.503	3.363	3.221
	不锈钢氩弧焊丝 1Cr18Ni9Ti	kg	51.28	0.010	0.010	0.010	0.010
	道木	m³	2137.00	0.130	0.110	0.100	0.080
	低碳钢焊条	kg	6.84	0.788	0.756	0.726	0.698
	垫铁	kg	4.20	5.872	5.637	5.412	5.184
	飞溅净	kg	5.15	0.538	0.518	0.499	0.479
	煤油	kg	3.73	0.379	0.359	0.319	0.299
	木方	m³	1675.21	0.020	0.018	0.015	0.012
	尼龙砂轮片 φ100×16×3	片	2.56	0.359	0.345	0.331	0.317
	氢氟酸 45%	kg	4.87	0.030	0.030	0.030	0.030
	水	t	7.96	4.750	4.560	4.370	4.180
	酸洗膏	kg	6.56	0.469	0.450	0.432	0.414
	硝酸	kg	2.19	0.040	0.040	0.038	0.035
	型钢	kg	3.70	7.308	7.016	6.760	6.481
	氩气	m³	19.59	0.020	0.020	0.020	0.020
	氧气	m³	3.63	1.416	1.359	1.305	1.250
	乙炔气	kg	10.45	0.469	0.450	0.432	0.414
	其他材料费占材料费	%	—	5.000	5.000	5.000	5.000
机械	等离子切割机 400A	台班	219.59	0.091	0.091	0.082	0.082
	电动空气压缩机 1m³/min	台班	50.29	0.082	0.082	0.073	0.073
	电动空气压缩机 6m³/min	台班	206.73	0.009	0.009	0.009	0.009
	电焊条恒温箱	台班	21.41	0.069	0.067	0.064	0.061
	电焊条烘干箱 60×50×75cm³	台班	26.46	0.069	0.067	0.064	0.061
	硅整流弧焊机 20kV·A	台班	56.65	0.693	0.665	0.638	0.611
	平板拖车组 20t	台班	1081.33	0.027	0.023	0.021	0.019
	汽车式起重机 16t	台班	958.70	0.201	0.192	0.192	0.182
	汽车式起重机 25t	台班	1084.16	0.110	0.110	0.100	0.100
	汽车式起重机 50t	台班	2464.07	0.091	0.082	0.078	0.073
	载重汽车 10t	台班	547.99	0.036	0.036	0.036	0.036

工作内容：施工准备、分段组对、点焊、焊接、组合件安装、焊缝酸洗钝化、吊装就位、安装找正、配合检查验收。

计量单位：t

定 额 编 号			A3-6-166	A3-6-167	A3-6-168
项 目 名 称			容积(m³以内)		
			300	400	500
基 价 （元）			5112.39	4833.05	4515.23
其中	人 工 费 （元）		1216.18	1187.90	1131.48
	材 料 费 （元）		2283.19	2140.02	1998.00
	机 械 费 （元）		1613.02	1505.13	1385.75
名 称	单位	单价(元)	消 耗 量		
人工 综合工日	工日	140.00	8.687	8.485	8.082
材料 不锈钢焊条	kg	38.46	40.477	37.679	34.880
不锈钢氩弧焊丝 1Cr18Ni9Ti	kg	51.28	0.010	0.010	0.010
道木	m³	2137.00	0.110	0.110	0.110
垫铁	kg	4.20	15.398	14.332	13.267
飞溅净	kg	5.15	1.255	1.165	1.076
煤油	kg	3.73	0.747	0.737	0.727
木方	m³	1675.21	0.018	0.015	0.013
尼龙砂轮片 φ100×16×3	片	2.56	6.972	6.574	5.976
氢氟酸 45%	kg	4.87	0.080	0.080	0.080
水	t	7.96	10.916	10.159	9.412
酸洗膏	kg	6.56	1.096	1.016	0.946
硝酸	kg	2.19	1.992	1.992	1.892
型钢	kg	3.70	33.286	30.996	28.695
氧气	m³	3.63	5.368	5.000	4.621
乙炔气	kg	10.45	1.793	1.663	1.544
其他材料费占材料费	%	—	5.000	5.000	5.000
机械 等离子切割机 400A	台班	219.59	0.275	0.257	0.238
电动空气压缩机 1m³/min	台班	50.29	0.348	0.321	0.302
电动空气压缩机 6m³/min	台班	206.73	0.183	0.183	0.165
电焊条恒温箱	台班	21.41	0.702	0.653	0.605
电焊条烘干箱 60×50×75cm³	台班	26.46	0.702	0.653	0.605
硅整流弧焊机 20kV·A	台班	56.65	7.014	6.528	6.044
平板拖车组 20t	台班	1081.33	0.009	0.009	—
平板拖车组 40t	台班	1446.84	—	—	0.009
汽车式起重机 16t	台班	958.70	0.366	0.339	0.312
汽车式起重机 50t	台班	2464.07	0.138	0.119	0.110
汽车式起重机 80t	台班	3700.51	0.092	0.092	0.083
摇臂钻床 50mm	台班	20.95	0.001	0.001	0.001
载重汽车 10t	台班	547.99	0.019	0.019	0.014
载重汽车 15t	台班	779.76	0.019	0.019	0.019

工作内容：施工准备、分段组对、点焊、焊接、组合件安装、焊缝酸洗钝化、吊装就位、安装找正、配合检查验收。

计量单位：t

定 额 编 号			A3-6-169	A3-6-170
项 目 名 称			容积（m³以内）	
			600	800
基 价（元）			4352.94	4045.10
其中	人 工 费（元）		1075.48	1018.92
	材 料 费（元）		1835.06	1697.27
	机 械 费（元）		1442.40	1328.91
名 称	单位	单价（元）	消 耗 量	
人工 综合工日	工日	140.00	7.682	7.278
材料	不锈钢焊条	kg	38.46	32.071	29.282
	不锈钢氩弧焊丝 1Cr18Ni9Ti	kg	51.28	0.010	0.010
	道木	m³	2137.00	0.100	0.100
	垫铁	kg	4.20	12.201	11.215
	飞溅净	kg	5.15	0.986	0.916
	煤油	kg	3.73	0.717	0.717
	木方	m³	1675.21	0.012	0.010
	尼龙砂轮片 φ100×16×3	片	2.56	5.478	5.179
	氢氟酸 45%	kg	4.87	0.070	0.070
	水	t	7.96	8.655	7.898
	酸洗膏	kg	6.56	0.876	0.787
	硝酸	kg	2.19	1.892	1.892
	型钢	kg	3.70	26.364	24.701
	氧气	m³	3.63	4.253	3.884
	乙炔气	kg	10.45	1.414	1.295
	其他材料费占材料费	%	—	5.000	5.000
机械	等离子切割机 400A	台班	219.59	0.219	0.202
	电动空气压缩机 1m³/min	台班	50.29	0.275	0.247
	电动空气压缩机 6m³/min	台班	206.73	0.147	0.138
	电焊条恒温箱	台班	21.41	0.556	0.508
	电焊条烘干箱 60×50×75cm³	台班	26.46	0.556	0.508
	硅整流弧焊机 20kV·A	台班	56.65	5.558	5.073
	平板拖车组 40t	台班	1446.84	0.009	0.009
	汽车式起重机 120t	台班	7706.90	0.019	0.019
	汽车式起重机 16t	台班	958.70	0.293	0.275
	汽车式起重机 50t	台班	2464.07	0.100	0.092
	汽车式起重机 80t	台班	3700.51	0.083	0.073
	摇臂钻床 50mm	台班	20.95	0.001	0.001
	载重汽车 10t	台班	547.99	0.014	0.009
	载重汽车 15t	台班	779.76	0.009	0.009

四、火炬及排气筒制作、安装

1. 火炬、排气筒筒体制作组对

工作内容：放样号料、切割、坡口、滚圆、组对、焊接、引火管预制、组对、带风缆绳的吊耳制作与安装、外观检查。

计量单位：t

定　额　编　号			A3-6-171	A3-6-172	A3-6-173
项　目　名　称			筒体直径(mm以内)		
			400	500	600
基　　　价（元）			3972.96	3753.42	3596.79
其中	人　工　费（元）		1508.22	1454.18	1411.90
	材　料　费（元）		619.86	593.43	571.34
	机　械　费（元）		1844.88	1705.81	1613.55
名　　称	单位	单价（元）	消　　耗　　量		
人工	综合工日	工日	140.00	10.773	10.387	10.085
材料	主材	t	—	(1.060)	(1.060)	(1.060)
	不锈钢焊条	kg	38.46	4.190	4.130	4.100
	道木	m³	2137.00	0.030	0.030	0.030
	低碳钢焊条	kg	6.84	30.820	30.450	30.170
	钢丝绳 φ15	m	8.97	0.370	0.370	0.370
	角钢 63以外	kg	3.61	8.940	8.730	8.580
	尼龙砂轮片 φ100	片	2.05	3.780	3.340	2.860
	尼龙砂轮片 φ180	片	3.42	0.110	0.100	0.080
	热轧厚钢板 δ12～20	kg	3.20	5.960	5.820	5.720
	碳精棒 φ8～12	根	1.27	51.870	40.380	30.480
	氧气	m³	3.63	3.600	3.100	2.600
	乙炔气	kg	10.45	1.200	1.030	0.870
	其他材料费占材料费	%	—	5.000	5.000	5.000
机械	半自动切割机 100mm	台班	83.55	0.084	0.084	0.080
	等离子切割机 400A	台班	219.59	0.037	0.037	0.037

定　额　编　号			A3-6-171	A3-6-172	A3-6-173
项　目　名　称			筒体直径(mm以内)		
			400	500	600
名　　称	单位	单价(元)	消　　耗　　量		
电动单筒慢速卷扬机 50kN	台班	215.57	0.019	0.019	0.019
电动滚胎机	台班	172.54	1.487	1.422	1.394
电动空气压缩机 6m³/min	台班	206.73	0.363	0.326	0.298
电焊条烘干箱 80×80×100cm³	台班	49.05	0.673	0.644	0.632
剪板机 20×2500mm	台班	333.30	0.223	0.186	0.149
卷板机 20×2500mm	台班	276.83	0.288	0.233	0.186
门式起重机 20t	台班	644.10	0.344	0.316	0.298
刨边机 12000mm	台班	569.09	0.221	0.174	0.127
平板拖车组 15t	台班	981.46	—	—	0.056
平板拖车组 8t	台班	816.50	0.074	0.065	—
汽车式起重机 16t	台班	958.70	0.130	0.121	0.112
箱式加热炉 75kW	台班	123.86	0.288	0.288	0.288
摇臂钻床 63mm	台班	41.15	0.019	0.019	0.019
液压机 2000kN	台班	393.81	0.233	0.233	0.245
载重汽车 10t	台班	547.99	0.102	0.093	0.084
直流弧焊机 32kV·A	台班	87.75	6.729	6.438	6.323

机械

工作内容：放样号料、切割、坡口、滚圆、组对、焊接、引火管预制、组对、带风缆绳的吊耳制作与安装、外观检查。

计量单位：t

定　额　编　号			A3-6-174	A3-6-175
项　目　名　称			筒体直径(mm以内)	
			800	1200
基　　　价（元）			3493.33	3225.27
其中	人　工　费（元）		1346.24	1279.60
	材　料　费（元）		537.97	518.84
	机　械　费（元）		1609.12	1426.83
名　　称	单位	单价（元）	消　耗　量	
人工 综合工日	工日	140.00	9.616	9.140
材料 主材	t	—	(1.060)	(1.060)
不锈钢焊条	kg	38.46	4.060	3.920
道木	m³	2137.00	0.020	0.020
低碳钢焊条	kg	6.84	29.930	28.850
钢丝绳 φ15	m	8.97	0.370	0.370
角钢 63以外	kg	3.61	8.450	8.280
尼龙砂轮片 φ100	片	2.05	2.650	2.350
尼龙砂轮片 φ180	片	3.42	0.070	0.070
热轧厚钢板 δ12～20	kg	3.20	5.640	5.520
碳精棒 φ8～12	根	1.27	28.020	25.530
氧气	m³	3.63	2.200	2.100
乙炔气	kg	10.45	0.730	0.700
其他材料费占材料费	%	—	5.000	5.000
机械 半自动切割机 100mm	台班	83.55	0.080	0.080
等离子切割机 400A	台班	219.59	0.037	0.035
电动单筒慢速卷扬机 50kN	台班	215.57	0.019	0.019
电动滚胎机	台班	172.54	1.357	1.282
电动空气压缩机 6m³/min	台班	206.73	0.279	0.260
电焊条烘干箱 80×80×100cm³	台班	49.05	0.614	0.580
剪板机 20×2500mm	台班	333.30	0.102	0.093
卷板机 20×2500mm	台班	276.83	0.149	0.130
门式起重机 20t	台班	644.10	—	0.260
刨边机 12000mm	台班	569.09	0.087	0.079
平板拖车组 20t	台班	1081.33	0.047	—
平板拖车组 30t	台班	1243.07	—	0.047
汽车式起重机 16t	台班	958.70	0.102	0.093
汽车式起重机 20t	台班	1030.31	0.279	—
箱式加热炉 75kW	台班	123.86	0.288	0.288
摇臂钻床 63mm	台班	41.15	0.019	0.019
液压机 2000kN	台班	393.81	0.233	0.233
载重汽车 10t	台班	547.99	0.074	0.074
直流弧焊机 32kV·A	台班	87.75	6.139	5.803

2.火炬、排气筒型钢塔架制作、组对

工作内容：型钢检查、放样号料、切割、组对、焊接、整体组装、吊耳制作与安装、搭拆道木堆、外观检查、清理现场等。

计量单位：t

定 额 编 号			A3-6-176	A3-6-177	A3-6-178
项 目 名 称			重量(t以内)		
			30	50	100
基 价（元）			3253.25	3129.26	3012.72
其中	人 工 费（元）		1496.46	1435.28	1379.56
	材 料 费（元）		785.65	754.43	724.45
	机 械 费（元）		971.14	939.55	908.71
名 称	单位	单价（元）	消 耗 量		
人工	综合工日	工日	140.00	10.689	10.252	9.854
材料	主材	t	—	(1.080)	(1.080)	(1.080)
	道木	m³	2137.00	0.030	0.030	0.030
	低碳钢焊条	kg	6.84	24.100	23.590	23.080
	尼龙砂轮片 Φ100	片	2.05	0.490	0.450	0.410
	尼龙砂轮片 Φ180	片	3.42	1.050	0.960	0.890
	热轧厚钢板 δ12~20	kg	3.20	7.250	6.890	6.540
	渗透剂 500mL	瓶	51.90	8.590	8.160	7.750
	氧气	m³	3.63	6.420	6.080	5.750
	乙炔气	kg	10.45	2.140	2.030	1.920
	其他材料费占材料费	%	—	5.000	5.000	5.000
机械	电焊条烘干箱 80×80×100cm³	台班	49.05	0.555	0.538	0.522
	剪板机 20×2500mm	台班	333.30	0.074	0.074	0.065
	门式起重机 20t	台班	644.10	0.223	0.214	0.205
	平板拖车组 20t	台班	1081.33	0.028	0.028	0.028
	汽车式起重机 16t	台班	958.70	0.019	0.019	0.019
	汽车式起重机 20t	台班	1030.31	0.112	0.102	0.102
	汽车式起重机 40t	台班	1526.12	0.028	0.028	0.028
	型钢矫正机 60×800mm	台班	260.94	0.279	0.279	0.251
	载重汽车 8t	台班	501.85	0.019	0.019	0.019
	直流弧焊机 32kV·A	台班	87.75	5.546	5.379	5.220

工作内容：型钢检查、放样号料、切割、组对、焊接、整体组装、吊耳制作与安装、搭拆道木堆、外观检查、清理现场等。

计量单位：t

定 额 编 号				A3-6-179	A3-6-180	A3-6-181
项 目 名 称				重量(t以内)		
				150	200	250
基 价（元）				2969.39	2838.74	2752.47
其中	人 工 费（元）			1335.04	1271.20	1223.88
	材 料 费（元）			696.04	669.34	643.45
	机 械 费（元）			938.31	898.20	885.14
名 称		单位	单价(元)	消 耗 量		
人工	综合工日	工日	140.00	9.536	9.080	8.742
材料	主材	t	—	(1.080)	(1.080)	(1.080)
	道木	m³	2137.00	0.030	0.030	0.030
	低碳钢焊条	kg	6.84	22.600	22.110	21.640
	尼龙砂轮片 φ100	片	2.05	0.380	0.350	0.320
	尼龙砂轮片 φ180	片	3.42	0.800	0.740	0.640
	热轧厚钢板 δ12～20	kg	3.20	6.220	5.910	5.610
	渗透剂 500mL	瓶	51.90	7.360	7.000	6.650
	氧气	m³	3.63	5.450	5.150	4.880
	乙炔气	kg	10.45	1.820	1.720	1.630
	其他材料费占材料费	%	—	5.000	5.000	5.000
机械	电焊条烘干箱 80×80×100cm³	台班	49.05	0.507	0.491	0.477
	剪板机 20×2500mm	台班	333.30	0.065	0.056	0.056
	门式起重机 20t	台班	644.10	0.195	0.186	0.186
	平板拖车组 30t	台班	1243.07	0.028	0.028	0.028
	汽车式起重机 16t	台班	958.70	0.019	0.019	0.019
	汽车式起重机 20t	台班	1030.31	0.102	0.093	0.093
	汽车式起重机 75t	台班	3151.07	0.028	0.028	0.028
	型钢矫正机 60×800mm	台班	260.94	0.251	0.223	0.223
	载重汽车 8t	台班	501.85	0.019	0.019	0.019
	直流弧焊机 32kV·A	台班	87.75	5.069	4.910	4.769

3.火炬、排气筒钢管塔架现场制作、组对

工作内容:型钢检查、摆料、放样号料、切割、组对、焊接、整体组装、吊耳制作与安装、搭拆道木堆、外观检查、清理现场。　　　　　　　　　　　　　　　　　　　　　　　　计量单位:t

定　额　编　号			A3-6-182	A3-6-183	A3-6-184
项　目　名　称			重量(t以内)		
			30	50	100
基　　　价（元）			3407.93	3299.22	3153.47
其中	人　工　费（元）		1631.00	1564.36	1503.74
	材　料　费（元）		834.46	800.06	768.31
	机　械　费（元）		942.47	934.80	881.42
名　　称	单位	单价（元）	消　　耗　　量		
人工 综合工日	工日	140.00	11.650	11.174	10.741
材料 主材	t	—	(1.080)	(1.080)	(1.080)
道木	m³	2137.00	0.030	0.030	0.030
低碳钢焊条	kg	6.84	22.180	21.700	21.400
尼龙砂轮片 φ100	片	2.05	0.510	0.470	0.430
尼龙砂轮片 φ180	片	3.42	1.100	1.010	0.940
热轧厚钢板 δ12～20	kg	3.20	7.250	6.890	6.540
渗透剂 500mL	瓶	51.90	8.590	8.160	7.750
氧气	m³	3.63	16.941	16.062	15.210
乙炔气	kg	10.45	5.647	5.354	5.070
其他材料费占材料费	%	—	3.000	3.000	3.000
机械 电焊条烘干箱 80×80×100cm³	台班	49.05	0.539	0.523	0.508
剪板机 20×2500mm	台班	333.30	0.047	0.047	0.047
门式起重机 20t	台班	644.10	0.223	0.214	0.205
平板拖车组 20t	台班	1081.33	0.056	0.056	0.047
汽车式起重机 16t	台班	958.70	0.037	0.037	0.037
汽车式起重机 20t	台班	1030.31	0.112	0.112	0.102
汽车式起重机 40t	台班	1526.12	0.047	0.056	0.047
直流弧焊机 32kV·A	台班	87.75	5.397	5.228	5.079

工作内容：型钢检查、摆料、放样号料、切割、组对、焊接、整体组装、吊耳制作与安装、搭拆道木堆、外观检查、清理现场。

计量单位：t

定　额　编　号			A3-6-185	A3-6-186	A3-6-187
项　目　名　称			重量(t以内)		
			150	200	250
基　　　价（元）			3136.02	3005.07	2913.58
其中	人　工　费（元）		1455.30	1385.72	1334.06
	材　料　费（元）		735.75	706.68	679.91
	机　械　费（元）		944.97	912.67	899.61
名　　称	单位	单价（元）	消　　耗　　量		
人工	综合工日	工日	140.00	10.395	9.898	9.529
材　料	主材	t	—	(1.080)	(1.080)	(1.080)
	道木	m³	2137.00	0.030	0.030	0.030
	低碳钢焊条	kg	6.84	20.780	20.390	20.190
	尼龙砂轮片 φ100	片	2.05	0.400	0.370	0.340
	尼龙砂轮片 φ180	片	3.42	0.840	0.780	0.670
	热轧厚钢板 δ12～20	kg	3.20	6.220	5.910	5.610
	渗透剂 500mL	瓶	51.90	7.360	7.000	6.610
	氧气	m³	3.63	14.409	13.620	13.200
	乙炔气	kg	10.45	4.803	4.540	4.400
	其他材料费占材料费	%	—	3.000	3.000	3.000
机　械	电焊条烘干箱 80×80×100cm³	台班	49.05	0.493	0.478	0.464
	剪板机 20×2500mm	台班	333.30	0.047	0.037	0.037
	门式起重机 20t	台班	644.10	0.195	0.186	0.186
	平板拖车组 30t	台班	1243.07	0.047	0.047	0.047
	汽车式起重机 16t	台班	958.70	0.037	0.037	0.037
	汽车式起重机 20t	台班	1030.31	0.102	0.093	0.093
	汽车式起重机 75t	台班	3151.07	0.047	0.047	0.047
	直流弧焊机 32kV·A	台班	87.75	4.928	4.778	4.637

4.火炬、排气筒整体吊装
(1)风缆绳式火炬排气筒吊装

工作内容:基础验收、索具设置、放垫铁、检查、试吊、吊装、找正、紧固地脚螺栓等。　计量单位:座

定　额　编　号			A3-6-188	A3-6-189	A3-6-190
项　目　名　称			吊装高度(m以内)		
			40	60	80
基　　　价　(元)			32696.27	36705.05	43038.02
其中	人　工　费　(元)		13418.02	16043.72	18316.34
	材　料　费　(元)		2549.21	3296.89	4235.65
	机　械　费　(元)		16729.04	17364.44	20486.03
名　　　称	单位	单价(元)	消　　耗　　量		
人工	综合工日	工日	140.00	95.843	114.598	130.831
材料	道木	m³	2137.00	0.960	1.240	1.580
	低碳钢焊条	kg	6.84	3.000	3.500	4.000
	镀锌铁丝 φ4.0	kg	3.57	19.000	22.800	26.600
	钢板垫板	kg	5.13	33.000	48.000	70.000
	氧气	m³	3.63	7.200	7.200	9.000
	乙炔气	kg	10.45	2.400	2.400	3.000
	其他材料费占材料费	%	—	8.000	8.000	8.000
机械	电动单筒慢速卷扬机 50kN	台班	215.57	8.367	8.367	10.226
	电焊条烘干箱 60×50×75cm³	台班	26.46	0.074	0.093	0.112
	履带式推土机 90kW	台班	964.33	9.296	9.296	11.156
	平板拖车组 30t	台班	1243.07	0.698	0.837	1.023
	汽车式起重机 16t	台班	958.70	2.789	3.254	3.719
	汽车式起重机 40t	台班	1526.12	0.930	0.930	0.930
	载重汽车 8t	台班	501.85	1.859	1.859	2.324
	直流弧焊机 32kV·A	台班	87.75	0.744	0.930	1.116

工作内容：基础验收、索具设置、放垫铁、检查、试吊、吊装、找正、紧固地脚螺栓等。 计量单位：座

定　额　编　号			A3-6-191	A3-6-192
项　目　名　称			吊装高度(m以内)	
			100	120
基　　　价（元）			60695.56	64776.68
其中	人　工　费（元）		21720.30	26219.62
	材　料　费（元）		4862.33	5523.14
	机　械　费（元）		34112.93	33033.92
名　　　称	单位	单价（元）	消　　耗　　量	
人工　综合工日	工日	140.00	155.145	187.283
材料　道木	m³	2137.00	1.810	2.040
低碳钢焊条	kg	6.84	5.000	6.000
镀锌铁丝 φ4.0	kg	3.57	32.300	38.000
钢板垫板	kg	5.13	82.000	96.000
氧气	m³	3.63	9.000	12.000
乙炔气	kg	10.45	3.000	4.000
其他材料费占材料费	%	—	8.000	8.000
机械　电动单筒慢速卷扬机 50kN	台班	215.57	11.156	13.015
电焊条烘干箱 60×50×75cm³	台班	26.46	0.140	0.186
履带式起重机 150t	台班	3979.80	2.789	2.789
履带式推土机 90kW	台班	964.33	11.156	13.015
平板拖车组 30t	台班	1243.07	1.301	1.673
汽车式起重机 16t	台班	958.70	4.183	—
汽车式起重机 75t	台班	3151.07	0.930	0.930
载重汽车 8t	台班	501.85	2.324	2.789
直流弧焊机 32kV·A	台班	87.75	1.394	1.859

(2)塔架式火炬排气筒吊装

工作内容：基础验收、索具设置、放垫铁、检查、试吊、吊装、找正、紧固地脚螺栓等。　计量单位：座

定　额　编　号			A3-6-193	A3-6-194	A3-6-195
项　目　名　称			吊装高度(m以内)		
			40	60	80
基　　　价（元）			41458.06	54804.15	63745.21
其中	人　工　费（元）		18803.12	22752.80	27703.76
	材　料　费（元）		3305.17	4236.38	5102.17
	机　械　费（元）		19349.77	27814.97	30939.28
名　　称		单位	单价（元）	消　耗　量	
人工	综合工日	工日	140.00	134.308	162.520	197.884
材料	道木	m³	2137.00	1.200	1.550	1.860
	低碳钢焊条	kg	6.84	10.000	14.000	18.000
	镀锌铁丝 φ4.0	kg	3.57	24.000	28.000	33.000
	钢板垫板	kg	5.13	50.000	60.000	70.000
	氧气	m³	3.63	12.000	15.000	21.000
	乙炔气	kg	10.45	4.000	5.000	7.000
	其他材料费占材料费	%	—	8.000	8.000	8.000
机械	电动单筒慢速卷扬机 50kN	台班	215.57	10.226	10.226	13.015
	电焊条烘干箱 60×50×75cm³	台班	26.46	0.149	0.195	0.233
	履带式起重机 150t	台班	3979.80	—	1.859	1.859
	履带式推土机 90kW	台班	964.33	9.296	9.296	11.156
	平板拖车组 30t	台班	1243.07	1.023	1.301	1.673
	汽车式起重机 16t	台班	958.70	3.254	3.719	3.719
	汽车式起重机 60t	台班	2927.21	0.930	0.930	0.930
	载重汽车 8t	台班	501.85	1.859	2.324	2.789
	直流弧焊机 32kV·A	台班	87.75	1.487	1.952	2.324

工作内容：基础验收、索具设置、放垫铁、检查、试吊、吊装、找正、紧固地脚螺栓等。　计量单位：座

定 额 编 号				A3-6-196	A3-6-197
项 目 名 称				吊装高度(m以内)	
				100	120
基 价 （元）				73598.74	92328.40
其中	人 工 费（元）			33954.34	42835.24
	材 料 费（元）			5706.08	7684.84
	机 械 费（元）			33938.32	41808.32
名 称		单位	单价(元)	消 耗 量	
人工	综合工日	工日	140.00	242.531	305.966
材料	道木	m³	2137.00	2.050	2.800
	低碳钢焊条	kg	6.84	23.000	28.000
	镀锌铁丝 φ4.0	kg	3.57	38.000	50.000
	钢板垫板	kg	5.13	80.000	100.000
	氧气	m³	3.63	28.000	35.000
	乙炔气	kg	10.45	9.334	11.667
	其他材料费占材料费	%	—	8.000	8.000
机械	电动单筒慢速卷扬机 50kN	台班	215.57	13.015	16.733
	电焊条烘干箱 60×50×75cm³	台班	26.46	0.279	0.372
	履带式起重机 150t	台班	3979.80	1.859	2.789
	履带式推土机 90kW	台班	964.33	11.156	13.015
	平板拖车组 30t	台班	1243.07	2.045	2.510
	汽车式起重机 100t	台班	4651.90	0.930	0.930
	汽车式起重机 16t	台班	958.70	4.648	5.113
	载重汽车 8t	台班	501.85	2.789	3.719
	直流弧焊机 32kV·A	台班	87.75	2.789	3.719

5. 火炬头安装

工作内容：清扫、搭拆道木堆、吊装找正、焊接、检查等。 计量单位：套

定 额 编 号			A3-6-198	A3-6-199	A3-6-200
项 目 名 称			筒体直径(mm以内)		
			Φ400	Φ500	Φ600
基 价 （元）			1829.09	1943.21	2246.07
其中	人 工 费 （元）		866.60	948.64	1033.62
	材 料 费 （元）		332.32	364.40	417.55
	机 械 费 （元）		630.17	630.17	794.90
名 称		单位	单价(元)	消 耗 量		
人工	综合工日	工日	140.00	6.190	6.776	7.383
材料	不锈钢焊条	kg	38.46	2.850	3.268	4.100
	不锈钢氩弧焊丝 1Cr18Ni9Ti	kg	51.28	0.200	0.219	0.290
	道木	m³	2137.00	0.070	0.070	0.070
	尼龙砂轮片 Φ180	片	3.42	0.660	0.890	1.130
	碳精棒 Φ8~12	根	1.27	3.600	4.200	4.500
	钍钨极棒	g	0.36	9.500	9.500	19.000
	氩气	m³	19.59	0.340	0.580	0.710
	氧气	m³	3.63	3.000	3.900	4.800
	乙炔气	kg	10.45	1.000	1.300	1.600
	其他材料费占材料费	%	—	8.000	8.000	8.000
机械	电动空气压缩机 6m³/min	台班	206.73	0.326	0.326	0.419
	汽车式起重机 16t	台班	958.70	0.372	0.372	0.465
	氩弧焊机 500A	台班	92.58	0.372	0.372	0.558
	载重汽车 8t	台班	501.85	0.186	0.186	0.233
	直流弧焊机 32kV·A	台班	87.75	0.893	0.893	1.070

工作内容：清扫、搭拆道木堆、吊装找正、焊接、检查等。 计量单位：套

定 额 编 号				A3-6-201	A3-6-202
项 目 名 称				筒体直径(mm以内)	
				Φ800	Φ1200
基 价（元）				2574.29	3106.57
其中	人 工 费（元）			1169.98	1422.96
	材 料 费（元）			471.76	561.68
	机 械 费（元）			932.55	1121.93
名 称		单位	单价（元）	消 耗 量	
人工	综合工日	工日	140.00	8.357	10.164
材料	不锈钢焊条	kg	38.46	4.940	6.400
	不锈钢氩弧焊丝 1Cr18Ni9Ti	kg	51.28	0.360	0.520
	道木	m³	2137.00	0.070	0.070
	尼龙砂轮片 Φ180	片	3.42	1.370	1.610
	碳精棒 Φ8~12	根	1.27	5.000	5.500
	钍钨极棒	g	0.36	19.000	28.500
	氩气	m³	19.59	0.930	1.210
	氧气	m³	3.63	6.000	7.200
	乙炔气	kg	10.45	2.000	2.400
	其他材料费占材料费	%	—	8.000	8.000
机械	电动空气压缩机 6m³/min	台班	206.73	0.465	0.558
	汽车式起重机 16t	台班	958.70	0.558	0.651
	氩弧焊机 500A	台班	92.58	0.651	0.837
	载重汽车 8t	台班	501.85	0.279	0.372
	直流弧焊机 32kV·A	台班	87.75	1.153	1.348

五、型钢制作

1. 钢板组合工字钢(H型钢)制作

工作内容：放样、号料、切割、坡口、焊接、矫正、堆放。

计量单位：t

定 额 编 号			A3-6-203	A3-6-204	A3-6-205
项 目 名 称			钢板厚度(mm以内)		
			10～16	16～26	
			工字钢(H型钢)高度(mm以内)		
			400	500	
基 价（元）			3454.57	3007.52	2481.83
其中	人 工 费（元）		1219.82	1029.42	865.20
	材 料 费（元）		656.41	599.78	484.09
	机 械 费（元）		1578.34	1378.32	1132.54
名 称	单位	单价（元）	消 耗 量		
人工 综合工日	工日	140.00	8.713	7.353	6.180
材料 主材	t	—	(1.060)	(1.060)	(1.060)
低碳钢焊条	kg	6.84	54.169	48.612	38.694
木方	m³	1675.21	0.095	0.086	0.067
尼龙砂轮片 φ100	片	2.05	6.565	6.451	4.437
氧气	m³	3.63	12.378	12.218	11.172
乙炔气	kg	10.45	4.126	4.073	3.724
其他材料费占材料费	%		4.000	4.000	4.000
机械 半自动切割机 100mm	台班	83.55	0.270	0.254	0.212
电焊条恒温箱	台班	21.41	0.723	0.649	0.517
电焊条烘干箱 60×50×75cm³	台班	26.46	0.723	0.649	0.517
刨边机 12000mm	台班	569.09	0.236	0.222	0.180
汽车式起重机 16t	台班	958.70	0.734	0.610	0.517
载重汽车 5t	台班	430.70	0.114	0.106	0.090
直流弧焊机 32kV·A	台班	87.75	7.226	6.487	5.165

工作内容：放样、号料、切割、坡口、焊接、矫正、堆放。 计量单位：t

定 额 编 号				A3-6-206	A3-6-207
项 目 名 称				钢板厚度(mm以内)	
				16～26	
				工字钢(H型钢)高度(mm以内)	
				600	600以上
基 价（元）				2085.71	1754.67
其中	人 工 费（元）			692.02	631.12
	材 料 费（元）			420.06	331.67
	机 械 费（元）			973.63	791.88
名 称		单位	单价（元）	消 耗 量	
人工	综合工日	工日	140.00	4.943	4.508
材料	主材	t	—	(1.060)	(1.060)
	低碳钢焊条	kg	6.84	35.103	29.146
	木方	m³	1675.21	0.057	0.038
	尼龙砂轮片 φ100	片	2.05	3.553	2.708
	氧气	m³	3.63	8.579	7.077
	乙炔气	kg	10.45	2.860	2.359
	其他材料费占材料费	%	—	4.000	4.000
机械	半自动切割机 100mm	台班	83.55	0.172	0.140
	电焊条恒温箱	台班	21.41	0.469	0.389
	电焊条烘干箱 60×50×75cm³	台班	26.46	0.469	0.389
	刨边机 12000mm	台班	569.09	0.139	0.111
	汽车式起重机 16t	台班	958.70	0.429	0.340
	载重汽车 5t	台班	430.70	0.082	0.073
	直流弧焊机 32kV·A	台班	87.75	4.685	3.886

2.型钢圈制作
(1)角钢圈制作

工作内容：放样、号料、拼对点焊、滚圆切割、打磨堆放、编号。　　　　　　　　　计量单位：t

定　额　编　号				A3-6-208	A3-6-209	A3-6-210	A3-6-211
项　目　名　称				角钢型号6.3(以内)			
				直径(mm以内)			
				1200	2400	3600	4800
基　　　　价　（元）				2154.62	1909.37	1670.86	1517.91
其中	人　工　费（元）			1184.96	1009.40	831.18	730.94
	材　料　费（元）			196.69	185.54	176.37	170.36
	机　械　费（元）			772.97	714.43	663.31	616.61
名　　称		单位	单价（元）	消　　耗　　量			
人工	综合工日	工日	140.00	8.464	7.210	5.937	5.221
材料	主材	t	—	(1.070)	(1.070)	(1.070)	(1.070)
	低碳钢焊条	kg	6.84	9.523	8.286	7.335	6.830
	尼龙砂轮片 Φ100	片	2.05	1.492	1.454	1.416	1.368
	热轧薄钢板 δ4.0	kg	3.93	21.850	21.850	21.850	21.850
	氧气	m³	3.63	5.187	4.865	4.540	4.218
	乙炔气	kg	10.45	1.729	1.622	1.513	1.406
	其他材料费占材料费	%	—	3.000	3.000	3.000	3.000
机械	电焊条烘干箱 60×50×75cm³	台班	26.46	0.210	0.183	0.162	0.151
	卷板机 30×2000mm	台班	352.40	1.060	0.972	0.884	0.795
	汽车式起重机 16t	台班	958.70	0.155	0.154	0.153	0.149
	载重汽车 5t	台班	430.70	0.141	0.137	0.136	0.133
	直流弧焊机 32kV·A	台班	87.75	2.103	1.828	1.621	1.508

工作内容：放样、号料、拼对点焊、滚圆切割、打磨堆放、编号。计量单位：t

定 额 编 号				A3-6-212	A3-6-213	A3-6-214
项 目 名 称				角钢型号8(以内)		
				直径(mm以内)		
				2400	3600	4800
基 价 （元）				1620.76	1388.45	1277.96
其中	人 工 费（元）			795.90	631.12	563.64
	材 料 费（元）			160.55	147.94	137.21
	机 械 费（元）			664.31	609.39	577.11
名 称		单位	单价（元）	消 耗 量		
人工	综合工日	工日	140.00	5.685	4.508	4.026
材料	主材	t	—	(1.070)	(1.070)	(1.070)
	低碳钢焊条	kg	6.84	7.717	6.698	6.071
	尼龙砂轮片 φ100	片	2.05	1.083	1.017	0.931
	热轧薄钢板 δ4.0	kg	3.93	17.670	17.670	17.670
	氧气	m³	3.63	4.418	3.696	2.859
	乙炔气	kg	10.45	1.473	1.232	0.953
	其他材料费占材料费	%	—	3.000	3.000	3.000
机械	电焊条烘干箱 60×50×75cm³	台班	26.46	0.170	0.148	0.134
	卷板机 30×2000mm	台班	352.40	0.937	0.848	0.795
	汽车式起重机 16t	台班	958.70	0.128	0.125	0.124
	载重汽车 5t	台班	430.70	0.133	0.133	0.132
	直流弧焊机 32kV·A	台班	87.75	1.705	1.476	1.341

(2)槽钢圈制作

工作内容：放样、号料、拼对点焊、滚圆切割、打磨堆放、编号。　　　　　　　计量单位：t

定　额　编　号			A3-6-215	A3-6-216	A3-6-217	A3-6-218
项　目　名　称			槽钢型号12.6(以内)			
			直径(mm以内)			
			2400	3600	4800	6000
基　　　价（元）			1664.40	1469.50	1387.12	1296.21
其中	人　工　费（元）		881.44	774.20	719.18	664.44
	材　料　费（元）		69.74	61.83	57.59	52.18
	机　械　费（元）		713.22	633.47	610.35	579.59
名　　　称	单位	单价(元)	消　　耗　　量			
人工	综合工日	工日	140.00	6.296	5.530	5.137	4.746
材料	主材	t	—	(1.070)	(1.070)	(1.070)	(1.070)
	低碳钢焊条	kg	6.84	7.850	6.951	6.470	5.823
	尼龙砂轮片 φ100	片	2.05	1.280	1.230	1.170	1.120
	氧气	m³	3.63	1.602	1.401	1.302	1.200
	乙炔气	kg	10.45	0.534	0.467	0.434	0.400
	其他材料费占材料费	%	—	3.000	3.000	3.000	3.000
机械	电焊条烘干箱 60×50×75cm³	台班	26.46	0.173	0.153	0.143	0.128
	卷板机 30×2000mm	台班	352.40	1.023	0.865	0.828	0.791
	汽车式起重机 16t	台班	958.70	0.140	0.135	0.135	0.132
	载重汽车 5t	台班	430.70	0.144	0.140	0.139	0.135
	直流弧焊机 32kV·A	台班	87.75	1.731	1.537	1.430	1.285

工作内容：放样、号料、拼对点焊、滚圆切割、打磨堆放、编号。

计量单位：t

定 额 编 号				A3-6-219	A3-6-220	A3-6-221
项 目 名 称				槽钢型号20(以内)		
				直径(mm以内)		
				3600	4800	6000
基 价（元）				1329.54	1254.06	1162.88
其中	人 工 费（元）			686.56	644.98	613.90
	材 料 费（元）			55.72	51.17	46.29
	机 械 费（元）			587.26	557.91	502.69
名 称		单位	单价（元）	消 耗 量		
人工	综合工日	工日	140.00	4.904	4.607	4.385
材料	主材	t	—	(1.070)	(1.070)	(1.070)
	低碳钢焊条	kg	6.84	6.116	5.694	5.120
	尼龙砂轮片 φ100	片	2.05	1.120	1.070	1.020
	氧气	m³	3.63	1.401	1.200	1.101
	乙炔气	kg	10.45	0.467	0.400	0.367
	其他材料费占材料费	%	—	3.000	3.000	3.000
机械	电焊条烘干箱 60×50×75cm³	台班	26.46	0.135	0.126	0.113
	卷板机 30×2000mm	台班	352.40	0.818	0.763	0.651
	汽车式起重机 16t	台班	958.70	0.126	0.125	0.121
	载重汽车 5t	台班	430.70	0.130	0.129	0.128
	直流弧焊机 32kV·A	台班	87.75	1.352	1.257	1.130

(3)扁钢圈制作

工作内容：放样、号料、拼对点焊、滚圆切割、打磨堆放、编号。　　　　　　　　　　计量单位：t

定　额　编　号				A3-6-222	A3-6-223	A3-6-224	A3-6-225
项　目　名　称				扁钢型号20～50(以内)			
				直径(mm以内)			
				1200	2400	3600	4800
基　　　　价（元）				2538.39	2290.52	1945.42	1677.62
其中	人　工　费（元）			1925.28	1723.54	1429.96	1195.74
	材　料　费（元）			164.88	143.42	123.37	109.78
	机　械　费（元）			448.23	423.56	392.09	372.10
名　　称		单位	单价（元）	消　　耗　　量			
人工	综合工日	工日	140.00	13.752	12.311	10.214	8.541
材料	主材	t	—	(1.070)	(1.070)	(1.070)	(1.070)
	低碳钢焊条	kg	6.84	12.123	10.890	9.558	8.892
	尼龙砂轮片 ϕ100	片	2.05	1.630	1.580	1.530	1.480
	氧气	m³	3.63	10.377	8.648	7.207	6.006
	乙炔气	kg	10.45	3.459	2.883	2.402	2.002
	其他材料费占材料费	%	—	3.000	3.000	3.000	3.000
机械	电焊条烘干箱 60×50×75cm³	台班	26.46	0.268	0.241	0.211	0.196
	汽车式起重机 16t	台班	958.70	0.140	0.140	0.135	0.130
	载重汽车 5t	台班	430.70	0.167	0.167	0.167	0.163
	直流弧焊机 32kV·A	台班	87.75	2.678	2.405	2.110	1.961

工作内容：放样、号料、拼对点焊、滚圆切割、打磨堆放、编号。 计量单位：t

定　额　编　号			A3-6-226	A3-6-227	A3-6-228	A3-6-229
项　目　名　称			扁钢型号55～80（以内）			
			直径(mm以内)			
			2400	3600	4800	6000
基　　　价（元）			2015.88	1724.81	1562.14	1361.38
其中	人　工　费（元）		1493.94	1249.92	1127.84	944.44
	材　料　费（元）		131.62	112.79	97.55	88.03
	机　械　费（元）		390.32	362.10	336.75	328.91
名　　称	单位	单价（元）	消　　耗　　量			
人工	综合工日	工日	140.00	10.671	8.928	8.056	6.746
材料	主材	t	—	(1.070)	(1.070)	(1.070)	(1.070)
	低碳钢焊条	kg	6.84	9.996	8.696	7.693	7.310
	尼龙砂轮片 φ100	片	2.05	1.530	1.480	1.430	1.380
	氧气	m³	3.63	7.927	6.606	5.505	4.588
	乙炔气	kg	10.45	2.632	2.202	1.835	1.529
	其他材料费占材料费	%	—	3.000	3.000	3.000	3.000
机械	电焊条烘干箱 60×50×75cm³	台班	26.46	0.221	0.192	0.170	0.162
	汽车式起重机 16t	台班	958.70	0.132	0.130	0.126	0.126
	载重汽车 5t	台班	430.70	0.149	0.149	0.145	0.144
	直流弧焊机 32kV·A	台班	87.75	2.208	1.917	1.698	1.616

3.型钢煨制胎具
（1）角钢、扁钢

工作内容：样板制作、号料、切割、打磨、组对、整形、成品检查等。 计量单位：个

定 额 编 号				A3-6-230	A3-6-231	A3-6-232	A3-6-233
项 目 名 称				煨制直径(mm以内)			
				1200	1400	1600	1800
基 价（元）				67.97	81.03	89.02	98.75
其中	人 工 费（元）			9.38	12.32	13.44	16.38
	材 料 费（元）			58.59	68.71	75.58	82.37
	机 械 费（元）			—	—	—	—
名 称	单位	单价（元）		消 耗 量			
人工	综合工日	工日	140.00	0.067	0.088	0.096	0.117
材料	六角螺栓 M30×200	套	8.76	0.600	0.600	0.600	0.600
	尼龙砂轮片 φ150	片	3.32	0.090	0.090	0.090	0.100
	热轧厚钢板 δ10	kg	3.20	11.000	14.000	16.000	18.000
	氧气	m³	3.63	0.060	0.070	0.080	0.090
	乙炔气	kg	10.45	0.020	0.020	0.030	0.030
	圆钢卡子 φ50	kg	6.77	0.600	0.600	0.600	0.600
	铸钢 235号	kg	3.52	3.000	3.000	3.000	3.000
	其他材料费占材料费	%	—	5.000	5.000	5.000	5.000

工作内容：样板制作、号料、切割、打磨、组对、整形、成品检查等。　　　　　　　　计量单位：个

定 额 编 号			A3-6-234	A3-6-235	A3-6-236
项 目 名 称			煨制直径(mm以内)		
			2000	2200	2400
基 价（元）			112.83	125.63	138.06
其中	人 工 费（元）		16.94	17.64	19.88
	材 料 费（元）		95.89	107.99	118.18
	机 械 费（元）		—	—	—
名 称	单位	单价(元)	消 耗 量		
人工	综合工日	工日	140.00	0.121	0.126	0.142
材料	六角螺栓 M30×200	套	8.76	0.600	0.800	0.800
	尼龙砂轮片 φ150	片	3.32	0.110	0.120	0.140
	热轧厚钢板 δ10	kg	3.20	22.000	25.000	28.000
	氧气	m³	3.63	0.100	0.110	0.120
	乙炔气	kg	10.45	0.030	0.040	0.040
	圆钢卡子 φ50	kg	6.77	0.600	0.600	0.600
	铸钢 235号	kg	3.52	3.000	3.000	3.000
	其他材料费占材料费	%	—	5.000	5.000	5.000

工作内容：样板制作、号料、切割、打磨、组对、整形、成品检查等。　　　　　　　　　　　　　计量单位：个

定　额　编　号				A3-6-237	A3-6-238	A3-6-239
项　目　名　称				煨制直径（mm以内）		
				2600	3000	3600
基　　　价（元）				153.88	194.90	233.93
其中	人　工　费（元）			22.26	26.32	28.14
	材　料　费（元）			131.62	168.58	205.79
	机　械　费（元）			—	—	—
名　称		单位	单价（元）	消　　耗　　量		
人工	综合工日	工日	140.00	0.159	0.188	0.201
材料	六角螺栓 M30×200	套	8.76	0.800	0.800	0.800
	尼龙砂轮片 φ150	片	3.32	0.140	0.140	0.160
	热轧厚钢板 δ10	kg	3.20	32.000	43.000	54.000
	氧气	m³	3.63	0.120	0.120	0.140
	乙炔气	kg	10.45	0.040	0.040	0.050
	圆钢卡子 φ50	kg	6.77	0.600	0.600	0.600
	铸钢 235号	kg	3.52	3.000	3.000	3.000
	其他材料费占材料费	%	—	5.000	5.000	5.000

工作内容：样板制作、号料、切割、打磨、组对、整形、成品检查等。 计量单位：个

定　额　编　号			A3-6-240	A3-6-241	A3-6-242
项　目　名　称			煨制直径(mm以内)		
			4000	4400	4800
基　　　　　价（元）			278.21	351.66	388.94
其中	人　工　费（元）		29.26	31.64	38.08
	材　料　费（元）		248.95	320.02	350.86
	机　械　费（元）		—	—	—
名　　　称	单位	单价(元)	消　　耗　　量		
人工 综合工日	工日	140.00	0.209	0.226	0.272
材　　　　料 六角螺栓 M30×200	套	8.76	0.800	0.600	1.000
尼龙砂轮片 φ150	片	3.32	0.180	0.200	0.230
热轧厚钢板 δ10	kg	3.20	66.800	88.000	96.000
氧气	m³	3.63	0.160	0.180	0.200
乙炔气	kg	10.45	0.050	0.060	0.070
圆钢卡子 φ50	kg	6.77	0.600	0.800	0.800
铸钢 235号	kg	3.52	3.000	3.000	3.000
其他材料费占材料费	%	—	5.000	5.000	5.000

(2)槽钢、工字钢

工作内容：样板制作、号料、切割、打磨、组对、整形、成品检查等。 计量单位：个

定 额 编 号				A3-6-243	A3-6-244	A3-6-245
项 目 名 称				煨制直径(mm以内)		
				2400	3000	4000
基 价（元）				226.77	353.01	501.19
其中	人 工 费（元）			18.20	24.64	33.46
	材 料 费（元）			183.45	293.43	420.99
	机 械 费（元）			25.12	34.94	46.74
名 称		单位	单价（元）	消 耗 量		
人工	综合工日	工日	140.00	0.130	0.176	0.239
材料	低碳钢焊条	kg	6.84	0.700	0.950	1.290
	尼龙砂轮片 φ150	片	3.32	0.210	0.290	0.390
	热轧厚钢板 δ10	kg	3.20	46.000	78.000	115.000
	氧气	m³	3.63	0.129	0.180	0.240
	乙炔气	kg	10.45	0.042	0.060	0.080
	铸钢 235号	kg	3.52	6.000	6.000	6.000
	其他材料费占材料费	%	—	5.000	5.000	5.000
机械	电焊条烘干箱 60×50×75cm³	台班	26.46	0.013	0.018	0.024
	剪板机 20×2500mm	台班	333.30	0.011	0.018	0.024
	桥式起重机 15t	台班	293.90	0.033	0.044	0.058
	直流弧焊机 32kV·A	台班	87.75	0.130	0.177	0.240

工作内容：样板制作、号料、切割、打磨、组对、整形、成品检查等。　　　　　　　　　计量单位：个

定　额　编　号				A3-6-246	A3-6-247
项　目　名　称				煨制直径(mm以内)	
				5000	6000
基　　　价（元）				672.79	902.79
其中	人　工　费（元）			45.22	61.46
	材　料　费（元）			563.29	754.03
	机　械　费（元）			64.28	87.30
名　　称		单位	单价（元）	消　耗　　量	
人工	综合工日	工日	140.00	0.323	0.439
材料	低碳钢焊条	kg	6.84	1.760	2.380
	尼龙砂轮片 φ150	片	3.32	0.530	0.720
	热轧厚钢板 δ10	kg	3.20	156.000	211.000
	氧气	m³	3.63	0.330	0.441
	乙炔气	kg	10.45	0.110	0.147
	铸钢 235号	kg	3.52	6.000	6.000
	其他材料费占材料费	%	—	5.000	5.000
机械	电焊条烘干箱 60×50×75cm³	台班	26.46	0.033	0.045
	剪板机 20×2500mm	台班	333.30	0.033	0.045
	桥式起重机 15t	台班	293.90	0.081	0.110
	直流弧焊机 32kV·A	台班	87.75	0.326	0.442

第七章 撬块安装

说　　明

一、本章包括设备类工艺单元、泵类工艺单元、应急发电机组工艺单元、仪表供风工艺单元（撬块）安装。

二、本章定额不包括以下工作内容：

1. 撬块内散装到货的设备、部件、配管等安装就位；

2. 撬上的房屋搭设；

3. 无损检测；

4. 防腐、保温、电伴热安装。

三、撬块安装是根据目前施工现场较普遍采用的施工方法综合取定，如实际情况与定额不同时，除特殊情况另有规定外，定额不得调整。

工程量计算规则

　　设备类工艺单元（撬块）安装、泵类工艺单元（撬块）安装、应急发电机组工艺单元（撬块）安装、仪表供风工艺单元（撬块）安装，按撬块单元底座截面投影面积和设备重量，以"套"为计量单位。

一、设备类工艺单元(撬块)

工作内容：施工准备、基础处理、垫铁设置、单元整体吊装就位、安装找正、单元底座上电气仪表连接件组装紧固、单元系统试压、单元调试、配合检查验收。

计量单位：套

定　额　编　号			A3-7-1	A3-7-2	A3-7-3
项　目　名　称			撬块面积10㎡以内		
			设备重量(t以内)		
			5	10	15
基　　　价（元）			5374.50	6663.58	9733.88
其中	人　工　费（元）		1969.10	2941.82	4064.06
	材　料　费（元）		1884.90	1984.66	2101.83
	机　械　费（元）		1520.50	1737.10	3567.99
名　　　称	单位	单价（元）	消　　耗　　量		
人工 综合工日	工日	140.00	14.065	21.013	29.029
材料 道木	m³	2137.00	0.550	0.550	0.550
低碳钢焊条	kg	6.84	2.600	3.100	3.400
钢板	kg	3.17	46.600	49.200	53.300
焊锡膏	kg	14.53	0.100	0.100	0.100
黄腊带 20mm×10m	卷	7.69	2.400	2.800	3.100
机油	kg	19.66	1.400	1.400	1.400
接线铜端子头	个	0.30	10.000	10.000	10.000
六角螺栓带螺母(综合)	kg	12.20	4.400	5.000	5.800
铝芯橡皮绝缘电线 BLX-2.5mm²	m	0.51	18.000	22.200	25.100
盲板	kg	6.07	6.200	6.200	6.200
煤油	kg	3.73	2.400	2.400	2.400
尼龙砂轮片 φ150	片	3.32	2.600	3.000	3.500
平垫铁	kg	3.74	10.400	13.000	16.000
汽油	kg	6.77	2.400	2.400	2.400
润滑油	kg	5.98	0.750	0.800	0.950
石棉布 δ2.5	㎡	18.80	0.850	0.950	1.100
石棉橡胶板	kg	9.40	0.800	1.100	1.500

续表

定　额　编　号				A3-7-1	A3-7-2	A3-7-3
项　目　名　称				撬块面积10m²以内		
				设备重量(t以内)		
				5	10	15
名　　称		单位	单价(元)	消　　耗　　量		
材料	水	t	7.96	20.000	25.000	30.000
	铁砂布	张	0.85	2.000	2.000	2.000
	斜垫铁	kg	3.50	20.800	25.600	32.500
	氧气	m³	3.63	0.530	0.530	0.650
	乙炔气	kg	10.45	0.180	0.180	0.220
	其他材料费占材料费	%	—	3.000	3.000	3.000
机械	叉式起重机 5t	台班	506.51	0.760	0.760	0.950
	电动单级离心清水泵 50mm	台班	27.04	0.390	0.390	0.480
	电动空气压缩机 1m³/min	台班	50.29	0.210	0.210	0.240
	电焊条烘干箱 80×80×100cm³	台班	49.05	0.050	0.100	0.100
	硅整流弧焊机 20kV·A	台班	56.65	0.490	0.950	0.950
	平板拖车组 20t	台班	1081.33	—	—	0.430
	汽车式起重机 16t	台班	958.70	0.290	0.340	—
	汽车式起重机 25t	台班	1084.16	—	—	0.380
	汽车式起重机 30t	台班	1127.57	0.570	0.670	—
	汽车式起重机 50t	台班	2464.07	—	—	0.860
	试压泵 60MPa	台班	24.08	0.190	0.190	0.290
	载重汽车 10t	台班	547.99	0.290	0.340	—

工作内容：施工准备、基础处理、垫铁设置、单元整体吊装就位、安装找正、单元底座上电气仪表连接件组装紧固、单元系统试压、单元调试、配合检查验收。

计量单位：套

定　额　编　号				A3-7-4	A3-7-5	A3-7-6
项　目　名　称				撬块面积20m²以内		
				设备重量(t以内)		
				10	20	30
基　　　价（元）				10180.40	14437.15	20102.85
其中	人　工　费（元）			5041.68	6506.50	8075.62
	材　料　费（元）			2651.38	2799.17	2934.39
	机　械　费（元）			2487.34	5131.48	9092.84
名　　　称		单位	单价（元）	消　　耗　　量		
人工	综合工日	工日	140.00	36.012	46.475	57.683
材料	道木	m³	2137.00	0.720	0.720	0.720
	低碳钢焊条	kg	6.84	3.500	4.000	4.400
	钢板	kg	3.17	59.200	61.600	67.300
	焊锡膏	kg	14.53	0.200	0.200	0.200
	黄腊带 20mm×10m	卷	7.69	3.300	3.900	4.700
	机油	kg	19.66	1.800	1.800	1.800
	接线铜端子头	个	0.30	14.000	14.000	14.000
	六角螺栓带螺母(综合)	kg	12.20	6.000	6.700	7.400
	铝芯橡皮绝缘电线 BLX-2.5mm²	m	0.51	25.800	27.900	30.200
	盲板	kg	6.07	7.000	7.000	7.000
	煤油	kg	3.73	3.000	3.000	3.000
	尼龙砂轮片 φ150	片	3.32	3.500	4.000	4.500
	平垫铁	kg	3.74	20.000	26.000	30.000
	汽油	kg	6.77	3.000	3.000	3.000
	润滑油	kg	5.98	1.000	1.250	1.450
	石棉布 δ2.5	m²	18.80	1.200	1.420	1.650
	石棉橡胶板	kg	9.40	1.500	2.000	2.600
	水	t	7.96	40.000	45.000	50.000

329

续表

定 额 编 号				A3-7-4	A3-7-5	A3-7-6
项 目 名 称				撬块面积20m²以内		
				设备重量(t以内)		
				10	20	30
名 称	单位	单价(元)		消 耗 量		
材料	铁砂布	张	0.85	3.000	3.000	3.000
	斜垫铁	kg	3.50	40.220	52.620	60.160
	氧气	m³	3.63	0.690	0.770	0.860
	乙炔气	kg	10.45	0.230	0.260	0.290
	其他材料费占材料费	%	—	3.000	3.000	3.000
机械	叉式起重机 5t	台班	506.51	0.950	1.220	1.430
	电动单级离心清水泵 50mm	台班	27.04	0.570	0.710	0.860
	电动空气压缩机 1m³/min	台班	50.29	0.290	0.290	0.290
	电焊条烘干箱 80×80×100cm³	台班	49.05	0.100	0.100	0.100
	硅整流弧焊机 20kV·A	台班	56.65	0.950	0.950	0.950
	平板拖车组 20t	台班	1081.33	—	0.570	—
	平板拖车组 40t	台班	1446.84	—	—	0.760
	汽车式起重机 25t	台班	1084.16	0.480	—	—
	汽车式起重机 30t	台班	1127.57	0.900	0.570	—
	汽车式起重机 50t	台班	2464.07	—	1.280	0.760
	汽车式起重机 80t	台班	3700.51	—	—	1.430
	试压泵 60MPa	台班	24.08	0.330	0.330	0.330
	载重汽车 15t	台班	779.76	0.480	—	—

工作内容：施工准备、基础处理、垫铁设置、单元整体吊装就位、安装找正、单元底座上电气仪表连接件组装紧固、单元系统试压、单元调试、配合检查验收。

计量单位：套

定 额 编 号				A3-7-7	A3-7-8	A3-7-9
项 目 名 称				撬块面积30m²以内		
				设备重量(t以内)		
				20	40	50
基 价 （元）				20866.04	27766.68	39216.79
其中	人 工 费 （元）			9289.70	11489.94	14135.94
	材 料 费 （元）			4186.39	4524.85	4867.56
	机 械 费 （元）			7389.95	11751.89	20213.29
名 称		单位	单价(元)	消 耗 量		
人工	综合工日	工日	140.00	66.355	82.071	100.971
材料	道木	m³	2137.00	1.140	1.140	1.140
	低碳钢焊条	kg	6.84	4.600	5.100	5.600
	钢板	kg	3.17	82.400	87.800	96.500
	焊锡膏	kg	14.53	0.400	0.400	0.400
	黄腊带 20mm×10m	卷	7.69	4.900	6.300	7.100
	机油	kg	19.66	2.500	2.500	2.500
	接线铜端子头	个	0.30	16.000	16.000	16.000
	六角螺栓带螺母(综合)	kg	12.20	8.000	8.800	10.000
	铝芯橡皮绝缘电线 BLX-2.5mm²	m	0.51	30.900	34.800	38.000
	盲板	kg	6.07	9.000	9.000	9.000
	煤油	kg	3.73	4.000	4.000	4.000
	尼龙砂轮片 φ150	片	3.32	5.000	5.600	6.800
	平垫铁	kg	3.74	42.000	56.140	61.200
	汽油	kg	6.77	4.000	4.000	4.000
	润滑油	kg	5.98	1.500	2.100	2.800
	石棉布 δ2.5	m²	18.80	1.710	2.000	2.400
	石棉橡胶板	kg	9.40	3.200	3.800	4.500
	水	t	7.96	60.000	80.000	100.000

定　额　编　号			A3-7-7	A3-7-8	A3-7-9
项　目　名　称			撬块面积30m²以内		
			设备重量(t以内)		
			20	40	50
名　　称	单位	单价(元)	消　　耗　　量		
材料 铁砂布	张	0.85	4.000	4.000	4.000
斜垫铁	kg	3.50	84.500	100.280	122.400
氧气	m³	3.63	0.910	1.140	1.350
乙炔气	kg	10.45	0.310	0.380	0.450
其他材料费占材料费	%	—	3.000	3.000	3.000
机械 叉式起重机 5t	台班	506.51	1.710	1.900	2.660
电动单级离心清水泵 50mm	台班	27.04	0.950	1.190	1.900
电动空气压缩机 1m³/min	台班	50.29	0.950	0.950	0.950
电焊条烘干箱 80×80×100cm³	台班	49.05	0.120	0.140	0.170
硅整流弧焊机 20kV·A	台班	56.65	1.240	1.430	1.710
平板拖车组 20t	台班	1081.33	0.760	—	—
平板拖车组 40t	台班	1446.84	—	0.820	—
平板拖车组 60t	台班	1611.30	—	—	0.820
汽车式起重机 100t	台班	4651.90	—	—	3.040
汽车式起重机 30t	台班	1127.57	0.760	—	—
汽车式起重机 50t	台班	2464.07	1.900	0.820	—
汽车式起重机 80t	台班	3700.51	—	2.000	0.860
试压泵 60MPa	台班	24.08	0.570	0.570	0.670

二、泵类工艺单元(撬块)

工作内容：施工准备、基础处理、垫铁设置、单元整体吊装就位、安装找正、单元底座上电气仪表连接件
组装紧固、单元系统试压、单元调试、配合检查验收。

计量单位：套

定　额　编　号				A3-7-10	A3-7-11	A3-7-12
项　目　名　称				撬块面积10㎡以内		
				设备重量(t以内)		
				5	10	15
基　　　价（元）				4735.53	5873.60	8402.54
其中	人　工　费（元）			1693.86	2340.94	2880.92
	材　料　费（元）			1555.57	1632.28	1715.86
	机　械　费（元）			1486.10	1900.38	3805.76
名　　称		单位	单价（元）	消　　耗　　量		
人工	综合工日	工日	140.00	12.099	16.721	20.578
材料	道木	m³	2137.00	0.520	0.520	0.520
	低碳钢焊条	kg	6.84	1.500	2.000	2.400
	钢板	kg	3.17	38.960	39.700	40.900
	焊锡膏	kg	14.53	0.020	0.020	0.020
	黄腊带 20mm×10m	卷	7.69	2.320	2.760	2.890
	接线铜端子头	个	0.30	6.000	6.000	6.000
	铝芯橡皮绝缘电线 BLX-16mm²	m	2.14	8.000	10.500	11.300
	铝芯橡皮绝缘电线 BLX-2.5mm²	m	0.51	12.000	12.000	13.500
	铝芯橡皮绝缘电线 BLX-25mm²	m	3.59	3.500	4.500	5.000
	煤油	kg	3.73	0.460	0.580	0.640
	尼龙砂轮片 φ150	片	3.32	1.200	1.500	1.700
	平垫铁	kg	3.74	8.100	10.000	12.000
	润滑油	kg	5.98	0.690	0.690	0.690
	石棉布 δ2.5	㎡	18.80	0.230	0.230	0.230
	石棉橡胶板	kg	9.40	2.000	2.200	2.500
	水	t	7.96	10.000	15.000	20.000

续表

定 额 编 号			A3-7-10	A3-7-11	A3-7-12
项 目 名 称			撬块面积10m²以内		
			设备重量(t以内)		
			5	10	15
名 称	单位	单价(元)	消 耗 量		
材料 铁砂布	张	0.85	2.000	2.000	2.000
斜垫铁	kg	3.50	17.600	19.360	24.600
氧气	m³	3.63	0.470	0.470	0.470
乙炔气	kg	10.45	0.160	0.160	0.160
其他材料费占材料费	%	—	3.000	3.000	3.000
机械 叉式起重机 5t	台班	506.51	0.480	0.760	0.950
电动单级离心清水泵 50mm	台班	27.04	0.190	0.290	0.430
电动空气压缩机 1m³/min	台班	50.29	0.150	0.190	0.290
电焊条烘干箱 80×80×100cm³	台班	49.05	0.030	0.060	0.100
硅整流弧焊机 20kV·A	台班	56.65	0.330	0.570	0.950
汽车式起重机 16t	台班	958.70	0.300	0.340	—
汽车式起重机 25t	台班	1084.16	—	—	0.480
汽车式起重机 30t	台班	1127.57	0.670	0.840	—
汽车式起重机 50t	台班	2464.07	—	—	0.950
试压泵 60MPa	台班	24.08	0.110	0.140	0.170
载重汽车 10t	台班	547.99	0.300	0.340	—
载重汽车 15t	台班	779.76	—	—	0.480

工作内容：施工准备、基础处理、垫铁设置、单元整体吊装就位、安装找正、单元底座上电气仪表连接件组装紧固、单元系统试压、单元调试、配合检查验收。

计量单位：套

定 额 编 号				A3-7-13	A3-7-14	A3-7-15
项 目 名 称				撬块面积20㎡以内		
				设备重量(t以内)		
				10	20	30
基 价 （元）				8731.70	10139.25	11163.57
其中	人 工 费 （元）			3558.94	4232.20	4714.78
	材 料 费 （元）			1944.85	2059.22	2186.94
	机 械 费 （元）			3227.91	3847.83	4261.85
名 称		单位	单价(元)	消 耗 量		
人工	综合工日	工日	140.00	25.421	30.230	33.677
材料	道木	m³	2137.00	0.620	0.620	0.620
	低碳钢焊条	kg	6.84	2.400	3.000	3.600
	钢板	kg	3.17	46.500	50.800	53.750
	焊锡膏	kg	14.53	0.040	0.040	0.040
	黄腊带 20mm×10m	卷	7.69	2.900	3.200	3.500
	接线铜端子头	个	0.30	8.000	8.000	8.000
	铝芯橡皮绝缘电线 BLX-16mm²	m	2.14	12.000	17.500	18.700
	铝芯橡皮绝缘电线 BLX-2.5mm²	m	0.51	14.500	17.000	18.000
	铝芯橡皮绝缘电线 BLX-25mm²	m	3.59	5.500	6.500	7.000
	煤油	kg	3.73	0.700	0.800	0.880
	尼龙砂轮片 φ150	片	3.32	1.700	2.000	2.200
	平垫铁	kg	3.74	14.000	18.000	22.000
	润滑油	kg	5.98	0.950	0.950	0.950
	石棉布 δ2.5	㎡	18.80	0.250	0.300	0.350
	石棉橡胶板	kg	9.40	2.500	3.000	3.500
	水	t	7.96	15.000	20.000	25.000

续表

定 额 编 号			A3-7-13	A3-7-14	A3-7-15
项 目 名 称			撬块面积20m²以内		
			设备重量(t以内)		
			10	20	30
名 称	单位	单价(元)	消	耗	量
铁砂布	张	0.85	3.000	3.000	3.000
斜垫铁	kg	3.50	28.800	32.400	44.400
氧气	m³	3.63	0.580	0.580	0.580
乙炔气	kg	10.45	0.190	0.190	0.190
其他材料费占材料费	%	—	3.000	3.000	3.000
叉式起重机 5t	台班	506.51	0.760	0.950	1.240
电动单级离心清水泵 50mm	台班	27.04	0.370	0.530	0.740
电动空气压缩机 1m³/min	台班	50.29	0.240	0.290	0.400
电焊条烘干箱 80×80×100cm³	台班	49.05	0.080	0.100	0.120
硅整流弧焊机 20kV·A	台班	56.65	0.800	0.950	1.240
平板拖车组 20t	台班	1081.33	—	0.430	—
平板拖车组 40t	台班	1446.84	—	—	0.570
汽车式起重机 25t	台班	1084.16	0.400	0.430	—
汽车式起重机 50t	台班	2464.07	0.820	0.950	1.090
试压泵 60MPa	台班	24.08	0.230	0.290	0.290
载重汽车 15t	台班	779.76	0.400	—	—

材料 (行标 "材料")
机械 (行标 "机械")

336

工作内容：施工准备、基础处理、垫铁设置、单元整体吊装就位、安装找正、单元底座上电气仪表连接件组装紧固、单元系统试压、单元调试、配合检查验收。

计量单位：套

定　额　编　号				A3-7-16	A3-7-17	A3-7-18
项　目　名　称				撬块面积30m²以内		
				设备重量(t以内)		
				20	40	50
基　　　价（元）				13397.43	15873.01	20353.88
其中	人　工　费（元）			5133.66	5874.54	6909.28
	材　料　费（元）			2499.73	2676.82	2849.11
	机　械　费（元）			5764.04	7321.65	10595.49
名　　称		单位	单价(元)	消　　耗　　量		
人工	综合工日	工日	140.00	36.669	41.961	49.352
材料	道木	m³	2137.00	0.720	0.720	0.720
	低碳钢焊条	kg	6.84	3.500	4.000	5.200
	钢板	kg	3.17	61.800	69.100	74.200
	焊锡膏	kg	14.53	0.060	0.060	0.060
	黄腊带 20mm×10m	卷	7.69	3.500	4.000	4.800
	接线铜端子头	个	0.30	10.000	10.000	10.000
	铝芯橡皮绝缘电线 BLX-16mm²	m	2.14	19.000	23.000	27.600
	铝芯橡皮绝缘电线 BLX-2.5mm²	m	0.51	18.000	22.000	25.000
	铝芯橡皮绝缘电线 BLX-25mm²	m	3.59	7.500	10.000	11.500
	煤油	kg	3.73	0.900	1.200	1.450
	尼龙砂轮片 φ150	片	3.32	2.500	3.000	3.500
	平垫铁	kg	3.74	24.000	30.400	37.100
	润滑油	kg	5.98	1.200	1.200	1.200
	石棉布 δ2.5	m²	18.80	0.360	0.500	0.550
	石棉橡胶板	kg	9.40	3.000	4.000	4.500
	水	t	7.96	30.000	35.000	40.000
	铁砂布	张	0.85	4.000	4.000	4.000

续表

定 额 编 号				A3-7-16	A3-7-17	A3-7-18
项 目 名 称				撬块面积30m²以内		
				设备重量(t以内)		
				20	40	50
名 称		单位	单价(元)	消 耗		量
材料	斜垫铁	kg	3.50	48.400	60.800	74.200
	氧气	m³	3.63	0.800	0.800	0.800
	乙炔气	kg	10.45	0.270	0.270	0.270
	其他材料费占材料费	%	—	3.000	3.000	3.000
机械	叉式起重机 5t	台班	506.51	1.140	1.430	1.900
	电动单级离心清水泵 50mm	台班	27.04	0.550	0.630	0.690
	电动空气压缩机 1m³/min	台班	50.29	0.400	0.500	0.590
	电焊条烘干箱 80×80×100cm³	台班	49.05	0.120	0.130	0.150
	硅整流弧焊机 20kV·A	台班	56.65	1.190	1.290	1.500
	平板拖车组 20t	台班	1081.33	0.590	—	—
	平板拖车组 40t	台班	1446.84	—	0.650	—
	平板拖车组 60t	台班	1611.30	—	—	0.760
	汽车式起重机 100t	台班	4651.90	—	—	1.170
	汽车式起重机 25t	台班	1084.16	0.590	—	—
	汽车式起重机 50t	台班	2464.07	1.540	0.650	—
	汽车式起重机 80t	台班	3700.51	—	1.060	0.760
	试压泵 60MPa	台班	24.08	0.250	0.460	0.530

三、应急发电机组工艺单元(撬块)

工作内容：施工准备、基础处理、垫铁设置、单元整体吊装就位、安装找正、单元底座上电气仪表连接件组装紧固、单元系统试压、单元调试、配合检查验收。

计量单位：套

定 额 编 号				A3-7-19	A3-7-20
项 目 名 称				撬块面积10㎡以内	
				设备重量(t以内)	
				5	10
基 价（元）				4438.33	5640.13
其中	人 工 费（元）			1431.08	2314.62
	材 料 费（元）			1567.83	1619.10
	机 械 费（元）			1439.42	1706.41
名 称		单位	单价（元）	消 耗 量	
人工	综合工日	工日	140.00	10.222	16.533
材料	道木	㎥	2137.00	0.590	0.590
	低碳钢焊条	kg	6.84	0.900	1.200
	钢板	kg	3.17	42.800	53.800
	接线铜端子头	个	0.30	10.000	10.000
	铝芯橡皮绝缘电线 BLX-16mm²	m	2.14	2.600	2.900
	铝芯橡皮绝缘电线 BLX-25mm²	m	3.59	3.800	4.400
	平垫铁	kg	3.74	8.900	10.000
	斜垫铁	kg	3.50	17.800	19.500
	氧气	㎥	3.63	0.240	0.240
	乙炔气	kg	10.45	0.080	0.080
	其他材料费占材料费	%	—	3.000	3.000
机械	叉式起重机 5t	台班	506.51	0.480	0.570
	电焊条烘干箱 80×80×100cm³	台班	49.05	0.030	0.050
	硅整流弧焊机 20kV·A	台班	56.65	0.290	0.480
	汽车式起重机 16t	台班	958.70	0.300	0.360
	汽车式起重机 25t	台班	1084.16	0.670	0.780
	载重汽车 10t	台班	547.99	0.300	0.360

339

工作内容：施工准备、基础处理、垫铁设置、单元整体吊装就位、安装找正、单元底座上电气仪表连接件组装紧固、单元系统试压、单元调试、配合检查验收。

计量单位：套

定　额　编　号			A3-7-21	A3-7-22	A3-7-23
项　目　名　称			撬块面积20m²以内		
			设备重量(t以内)		
			5	10	15
基　　　　价（元）			5980.09	6648.10	9774.10
其中	人　工　费（元）		2649.92	3003.98	3500.70
	材　料　费（元）		1721.16	1761.05	1821.37
	机　械　费（元）		1609.01	1883.07	4452.03
名　　　称		单位	单价(元)	消　　耗　　量		
人工	综合工日	工日	140.00	18.928	21.457	25.005
材料	道木	m³	2137.00	0.630	0.630	0.630
	低碳钢焊条	kg	6.84	1.500	1.800	2.400
	钢板	kg	3.17	48.300	49.700	52.200
	接线铜端子头	个	0.30	12.000	12.000	12.000
	铝芯橡皮绝缘电线 BLX-16mm²	m	2.14	3.100	3.900	4.200
	铝芯橡皮绝缘电线 BLX-25mm²	m	3.59	4.700	5.300	6.000
	平垫铁	kg	3.74	12.000	15.000	19.000
	斜垫铁	kg	3.50	24.800	29.700	37.820
	氧气	m³	3.63	0.360	0.360	0.360
	乙炔气	kg	10.45	0.120	0.120	0.120
	其他材料费占材料费	%	—	3.000	3.000	3.000
机械	叉式起重机 5t	台班	506.51	0.480	0.570	0.950
	电焊条烘干箱 80×80×100cm³	台班	49.05	0.050	0.060	0.060
	硅整流弧焊机 20kV·A	台班	56.65	0.480	0.570	0.760
	汽车式起重机 16t	台班	958.70	0.340	0.380	
	汽车式起重机 25t	台班	1084.16	0.760	0.910	0.440
	汽车式起重机 50t	台班	2464.07	—	—	1.260
	载重汽车 10t	台班	547.99	0.340	0.380	—
	载重汽车 15t	台班	779.76	—	—	0.440

四、仪表供风工艺单元(撬块)

工作内容：施工准备、基础处理、垫铁设置、单元整体吊装就位、安装找正、单元底座上电气仪表连接件组装紧固、单元系统试压、单元调试、配合检查验收。

计量单位：套

定 额 编 号				A3-7-24	A3-7-25	A3-7-26
项 目 名 称				撬块面积10㎡以内		
				设备重量(t以内)		
				3	5	10
基 价 （元）				3116.19	3235.10	3524.66
其中	人 工 费 （元）			872.34	969.08	1048.88
	材 料 费 （元）			1334.97	1351.66	1376.94
	机 械 费 （元）			908.88	914.36	1098.84
名 称		单位	单价（元）	消 耗 量		
人工	综合工日	工日	140.00	6.231	6.922	7.492
材料	标志牌	个	1.37	54.000	56.000	58.000
	道木	m³	2137.00	0.470	0.470	0.470
	低碳钢焊条	kg	6.84	0.900	0.900	1.200
	钢板	kg	3.17	32.000	36.000	42.000
	接线铜端子头	个	0.30	54.000	56.000	58.000
	平垫铁	kg	3.74	8.160	8.160	8.160
	铁砂布	张	0.85	0.520	0.560	0.580
	斜垫铁	kg	3.50	16.500	16.500	16.500
	氧气	m³	3.63	0.240	0.240	0.240
	乙炔气	kg	10.45	0.080	0.080	0.080
	异型塑料管 φ2.5～5	m	2.19	1.600	1.670	1.720
	其他材料费占材料费	%	—	3.000	3.000	3.000
机械	叉式起重机 5t	台班	506.51	0.480	0.480	0.570
	电焊条烘干箱 80×80×100cm³	台班	49.05	0.030	0.030	0.050
	硅整流弧焊机 20kV·A	台班	56.65	0.290	0.290	0.430
	汽车式起重机 16t	台班	958.70	0.510	0.510	0.340
	汽车式起重机 25t	台班	1084.16	—	—	0.250
	载重汽车 10t	台班	547.99	0.290	0.300	0.340

工作内容：施工准备、基础处理、垫铁设置、单元整体吊装就位、安装找正、单元底座上电气仪表连接件组装紧固、单元系统试压、单元调试、配合检查验收。　　　　　　　　　　　　　计量单位：套

定　额　编　号				A3-7-27	A3-7-28	A3-7-29
项　目　名　称				撬块面积20m²以内		
				设备重量(t以内)		
				5	10	15
基　　　　　价（元）				3648.91	3899.82	5669.53
其中	人　工　费（元）			1077.02	1185.10	1337.14
	材　料　费（元）			1502.11	1515.48	1552.25
	机　械　费（元）			1069.78	1199.24	2780.14
名　　　称		单位	单价(元)	消　　耗　　量		
人工	综合工日	工日	140.00	7.693	8.465	9.551
材料	标志牌	个	1.37	58.000	61.000	64.000
	道木	m³	2137.00	0.520	0.520	0.520
	低碳钢焊条	kg	6.84	1.100	1.300	1.500
	钢板	kg	3.17	40.000	42.000	51.000
	接线铜端子头	个	0.30	58.000	61.000	64.000
	平垫铁	kg	3.74	10.000	10.000	10.000
	铁砂布	张	0.85	0.580	0.600	0.650
	斜垫铁	kg	3.50	20.600	20.600	20.600
	氧气	m³	3.63	0.300	0.300	0.360
	乙炔气	kg	10.45	0.100	0.100	0.120
	异型塑料管 φ2.5～5	m	2.19	1.740	1.850	2.000
	其他材料费占材料费	%	—	3.000	3.000	3.000
机械	叉式起重机 5t	台班	506.51	0.480	0.570	0.760
	电焊条烘干箱 80×80×100cm³	台班	49.05	0.040	0.050	0.060
	硅整流弧焊机 20kV·A	台班	56.65	0.380	0.480	0.570
	汽车式起重机 16t	台班	958.70	0.310	0.340	—
	汽车式起重机 25t	台班	1084.16	0.310	0.340	0.390
	汽车式起重机 50t	台班	2464.07	—	—	0.680
	载重汽车 10t	台班	547.99	0.310	0.340	—
	载重汽车 12t	台班	670.70	—	—	0.390

第八章 综合辅助项目

说　　明

一、本章内容包括无损探伤检测，预热、后热及热处理，钢板开卷与平直，现场组装平台铺设与拆除，格架式抱杆安装与拆除，钢材半成品运输等。

二、本定额不包括以下工作内容：

1. 被检工艺的退磁。

2. 焊接工艺评定。

3. 产品焊接试板试验。

三、有关说明

1. 液化气预热与后热按板材厚度不同分别列项计算。

2. 液化气预热与后热器具制作，当设备容积大于 300 m³时，执行球形罐的相应项目。

3. 设备和球形罐的整体热处理，应分别执行相应项目。

4. 钢板开卷与平直项目的计算，除实际净用量外，还包括定额规定的制作损耗量。

5. 现场组装平台是按摊销量进入项目的，主要材料已按 15 次周转使用计算；平台面积每增减 10 m²时，应按最接近的项目进行调整。

6. 钢材半成品运输及工艺运输项目是指预制厂至安装位置之间的运输，不适用于场外长途运输。

7. 金属抱杆定额项目的说明

（1）抱杆安装拆除，单金属抱杆以"座"为计量单位；如采用双金属抱杆时，每座抱杆均乘以系数 0.95。

（2）抱杆位移按"座"计算。每次位移按 15m 计算，不足 15m 也按位移一次计算。累计位移超过 60m（含 60m）按新立一座计算安装费及台次使用费，但不得另计位移费。

（3）定额内的主抱杆安装拆除项目中不包括灵机抱杆的安装拆除。如加设灵机时，应另执行相应的定额项目。

（4）金属抱杆的台次使用费是按 1997 年价格综合取定的，按下表规定计算。

抱杆台次使用费（万元）

序号	抱杆名称	起重能力及规格	摊销次数	台次使用费	辅助抱杆台次使用费	备注
1	格架式金属抱杆	100t/50m	10	8.08	1.86	1. 抱杆以起重能力为计价依据，抱杆高度只作为参考； 2. 每安装拆除一次，计算一次台班使用费； 3. 抱杆增设灵机时，灵机的台次使用费以相应主抱杆的台次使用费为基数，乘以系数0.08； 4. 抱杆摊销次数是综合计算取定的，计价时不得调整
2	格架式金属抱杆	150t/50m	10	11.13	1.86	
3	格架式金属抱杆	200t/55m	8	19.41	3.14	
4	格架式金属抱杆	250t/55m	8	29.98	3.14	
5	格架式金属抱杆	350t/60m	6	46.25	4.22	
6	格架式金属抱杆	500t/80m	5	64.92	5.94	

（5）抱杆台次使用费包括了抱杆本体的设计、制造和试验，卷扬机、索具等的折旧摊销，抱杆停滞期间的维护、保养、配备件的更换等费用，并已扣除了抱杆的残值回收。抱杆使用费的调整按上级定额管理部门的规定执行。

（6）每套装置在施工期间，每座抱杆最多只能计算三次台次使用费。

工程量计算规则

一、X（γ）射线焊缝无损探伤，区别不同板厚，以"10张"为计量单位；计算工程量时，按设计规定的探伤焊缝总长度除以取定的有效长度（250mm）计算出拍片张数。

二、超声波、磁粉、渗透对金属板材板面探伤，按板材面积以"10 ㎡"为计量单位；对金属板材周边和焊缝的探伤，按探伤的焊缝长度以"10m"为计量单位。

三、光谱分析按不同类别，以"点"为计量单位。

四、焊缝预热及后热，根据钢板厚度，按实际预热及后热焊缝长度以"10m"为计量单位。

五、液化气焊缝预热及后热器具制作，按设备类型和容积以"台"为计量单位。

六、电加热片预热及后热，按板材厚度以"10m焊缝"为计量单位。

七、焊后局部热处理，按设备板材厚度以"10m焊缝"为计量单位。

八、设备整体热处理，按设备重量以"t"为计量单位。

九、球形罐整体热处理，按不同形式和设备容积以"台"为计量单位。

十、钢卷板开卷与平直，按不同钢板厚度，以"t"为计量单位。

十一、现场组装平台铺设与拆除，根据批准的施工组织设计，按搭设方式和平台面积以"座"为计量单位。

十二、钢材半成品运输，按运输距离以"10t"为计量单位。"每增加1km"是指超出定额所增加的运输距离，不包括二次装卸。

一、无损探伤检测

1. X射线无损探伤

工作内容：射线机的搬运及固定、焊缝清刷、透照位置标记编号、底片号码编排、底片固定、开机拍片、暗室处理、底片鉴定、技术报告。　　　　　　　　　　　　　　　　　计量单位：10张

定　额　编　号			A3-8-1	A3-8-2	A3-8-3	A3-8-4
项　目　名　称			板厚(mm以内)			
			16	30	42	42以上
基　　　价（元）			311.23	408.78	474.56	558.23
其中	人　工　费（元）		153.16	190.26	237.72	295.96
	材　料　费（元）		130.40	131.98	133.57	136.02
	机　械　费（元）		27.67	86.54	103.27	126.25
名　　称	单位	单价（元）	消　　耗　　量			
人工 综合工日	工日	140.00	1.094	1.359	1.698	2.114
材料 X射线胶片 80×300	张	4.96	12.000	12.000	12.000	12.000
阿拉伯铅号码	套	20.51	0.380	0.380	0.380	0.380
电	kW·h	0.68	0.750	0.750	0.750	0.750
定影剂	瓶	4.96	0.260	0.260	0.260	0.260
铅板 80×300×3	块	20.13	0.380	0.380	0.380	0.380
水	t	7.96	0.150	0.150	0.150	0.150
塑料暗袋 80×300	副	7.01	0.580	0.580	0.580	0.580
显影剂	L	1.71	0.260	0.260	0.260	0.260
像质计	个	26.50	0.580	0.580	0.580	0.580
医用白胶布	m²	19.26	0.120	0.130	0.140	0.180
英文铅号码	套	34.19	0.380	0.380	0.380	0.380
增感屏 80×300	副	29.91	0.450	0.495	0.540	0.594
其他材料费占材料费	%	—	3.000	3.000	3.000	3.000
机械 X射线胶片脱水烘干机 ZTH-340	台班	71.58	0.057	0.065	0.073	0.144
X射线探伤机	台班	91.29	—	0.897	1.074	1.270
探伤机	台班	29.19	0.808	—	—	—

2. γ射线探伤(内透法)

工作内容:射线机的搬运及固定、焊缝清刷、透照位置标记编号、底片号码编排、底片固定、开机拍片、暗室处理、底片鉴定、技术报告。

计量单位:10张

定　额　编　号			A3-8-5	A3-8-6	A3-8-7	A3-8-8
项　目　名　称			板厚(mm以内)			
			28	40	48	48以上
基　　价（元）			211.43	219.65	243.66	283.29
其中	人　工　费（元）		84.42	92.54	115.78	154.42
	材　料　费（元）		125.29	125.29	125.29	125.69
	机　械　费（元）		1.72	1.82	2.59	3.18
名　　称	单位	单价（元）	消　　耗　　量			
人工 综合工日	工日	140.00	0.603	0.661	0.827	1.103
材料 X射线胶片 80×300	张	4.96	12.000	12.000	12.000	12.000
阿拉伯铅号码	套	20.51	0.380	0.380	0.380	0.380
电	kW·h	0.68	0.750	0.750	0.750	0.750
定影剂	瓶	4.96	0.260	0.260	0.260	0.260
水	t	7.96	0.150	0.150	0.150	0.150
塑料暗袋 80×300	副	7.01	0.580	0.580	0.580	0.580
显影剂	L	1.71	0.260	0.260	0.260	0.260
像质计	个	26.50	0.580	0.580	0.580	0.580
医用白胶布	m²	19.26	0.120	0.120	0.120	0.140
英文铅号码	套	34.19	0.380	0.380	0.380	0.380
增感屏 80×300	副	29.91	0.540	0.540	0.540	0.540
其他材料费占材料费	%	—	3.000	3.000	3.000	3.000
机械 X射线胶片脱水烘干机 ZTH-340	台班	71.58	0.010	0.010	0.017	0.019
γ射线探伤仪 (Ir192)	台班	5.79	0.173	0.190	0.238	0.314

3.超声波探伤

工作内容：搬运仪器、校验仪器及探头、检验部位清理除污、涂抹耦合剂、探伤、检验结果、记录鉴定、技术报告。

计量单位：10m

定 额 编 号				A3-8-9	A3-8-10	A3-8-11	A3-8-12
项 目 名 称				金属板材对接焊缝探伤			
				板厚(mm以内)			
				25	46	80	120
基 价 （元）				232.33	298.50	392.30	534.60
其中	人 工 费（元）			45.50	60.06	90.16	128.94
	材 料 费（元）			175.90	222.23	280.25	374.40
	机 械 费（元）			10.93	16.21	21.89	31.26
名 称		单位	单价(元)	消 耗 量			
人工	综合工日	工日	140.00	0.325	0.429	0.644	0.921
材料	机油	kg	19.66	0.270	0.360	0.495	0.675
	毛刷	把	1.35	1.000	1.500	1.500	2.000
	棉纱头	kg	6.00	1.200	1.500	2.500	3.500
	耦合剂	kg	76.00	1.800	2.250	2.700	3.600
	探头线	根	64.10	0.015	0.015	0.015	0.015
	铁砂布	张	0.85	5.400	8.100	11.700	15.300
	斜探头	个	64.10	0.280	0.360	0.540	0.720
	其他材料费占材料费	%	—	1.000	1.000	1.000	1.000
机械	超声波探伤仪	台班	23.26	0.470	0.697	0.941	1.344

工作内容：搬运仪器、校验仪器及探头、检验部位清理除污、涂抹耦合剂、探伤、检验结果、记录鉴定、技术报告。

计量单位：10m²

定　额　编　号			A3-8-13
项　目　名　称			金属板材探伤
			板材超声波探伤
基　　　价（元）			484.86
其中	人　工　费（元）		81.76
	材　料　费（元）		373.77
	机　械　费（元）		29.33
名　　称	单位	单价(元)	消　耗　量
人工　综合工日	工日	140.00	0.584
材料　机油	kg	19.66	0.675
毛刷	把	1.35	2.000
棉纱头	kg	6.00	3.500
耦合剂	kg	76.00	3.100
探头线	根	64.10	0.054
铁砂布	张	0.85	15.300
直探头	个	102.56	0.720
其他材料费占材料费	%	—	3.000
机械　超声波探伤仪	台班	23.26	1.261

352

工作内容：搬运仪器、校验仪器及探头、检验部位清理除污、涂抹耦合剂、探伤、检验结果、记录鉴定、技术报告。

计量单位：10m

定　额　编　号				A3-8-14
项　目　名　称				金属板材探伤
				板材周边超声波探伤
基　　　　价（元）				212.49
其中	人　工　费（元）			26.32
	材　料　费（元）			183.12
	机　械　费（元）			3.05
名　　　称		单位	单价（元）	消　耗　量
人工	综合工日	工日	140.00	0.188
材料	机油	kg	19.66	0.360
	毛刷	把	1.35	1.000
	棉纱头	kg	6.00	1.200
	耦合剂	kg	76.00	1.800
	探头线	根	64.10	0.036
	铁砂布	张	0.85	5.400
	直探头	个	102.56	0.180
	其他材料费占材料费	%	—	3.000
机械	超声波探伤仪	台班	23.26	0.131

4. 磁粉探伤

(1)金属板材探伤

工作内容：搬运仪器、接地、探伤部位除锈打磨清理、配制磁悬液、磁化磁粉反应、缺陷处理、技术报告。

计量单位：10m²

定　额　编　号				A3-8-15
项　目　名　称				板材磁粉探伤
基　　价（元）				253.43
其中	人　工　费（元）			77.14
	材　料　费（元）			170.83
	机　械　费（元）			5.46
名　称		单位	单价（元）	消　耗　量
人工	综合工日	工日	140.00	0.551
材料	变压器油	kg	9.81	4.589
	磁粉	g	0.32	311.000
	煤油	kg	3.73	4.589
	棉纱头	kg	6.00	0.580
	尼龙砂轮片 φ100	片	2.05	0.350
	其他材料费占材料费	%	—	3.000
机械	磁粉探伤仪	台班	14.36	0.380

工作内容：搬运仪器、接地、探伤部位除锈打磨清理、配制磁悬液、磁化磁粉反应、缺陷处理、技术报告。

计量单位：10m

定　额　编　号					A3-8-16
项　目　名　称					板材周边磁粉探伤
基　　　　价（元）					91.39
其中	人　工　费（元）				19.32
	材　料　费（元）				70.71
	机　械　费（元）				1.36
名　　　　称		单位	单价（元）	消　　耗　　量	
人工	综合工日	工日	140.00	0.138	
材料	变压器油	kg	9.81	2.301	
	磁粉	g	0.32	112.000	
	煤油	kg	3.73	2.301	
	棉纱头	kg	6.00	0.230	
	尼龙砂轮片 φ100	片	2.05	0.230	
	其他材料费占材料费	%	—	2.700	
机械	磁粉探伤仪	台班	14.36	0.095	

355

(2)金属板材焊缝探伤

工作内容：搬运仪器、接地、探伤部位除锈打磨清理、配制磁悬液、磁化磁粉反应、缺陷处理、技术报告。

计量单位：10m

定　额　编　号			A3-8-17	A3-8-18
项　目　名　称			焊缝	焊缝荧光
			磁粉检测	
基　　　　　价（元）			160.98	160.98
其中	人　工　费（元）		51.38	51.38
	材　料　费（元）		107.14	107.14
	机　械　费（元）		2.46	2.46
名　　　称	单位	单价（元）	消　耗　　量	
人工　综合工日	工日	140.00	0.367	0.367
材料　变压器油	kg	9.81	3.338	3.338
磁粉	g	0.32	125.000	—
煤油	kg	3.73	3.330	3.330
棉纱头	kg	6.00	3.029	3.029
尼龙砂轮片 Φ100	片	2.05	0.330	0.330
荧光磁粉	g	0.32	—	125.000
其他材料费占材料费	%	—	3.000	3.000
机械　磁粉探伤仪	台班	14.36	0.171	0.171

356

5.渗透探伤

工作内容：领料、探伤部位除锈清理、配制及喷涂渗透液、喷涂显像液、干燥处理、观察结果、缺陷部位
处理记录、清洗药渍、技术报告。

计量单位：10m

定 额 编 号				A3-8-19	A3-8-20
项 目 名 称				渗透探伤	荧光渗透探伤
基 价 （元）				351.81	428.57
其中	人 工 费（元）			57.82	76.44
	材 料 费（元）			293.99	352.13
	机 械 费（元）			—	—
名 称		单位	单价（元）	消 耗 量	
人工	综合工日	工日	140.00	0.413	0.546
材料	棉纱头	kg	6.00	1.000	1.000
	清洁剂 500mL	瓶	8.66	4.800	4.800
	渗透剂 500mL	瓶	51.90	1.600	—
	显像剂 500mL	瓶	48.38	3.200	3.200
	荧光渗透探伤剂 500mL	瓶	87.18	—	1.600
	其他材料费占材料费	%	—	3.000	3.000

357

6. 光谱分析

工作内容：施工准备、调试仪器、工料检测表面清理、测试分析、对比标准、数据记录、评定、技术报告。

计量单位：点

定 额 编 号				A3-8-21	A3-8-22	A3-8-23
项 目 名 称				定性分析		分析仪
				看谱镜	分析仪	定量分析
基 价（元）				12.24	7.61	54.33
其中	人 工 费（元）			6.44	3.22	12.88
	材 料 费（元）			4.71	0.03	0.03
	机 械 费（元）			1.09	4.36	41.42
名 称		单位	单价（元）	消 耗 量		
人工	综合工日	工日	140.00	0.046	0.023	0.092
材料	保护玻璃	片	4.27	0.010	—	—
	保险丝管 10A	个	1.71	0.012	—	—
	尼龙砂轮片 φ100×16×3	片	2.56	0.010	0.010	0.010
	石墨阳极	个	448.55	0.010	—	—
	其他材料费占材料费	%	—	3.000	3.000	3.000
机械	固定式看谱镜	台班	22.72	0.048	—	—
	光谱分析仪	台班	436.03	—	0.010	0.095

358

二、预热、后热与整热处理

1.液化气预热

工作内容：预热器具设备、加热、恒温、回收材料。　　　　　　　　　　　　　　计量单位：10m焊缝

定　额　编　号				A3-8-24	A3-8-25	A3-8-26	A3-8-27
项　目　名　称				钢板厚度(mm以内)			
				12	16	20	24
基　　　　价（元）				817.92	981.98	1146.72	1327.88
其中	人　工　费（元）			209.30	209.86	210.70	210.98
	材　料　费（元）			575.00	724.44	881.82	1047.14
	机　械　费（元）			33.62	47.68	54.20	69.76
名　　称		单位	单价（元）	消　　耗　　量			
人工	综合工日	工日	140.00	1.495	1.499	1.505	1.507
材料	测温笔	支	3.42	1.400	1.400	1.400	1.400
	橡胶管 1″	m	7.09	2.000	2.000	2.000	2.000
	液化气	kg	6.42	84.000	106.600	130.400	155.400
	其他材料费占材料费	%	—	3.000	3.000	3.000	3.000
机械	载重汽车 8t	台班	501.85	0.067	0.095	0.108	0.139

工作内容：预热器具设备、加热、恒温、回收材料。 计量单位：10m焊缝

定 额 编 号					A3-8-28	A3-8-29	A3-8-30
项 目 名 称					钢板厚度(mm以内)		
					28	32	36
基 价（元）					1507.21	1707.12	1910.73
其中	人 工 费（元）				211.54	214.06	215.18
	材 料 费（元）				1220.39	1402.23	1592.67
	机 械 费（元）				75.28	90.83	102.88
名 称		单位	单价(元)		消 耗 量		
人工	综合工日	工日	140.00		1.511	1.529	1.537
材料	测温笔	支	3.42		1.400	1.400	1.400
	橡胶管 1″	m	7.09		2.000	2.000	2.000
	液化气	kg	6.42		181.600	209.100	237.900
	其他材料费占材料费	%	—		3.000	3.000	3.000
机械	载重汽车 8t	台班	501.85		0.150	0.181	0.205

工作内容：预热器具设备、加热、恒温、回收材料。 计量单位：10m焊缝

定 额 编 号				A3-8-31	A3-8-32	A3-8-33
项 目 名 称				钢板厚度(mm以内)		
				40	44	48
基 价 （元）				2124.78	2343.77	2571.22
其中	人 工 费 （元）			216.30	217.42	217.42
	材 料 费 （元）			1791.05	1997.37	2212.28
	机 械 费 （元）			117.43	128.98	141.52
名 称		单位	单价(元)	消 耗 量		
人工	综合工日	工日	140.00	1.545	1.553	1.553
材料	测温笔	支	3.42	1.400	1.400	1.400
	橡胶管 1″	m	7.09	2.000	2.000	2.000
	液化气	kg	6.42	267.900	299.100	331.600
	其他材料费占材料费	%	—	3.000	3.000	3.000
机械	载重汽车 8t	台班	501.85	0.234	0.257	0.282

工作内容：预热器具设备、加热、恒温、回收材料。　　　　　　　　　　计量单位：10m焊缝

定　额　编　号				A3-8-34	A3-8-35	A3-8-36
项　目　名　称				钢板厚度(mm以内)		
				52	56	60
基　　　　价（元）				2813.79	3057.53	3313.98
其中	人　工　费（元）			217.42	218.68	218.68
	材　料　费（元）			2435.78	2667.22	2906.60
	机　械　费（元）			160.59	171.63	188.70
名　　　称		单位	单价（元）	消　　耗　　量		
人工	综合工日	工日	140.00	1.553	1.562	1.562
材料	测温笔	支	3.42	1.400	1.400	1.400
	橡胶管 1″	m	7.09	2.000	2.000	2.000
	液化气	kg	6.42	365.400	400.400	436.600
	其他材料费占材料费	%	—	3.000	3.000	3.000
机械	载重汽车 8t	台班	501.85	0.320	0.342	0.376

2. 液化气后热

工作内容：后热器具设备、加热、恒温、盖石棉布缓冷、回收材料。　　　　　　　计量单位：10m焊缝

定　额　编　号				A3-8-37	A3-8-38	A3-8-39	A3-8-40
项　目　名　称				钢板厚度(mm以内)			
				12	16	20	24
基　　　　价（元）				1019.99	1190.22	1367.51	1551.83
其中	人　工　费（元）			219.66	223.44	223.44	224.14
	材　料　费（元）			761.69	918.60	1083.85	1257.43
	机　械　费（元）			38.64	48.18	60.22	70.26
名　　　称		单位	单价（元）	消　　耗　　量			
人工	综合工日	工日	140.00	1.569	1.596	1.596	1.601
材料	测温笔	支	3.42	1.400	1.400	1.400	1.400
	普通石棉布	kg	5.56	27.750	27.750	27.750	27.750
	橡胶管 1″	m	7.09	2.000	2.000	2.000	2.000
	液化气	kg	6.42	88.200	111.930	136.920	163.170
	其他材料费占材料费	%	—	3.000	3.000	3.000	3.000
机械	载重汽车 8t	台班	501.85	0.077	0.096	0.120	0.140

工作内容：后热器具设备、加热、恒温、盖石棉布缓冷、回收材料。　　　　　　计量单位：10m焊缝

定 额 编 号				A3-8-41	A3-8-42	A3-8-43
项 目 名 称				钢板厚度(mm以内)		
				28	32	36
基 价 （元）				1744.79	1952.36	2163.36
其中	人 工 费（元）			224.14	225.68	225.68
	材 料 费（元）			1439.35	1630.32	1830.28
	机 械 费（元）			81.30	96.36	107.40
名 称		单位	单价(元)	消 耗 量		
人工	综合工日	工日	140.00	1.601	1.612	1.612
材料	测温笔	支	3.42	1.400	1.400	1.400
	普通石棉布	kg	5.56	27.750	27.750	27.750
	橡胶管 1″	m	7.09	2.000	2.000	2.000
	液化气	kg	6.42	190.680	219.560	249.800
	其他材料费占材料费	%	—	3.000	3.000	3.000
机械	载重汽车 8t	台班	501.85	0.162	0.192	0.214

工作内容：后热器具设备、加热、恒温、盖石棉布缓冷、回收材料。 计量单位：10m焊缝

定 额 编 号				A3-8-44	A3-8-45	A3-8-46
项 目 名 称				钢板厚度(mm以内)		
				40	44	48
基 价（元）				2385.60	2631.58	2859.50
其中	人 工 费（元）			227.08	228.06	228.62
	材 料 费（元）			2038.58	2255.47	2480.83
	机 械 费（元）			119.94	148.05	150.05
名 称		单位	单价（元）	消 耗 量		
人工	综合工日	工日	140.00	1.622	1.629	1.633
材料	测温笔	支	3.42	1.400	1.400	1.400
	普通石棉布	kg	5.56	27.750	27.750	27.750
	橡胶管 1″	m	7.09	2.000	2.000	2.000
	液化气	kg	6.42	281.300	314.100	348.180
	其他材料费占材料费	%	—	3.000	3.000	3.000
机械	载重汽车 8t	台班	501.85	0.239	0.295	0.299

365

工作内容：后热器具设备、加热、恒温、盖石棉布缓冷、回收材料。　　　　　　计量单位：10m焊缝

定　额　编　号				A3-8-47	A3-8-48	A3-8-49
项　目　名　称				钢板厚度(mm以内)		
				52	56	60
基　　　价（元）				3109.24	3372.45	3639.35
其中	人　工　费（元）			228.62	229.74	229.74
	材　料　费（元）			2715.51	2958.53	3209.87
	机　械　费（元）			165.11	184.18	199.74
名　　　称		单位	单价（元）	消　　耗　　量		
人工	综合工日	工日	140.00	1.633	1.641	1.641
材料	测温笔	支	3.42	1.400	1.400	1.400
	普通石棉布	kg	5.56	27.750	27.750	27.750
	橡胶管 1″	m	7.09	2.000	2.000	2.000
	液化气	kg	6.42	383.670	420.420	458.430
	其他材料费占材料费	%	—	3.000	3.000	3.000
机械	载重汽车 8t	台班	501.85	0.329	0.367	0.398

3. 液化气预热、后热器具制作

工作内容：放样、下料、组对、焊接。

计量单位：台

定 额 编 号				A3-8-50	A3-8-51	A3-8-52	A3-8-53
项 目 名 称				容器、塔器容量(m³)			
				≤20	≤50	≤100	≤200
基 价 （元）				601.28	1168.07	1939.37	3059.44
其中	人 工 费 （元）			242.06	537.74	1039.78	1953.98
	材 料 费 （元）			265.97	458.80	638.60	799.54
	机 械 费 （元）			93.25	171.53	260.99	305.92
名 称		单位	单价（元）	消 耗 量			
人工	综合工日	工日	140.00	1.729	3.841	7.427	13.957
材料	低碳钢焊条	kg	6.84	1.560	4.070	5.550	6.990
	截止阀 DN25	个	13.81	2.000	3.000	5.000	6.000
	碳钢焊丝	kg	7.69	0.990	1.700	2.310	2.910
	无缝钢管	kg	4.44	31.000	53.000	72.300	91.000
	型钢	kg	3.70	18.600	31.800	43.400	54.600
	氧气	m³	3.63	0.750	1.290	1.740	2.190
	乙炔气	kg	10.45	0.300	0.520	0.700	0.880
	其他材料费占材料费	%	—	3.000	3.000	3.000	3.000
机械	载重汽车 8t	台班	501.85	0.090	0.090	0.177	0.177
	直流弧焊机 32kV·A	台班	87.75	0.548	1.440	1.962	2.474

工作内容：放样、下料、组对、焊接。 计量单位：台

定　额　编　号				A3-8-54	A3-8-55	A3-8-56	A3-8-57
项　目　名　称				容器、塔器容量(m³)			
				≤300	≤400	≤1000	≤2000
基　　　价（元）				4184.89	4677.13	6896.27	10698.60
其中	人　工　费（元）			2680.02	2831.78	4400.90	7340.90
	材　料　费（元）			1075.72	1305.44	1770.96	2404.81
	机　械　费（元）			429.15	539.91	724.41	952.89
名　　称		单位	单价(元)	消　　耗　　量			
人工	综合工日	工日	140.00	19.143	20.227	31.435	52.435
材料	低碳钢焊条	kg	6.84	9.550	11.690	16.120	22.140
	截止阀 DN25	个	13.81	7.000	8.000	9.000	10.000
	碳钢焊丝	kg	7.69	3.980	4.860	6.600	9.230
	无缝钢管	kg	4.44	124.400	151.800	206.200	288.300
	型钢	kg	3.70	74.600	91.100	129.700	173.000
	氧气	m³	3.63	3.000	3.660	4.950	6.930
	乙炔气	kg	10.45	1.200	1.460	1.980	2.770
	其他材料费占材料费	%	—	3.000	3.000	3.000	3.000
机械	载重汽车 8t	台班	501.85	0.265	0.353	0.447	0.530
	直流弧焊机 32kV·A	台班	87.75	3.375	4.134	5.699	7.828

工作内容：放样、下料、组对、焊接。 計量单位：台

定　额　编　号				A3-8-58	A3-8-59	A3-8-60
项　目　名　称				球形储罐容量(m³)		
				≤3000	≤5000	≤6000
基　　　价（元）				16270.53	24865.81	38237.99
其中	人　工　费（元）			11745.44	18792.90	30068.50
	材　料　费（元）			3250.24	4402.19	5974.09
	机　械　费（元）			1274.85	1670.72	2195.40
名　　　称		单位	单价（元）	消　　　耗　　　量		
人工	综合工日	工日	140.00	83.896	134.235	214.775
材料	低碳钢焊条	kg	6.84	30.332	41.555	56.930
	截止阀 DN25	个	13.81	11.000	12.000	13.000
	碳钢焊丝	kg	7.69	12.553	17.072	23.218
	无缝钢管	kg	4.44	389.205	525.427	709.326
	型钢	kg	3.70	242.200	339.080	474.712
	氧气	m³	3.63	9.702	13.583	19.016
	乙炔气	kg	10.45	3.850	5.352	7.439
	其他材料费占材料费	%	—	3.000	3.000	3.000
机械	载重汽车 8t	台班	501.85	0.665	0.760	0.855
	直流弧焊机 32kV·A	台班	87.75	10.725	14.693	20.129

工作内容：放样、下料、组对、焊接。 计量单位：台

定 额 编 号				A3-8-61	A3-8-62
项 目 名 称				球形储罐容量(m³)	
				≤8000	≤10000
基 价 （元）				59127.83	91878.39
其中	人 工 费 （元）			48109.60	76975.50
	材 料 费 （元）			8121.59	11058.24
	机 械 费 （元）			2896.64	3844.65
名 称		单位	单价（元）	消 耗 量	
人工	综合工日	工日	140.00	343.640	549.825
材料	低碳钢焊条	kg	6.84	77.994	106.852
	截止阀 DN25	个	13.81	14.000	15.000
	碳钢焊丝	kg	7.69	31.576	42.943
	无缝钢管	kg	4.44	957.590	1292.747
	型钢	kg	3.70	664.597	930.436
	氧气	m³	3.63	26.622	37.271
	乙炔气	kg	10.45	10.340	14.373
	其他材料费占材料费	%	—	3.000	3.000
机械	载重汽车 8t	台班	501.85	0.950	1.055
	直流弧焊机 32kV·A	台班	87.75	27.577	37.780

4. 电热片预热、后热

工作内容：施工准备、热电偶固定、包扎、连线、通电、升温、恒温、降温、拆除、回收材料、清理现场。

计量单位：10m焊缝

定 额 编 号			A3-8-63	A3-8-64	A3-8-65	A3-8-66
项 目 名 称			板材厚度(mm以内)			
			12	20	25	30
基 价（元）			1279.19	1544.47	1741.84	1918.20
其中	人 工 费（元）		274.96	330.26	370.16	416.36
	材 料 费（元）		431.17	516.62	576.66	634.18
	机 械 费（元）		573.06	697.59	795.02	867.66
名 称	单位	单价(元)	消 耗 量			
人工	综合工日	工日	140.00	1.964	2.359	2.644	2.974
材料	电加热片	m²	2512.00	0.080	0.096	0.108	0.117
	高硅布 δ50	m²	76.92	2.534	3.090	3.456	3.888
	热电偶 1000℃ 1m	个	113.68	0.200	0.200	0.200	0.200
	其他材料费占材料费	%	—	3.000	3.000	3.000	3.000
机械	自控热处理机	台班	576.52	0.994	1.210	1.379	1.505

工作内容：施工准备、热电偶固定、包扎、连线、通电、升温、恒温、降温、拆除、回收材料、清理现场。

计量单位：10m焊缝

定　额　编　号				A3-8-67	A3-8-68	A3-8-69
项　目　名　称				板材厚度(mm以内)		
				40	50	60
基　　　　价（元）				2465.22	2751.74	3448.85
其中	人　工　费（元）			520.38	567.28	726.04
	材　料　费（元）			866.75	970.31	1169.67
	机　械　费（元）			1078.09	1214.15	1553.14
名　　　称		单位	单价（元）	消　　耗　　量		
人工	综合工日	工日	140.00	3.717	4.052	5.186
材料	电加热片	m²	2512.00	0.165	0.185	0.225
	高硅布 δ50	m²	76.92	5.256	5.910	7.120
	热电偶 1000℃ 1m	个	113.68	0.200	0.200	0.200
	其他材料费占材料费	%	—	3.000	3.000	3.000
机械	自控热处理机	台班	576.52	1.870	2.106	2.694

5. 焊后局部热处理

工作内容：热电偶固定、包扎、连线、通电、升温、拆除、回收材料、清理现场、硬度测试。

计量单位：10m焊缝

定 额 编 号			A3-8-70	A3-8-71	A3-8-72	A3-8-73
项 目 名 称			钢板厚度(mm)			
			10～15	16～20	21～25	26～30
基 价（元）			1643.56	1964.45	2188.17	2433.55
其中	人 工 费（元）		462.56	555.10	621.88	699.58
	材 料 费（元）		518.00	614.91	673.26	737.17
	机 械 费（元）		663.00	794.44	893.03	996.80
名 称	单位	单价(元)	消 耗 量			
人工	综合工日	工日	140.00	3.304	3.965	4.442	4.997
材料	电加热片	㎡	2512.00	0.090	0.110	0.120	0.130
	高硅布 δ50	㎡	76.92	2.860	3.430	3.840	4.320
	热电偶 1000℃ 1m	个	113.68	0.500	0.500	0.500	0.500
	其他材料费占材料费	%	—	3.000	3.000	3.000	3.000
机械	自控热处理机	台班	576.52	1.150	1.378	1.549	1.729

工作内容：热电偶固定、包扎、连线、通电、升温、拆除、回收材料、清理现场、硬度测试。

计量单位：10m焊缝

定 额 编 号				A3-8-74	A3-8-75	A3-8-76
项 目 名 称				钢板厚度(mm)		
				31～40	41～50	51～60
基 价（元）				**3098.49**	**3507.60**	**4300.66**
其中	人 工 费（元）			873.74	983.08	1150.24
	材 料 费（元）			986.96	1122.42	1332.08
	机 械 费（元）			1237.79	1402.10	1818.34
名 称		单位	单价（元）	消 耗 量		
人工	综合工日	工日	140.00	6.241	7.022	8.216
材料	电加热片	m²	2512.00	0.180	0.210	0.250
	高硅布 δ50	m²	76.92	5.840	6.570	7.910
	热电偶 1000℃ 1m	个	113.68	0.500	0.500	0.500
	其他材料费占材料费	%	—	3.000	3.000	3.000
机械	自控热处理机	台班	576.52	2.147	2.432	3.154

374

6.设备整体热处理

工作内容：进窑搬运、封窑、升温、热处理、保温、出窑搬运、清理现场。　　　计量单位：t

定　额　编　号				A3-8-77	A3-8-78	A3-8-79	A3-8-80
项　目　名　称				重量(t以内)			
				0.5	2.5	6	10
基　　　　价　（元）				2227.06	1977.05	1627.26	1491.29
其中	人　工　费（元）			618.80	449.12	201.74	124.60
	材　料　费（元）			1247.72	1180.27	1113.19	1058.70
	机　械　费（元）			360.54	347.66	312.33	307.99
名　　　称		单位	单价(元)	消　　耗　　量			
人工	综合工日	工日	140.00	4.420	3.208	1.441	0.890
材料	柴油	kg	5.92	195.000	185.000	175.000	167.000
	型钢	kg	3.70	15.400	13.700	12.100	10.600
	其他材料费占材料费	%	—	3.000	3.000	3.000	3.000
机械	工业锅炉 4t/h	台班	2211.75	0.124	0.124	0.105	0.105
	汽车式起重机 12t	台班	857.15	0.067	0.057	0.057	—
	汽车式起重机 20t	台班	1030.31	—	—	—	0.048
	载重汽车 10t	台班	547.99	—	—	0.057	0.048
	载重汽车 5t	台班	430.70	0.067	0.057	—	—

工作内容：进窑搬运、封窑、升温、热处理、保温、出窑搬运、清理现场。计量单位：t

定 额 编 号				A3-8-81	A3-8-82	A3-8-83	A3-8-84
项 目 名 称				重量(t以内)			
				16	24	35	50
基 价 （元）				1388.75	1241.92	1216.09	1167.74
其中	人 工 费（元）			84.84	59.78	52.08	46.90
	材 料 费（元）			1004.58	926.45	922.26	921.12
	机 械 费（元）			299.33	255.69	241.75	199.72
名 称		单位	单价(元)	消 耗 量			
人工	综合工日	工日	140.00	0.606	0.427	0.372	0.335
材料	柴油	kg	5.92	159.000	147.000	147.000	147.000
	型钢	kg	3.70	9.200	7.900	6.800	6.500
	其他材料费占材料费	%	—	3.000	3.000	3.000	3.000
机械	工业锅炉 4t/h	台班	2211.75	0.086	0.067	0.057	0.038
	平板拖车组 30t	台班	1243.07	0.048	0.029	—	—
	平板拖车组 50t	台班	1524.76	—	—	0.029	0.029
	汽车式起重机 20t	台班	1030.31	0.048	—	—	—
	汽车式起重机 50t	台班	2464.07	—	0.029	0.029	0.029

7. 球罐整体热处理

(1)柴油加热

工作内容：保温被、保温被压缚机构、立柱移动装置的制作、安装、拆除,热处理装置的设置,拆除、点火升温、恒温、降温、球罐复原,整理记录等。

计量单位：台

定 额 编 号			A3-8-85	A3-8-86	A3-8-87
项 目 名 称			球罐容积（m³）		
			50	120	200
基 价 （元）			38897.38	46350.01	55693.66
其中	人 工 费 （元）		13686.54	17232.04	21059.08
	材 料 费 （元）		21964.83	25856.96	31235.19
	机 械 费 （元）		3246.01	3261.01	3399.39
名 称	单位	单价（元）	消 耗 量		
人工 综合工日	工日	140.00	97.761	123.086	150.422
材料 保温被压缚结构	kg	4.27	62.940	105.230	130.030
玻璃布	m²	1.03	166.000	270.000	356.000
补偿导线 EV2×1mm²	m	2.14	150.000	150.000	150.000
不锈钢板	kg	22.00	14.130	21.200	28.260
不锈钢六角螺栓带螺母 M10×20	套	0.15	3.000	7.500	10.500
柴油	kg	5.92	1000.000	1200.000	1500.000
导向支架	套	230.77	0.250	0.250	0.250
低碳钢焊条	kg	6.84	15.130	19.050	24.220
电打火电缆线 φ10 BV8.2 股铜线	m	3.85	6.000	6.000	6.000
电打火电缆线 φ8 BV8.12 股铜线	m	4.10	9.000	9.000	9.000
镀锌钢丝网 φ1.6×20×20	m²	16.24	166.000	270.000	356.000
镀锌铁丝 12号	kg	3.57	3.000	4.500	6.000
法兰阀门 DN20	个	29.91	6.000	6.000	6.000
分气罐 φ377×800×8	台	823.00	0.200	0.200	0.200
钢丝绳 φ20	m	12.56	8.000	10.160	12.920
高硅氧棉绳	kg	16.24	4.150	6.750	9.130
夹布胶管(耐油) φ100	m	56.24	24.000	24.000	24.000
夹布胶管(耐油) φ25	m	23.93	33.000	33.000	33.000

续表

定　额　编　号			A3-8-85	A3-8-86	A3-8-87
项　目　名　称			球罐容积(m³)		
			50	120	200
名　　称	单位	单价(元)	消　耗　量		
夹布胶管(耐油) φ50	m	46.58	36.000	36.000	36.000
进风套筒 φ320×560×4	套	101.71	0.250	0.250	0.250
燃油喷嘴 1～2号	件	0.60	0.500	0.500	0.500
热电偶 1000℃ 1m	个	113.68	8.000	10.000	10.000
热电偶固定螺母	个	1.52	13.000	13.000	13.000
材　　烟囱 φ500～600×2000×4	个	788.03	0.200	0.200	0.200
氧气	m³	3.63	8.010	10.170	12.930
液化气	kg	6.42	500.000	500.000	700.000
乙炔气	kg	10.45	2.670	3.390	4.310
油过滤器	个	74.36	0.250	0.250	0.250
料　　油缓冲罐 φ377×800×8	台	823.00	0.200	0.200	0.200
支柱移动装置	kg	4.96	223.390	254.580	321.560
主付点火器	套	341.88	0.250	0.250	0.250
贮油罐 φ1000×2000×8	台	3500.00	0.200	0.200	0.200
转子流量计 TZB-25 1000t/min	支	1659.83	0.500	0.500	0.500
其他材料费占材料费	%	—	2.000	2.000	2.000
机　　齿轮油泵 2.5L/min	台班	76.34	7.600	7.600	7.600
械　　电动空气压缩机 9m³/min	台班	317.86	7.600	7.600	7.600
直流弧焊机 32kV·A	台班	87.75	2.850	3.021	4.598

378

工作内容：保温被、保温被压缚机构、立柱移动装置的制作、安装、拆除,热处理装置的设置,拆除、点火升温、恒温、降温,球罐复原,整理记录等。

计量单位：台

定 额 编 号			A3-8-88	A3-8-89	A3-8-90
项 目 名 称			球罐容积(m³)		
			400	650	1000
基 价 （元）			77095.53	92722.15	113872.53
其中	人 工 费 （元）		30051.14	36966.16	44804.20
	材 料 费 （元）		43441.59	51999.80	65115.41
	机 械 费 （元）		3602.80	3756.19	3952.92
名 称	单位	单价(元)	消 耗 量		
人工 综合工日	工日	140.00	214.651	264.044	320.030
材料 保温被压缚结构	kg	4.27	216.340	274.910	365.040
玻璃布	m²	1.03	612.800	792.000	1059.200
补偿导线 EV2×1mm²	m	2.14	150.000	150.000	150.000
不锈钢板	kg	22.00	70.560	84.750	105.980
不锈钢六角螺栓带螺母 M10×20	套	0.15	16.500	19.500	27.000
柴油	kg	5.92	2000.000	2500.000	3000.000
导向支架	套	230.77	0.250	0.250	0.250
低碳钢焊条	kg	6.84	36.410	45.600	57.410
电打火电缆线 Φ10 BV8.2 股铜线	m	3.85	6.000	6.000	6.000
电打火电缆线 Φ8 BV8.12 股铜线	m	4.10	9.000	9.000	9.000
镀锌钢丝网 Φ1.6×20×20	m²	16.24	612.800	792.000	1059.200
镀锌铁丝 12号	kg	3.57	10.000	13.000	18.000
法兰阀门 DN20	个	29.91	6.000	6.000	6.000
分气罐 Φ377×800×8	台	823.00	0.200	0.200	0.200
钢丝绳 Φ20	m	12.56	19.400	24.320	30.620
高硅氧棉绳	kg	16.24	15.320	21.960	26.480
夹布胶管(耐油) Φ100	m	56.24	24.000	24.000	24.000
夹布胶管(耐油) Φ25	m	23.93	33.000	33.000	33.000

续表

定 额 编 号				A3-8-88	A3-8-89	A3-8-90
项 目 名 称				球罐容积(m³)		
				400	650	1000
名 称		单位	单价(元)	消	耗	量
材 料	夹布胶管(耐油) φ50	m	46.58	36.000	36.000	36.000
	进风套筒 φ320×560×4	套	101.71	0.250	0.250	0.250
	燃油喷嘴 1～2号	件	0.60	0.500	0.500	0.500
	热电偶 1000℃ 1m	个	113.68	14.000	22.000	25.000
	热电偶固定螺母	个	1.52	13.000	17.000	17.000
	烟囱 φ500～600×2000×4	个	788.03	0.200	0.200	0.200
	氧气	m³	3.63	19.410	24.330	30.630
	液化气	kg	6.42	1000.000	1000.000	1500.000
	乙炔气	kg	10.45	6.470	8.110	10.210
	油过滤器	个	74.36	0.250	0.250	0.250
	油缓冲罐 φ377×800×8	台	823.00	0.200	0.200	0.200
	支柱移动装置	kg	4.96	435.610	552.380	670.090
	主付点火器	套	341.88	0.250	0.250	0.250
	贮油罐 φ1000×2000×8	台	3500.00	0.200	0.200	0.200
	转子流量计 TZB-25 1000t/min	支	1659.83	0.500	0.500	0.500
	其他材料费占材料费	%	—	2.000	2.000	2.000
机 械	齿轮油泵 2.5L/min	台班	76.34	7.600	7.600	7.600
	电动空气压缩机 9m³/min	台班	317.86	7.600	7.600	7.600
	直流弧焊机 32kV·A	台班	87.75	6.916	8.664	10.906

工作内容：保温被、保温被压缚机构、立柱移动装置的制作、安装、拆除、热处理装置的设置,拆除、点火升温、恒温、降温,球罐复原,整理记录等。

计量单位：台

定　额　编　号			A3-8-91	A3-8-92	A3-8-93
项　目　名　称			球罐容积(m³)		
			1500	2000	3000
基　　　价（元）			138218.58	162872.21	199839.13
其中	人　工　费（元）		56219.80	67635.96	82786.34
	材　料　费（元）		77786.56	90764.81	112143.39
	机　械　费（元）		4212.22	4471.44	4909.40
名　　　称		单位	单价（元）	消　　耗　　量	
人工	综合工日	工日	140.00	401.570	483.114	591.331
材料	保温被压缚结构	kg	4.27	408.590	452.130	539.000
	玻璃布	m²	1.03	1371.400	1683.600	2169.520
	补偿导线 EV2×1mm²	m	2.14	150.000	150.000	150.000
	不锈钢板	kg	22.00	123.640	141.300	172.480
	不锈钢六角螺栓带螺母 M10×20	套	0.15	38.500	49.500	63.360
	柴油	kg	5.92	3500.000	4000.000	4900.000
	弹簧压力表	个	23.08	—	—	1.800
	导向支架	套	230.77	0.250	0.250	0.250
	低碳钢焊条	kg	6.84	72.950	88.480	119.550
	电打火电缆线 φ10 BV8.2 股铜线	m	3.85	6.000	6.000	—
	电打火电缆线 φ8 BV8.12 股铜线	m	4.10	9.000	9.000	—
	镀锌钢丝网 φ1.6×20×20	m²	16.24	1371.400	1683.600	2169.520
	镀锌铁丝 12号	kg	3.57	24.000	30.000	39.060
	法兰阀门 DN20	个	29.91	6.000	6.000	6.000
	分气罐 φ377×800×8	台	823.00	0.200	0.200	0.200
	钢丝绳 φ20	m	12.56	38.910	47.190	59.934
	高硅氧棉绳	kg	16.24	34.290	42.100	54.257
	夹布胶管(耐油) φ100	m	56.24	24.000	24.000	24.000
	夹布胶管(耐油) φ25	m	23.93	33.000	33.000	33.000
	夹布胶管(耐油) φ50	m	46.58	36.000	36.000	36.000

续表

定 额 编 号			A3-8-91	A3-8-92	A3-8-93
项 目 名 称			球罐容积(m³)		
			1500	2000	3000
名 称	单位	单价(元)	消	耗	量
材料	进风套筒 Φ320×560×4	套	101.71	0.250	0.250	0.250
	燃油喷嘴 1～2号	件	0.60	0.500	0.500	0.500
	热电偶 1000℃ 1m	个	113.68	30.000	32.000	40.000
	热电偶固定螺母	个	1.52	17.000	17.000	17.000
	铜芯塑料绝缘电线 BV-10mm²	m	3.68	—	—	6.000
	铜芯塑料绝缘电线 BV-8mm²	m	3.42	—	—	9.000
	烟囱 Φ500～600×2000×4	个	788.03	0.200	0.200	0.200
	氧气	m³	3.63	38.910	47.190	63.750
	液化气	kg	6.42	1700.000	2000.000	2450.000
	乙炔气	kg	10.45	12.970	15.730	21.250
	油过滤器	个	74.36	0.250	0.250	0.250
	油缓冲罐 Φ377×800×8	台	823.00	0.200	0.200	0.200
	支柱移动装置	kg	4.96	917.030	1164.060	1492.200
	主付点火器	套	341.88	0.250	0.250	0.250
	贮油罐 Φ1000×2000×8	台	3500.00	0.200	0.200	0.200
	转子流量计 TZB-25 1000t/min	支	1659.83	0.500	0.500	0.500
	其他材料费占材料费	%	—	2.000	2.000	2.000
机械	齿轮油泵 2.5L/min	台班	76.34	7.600	7.600	7.600
	电动空气压缩机 9m³/min	台班	317.86	7.600	7.600	7.600
	直流弧焊机 32kV·A	台班	87.75	13.861	16.815	21.806

工作内容：保温被、保温被压缚机构、立柱移动装置的制作、安装、拆除,热处理装置的设置,拆除、点火升温、恒温、降温,球罐复原,整理记录等。

计量单位：台

定　额　编　号				A3-8-94	A3-8-95	A3-8-96
项　目　名　称				球罐容积(m³)		
				4000	5000	6000
基　　　价　（元）				241068.57	306048.52	389471.87
其中	人　工　费（元）			101734.64	127168.16	158960.34
	材　料　费（元）			131542.21	169889.80	220022.20
	机　械　费（元）			7791.72	8990.56	10489.33
名　　称		单位	单价（元）	消　　耗　　量		
人工	综合工日	工日	140.00	726.676	908.344	1135.431
材料	保温被压缚结构	kg	4.27	626.000	907.700	1316.165
	玻璃布	m²	1.03	2638.800	3826.260	5548.077
	补偿导线 EV2×1mm²	m	2.14	150.000	150.000	150.000
	不锈钢板	kg	22.00	203.520	295.104	427.901
	不锈钢六角螺栓带螺母 M10×20	套	0.15	82.720	119.944	173.919
	柴油	kg	5.92	5600.000	6200.000	6700.000
	弹簧压力表	个	23.08	1.800	1.800	1.800
	导向支架	套	230.77	0.250	0.250	0.250
	低碳钢焊条	kg	6.84	137.064	171.330	214.163
	镀锌钢丝网 φ1.6×20×20	m²	16.24	2638.800	3826.260	5548.077
	镀锌铁丝 12号	kg	3.57	48.060	69.687	101.046
	法兰阀门 DN20	个	29.91	6.000	6.000	6.000
	分气罐 φ377×800×8	台	823.00	0.200	0.200	0.200
	钢丝绳 φ20	m	12.56	73.904	107.161	155.383
	高硅氧棉绳	kg	16.24	66.006	95.709	138.778
	夹布胶管(耐油) φ100	m	56.24	24.000	24.000	24.000
	夹布胶管(耐油) φ25	m	23.93	33.000	33.000	33.000
	夹布胶管(耐油) φ50	m	46.58	36.000	36.000	36.000
	进风套筒 φ320×560×4	套	101.71	0.250	0.250	0.250

383

续表

定 额 编 号			A3-8-94	A3-8-95	A3-8-96
项 目 名 称			球罐容积(m³)		
			4000	5000	6000
名 称	单位	单价(元)	消 耗 量		
材 **料** 燃油喷嘴 1~2号	件	0.60	0.500	0.500	0.500
热电偶 1000℃ 1m	个	113.68	45.000	50.000	55.000
热电偶固定螺母	个	1.52	17.000	19.000	19.000
铜芯塑料绝缘电线 BV-10mm²	m	3.68	6.000	6.000	6.000
铜芯塑料绝缘电线 BV-8mm²	m	3.42	9.000	9.000	9.000
烟囱 φ500~600×2000×4	个	788.03	0.200	0.200	0.200
氧气	m³	3.63	73.082	91.353	114.191
液化气	kg	6.42	2850.000	3500.000	4000.000
乙炔气	kg	10.45	24.361	30.451	38.064
油过滤器	个	74.36	0.250	0.250	0.250
油缓冲罐 φ377×800×8	台	823.00	0.200	0.200	0.200
支柱移动装置	kg	4.96	1893.760	2745.952	3981.630
主付点火器	套	341.88	0.250	0.250	0.250
贮油罐 φ1000×2000×8	台	3500.00	0.200	0.200	0.200
转子流量计 TZB-25 1000t/min	支	1659.83	0.500	0.500	0.500
其他材料费占材料费	%	—	2.000	2.000	2.000
机 **械** 齿轮油泵 2.5L/min	台班	76.34	7.600	7.600	7.600
电动空气压缩机 9m³/min	台班	317.86	7.600	7.600	7.600
直流弧焊机 32kV·A	台班	87.75	54.653	68.315	85.395

工作内容：保温被、保温被压缚机构、立柱移动装置的制作、安装、拆除,热处理装置的设置,拆除、点火升温、恒温、降温,球罐复原,整理记录等。

计量单位：台

定　额　编　号			A3-8-97	A3-8-98
项　目　名　称			球罐容积(m³)	
			8000	10000
基　　　　价（元）			502402.81	651994.48
其中	人　工　费（元）		198700.32	248375.54
	材　料　费（元）		291339.87	388914.71
	机　械　费（元）		12362.62	14704.23
名　　称		单位	单价（元）	消　　耗　　量
人工	综合工日	工日	140.00	1419.288	1774.111
材料	保温被压缚结构	kg	4.27	1908.439	2767.237
	玻璃布	m²	1.03	8044.712	11664.832
	补偿导线 EV2×1mm²	m	2.14	150.000	150.000
	不锈钢板	kg	22.00	620.456	899.661
	不锈钢六角螺栓带螺母 M10×20	套	0.15	252.183	365.665
	柴油	kg	5.92	7500.000	8000.000
	弹簧压力表	个	23.08	1.800	1.800
	导向支架	套	230.77	0.250	0.250
	低碳钢焊条	kg	6.84	267.704	334.630
	镀锌钢丝网 φ1.6×20×20	m²	16.24	8044.712	11664.832
	镀锌铁丝 12号	kg	3.57	146.517	212.450
	法兰阀门 DN20	个	29.91	6.000	6.000
	分气罐 φ377×800×8	台	823.00	0.200	0.200
	钢丝绳 φ20	m	12.56	225.305	326.692
	高硅氧棉绳	kg	16.24	201.228	291.781
	夹布胶管(耐油) φ100	m	56.24	24.000	24.000
	夹布胶管(耐油) φ25	m	23.93	33.000	33.000
	夹布胶管(耐油) φ50	m	46.58	36.000	36.000
	进风套筒 φ320×560×4	套	101.71	0.250	0.250

续表

定 额 编 号			A3-8-97	A3-8-98
项 目 名 称			球罐容积(m³)	
			8000	10000
名 称	单位	单价(元)	消 耗 量	
燃油喷嘴 1～2号	件	0.60	0.500	0.500
热电偶 1000℃ 1m	个	113.68	60.000	65.000
热电偶固定螺母	个	1.52	19.000	19.000
铜芯塑料绝缘电线 BV-10mm²	m	3.68	6.000	6.000
铜芯塑料绝缘电线 BV-8mm²	m	3.42	9.000	9.000
材 烟囱 φ500～600×2000×4	个	788.03	0.200	0.200
氧气	m³	3.63	142.739	178.424
液化气	kg	6.42	4500.000	5000.000
乙炔气	kg	10.45	47.580	59.475
油过滤器	个	74.36	0.250	0.250
料 油缓冲罐 φ377×800×8	台	823.00	0.200	0.200
支柱移动装置	kg	4.96	5773.364	8371.378
主付点火器	套	341.88	0.250	0.250
贮油罐 φ1000×2000×8	台	3500.00	0.200	0.200
转子流量计 TZB-25 1000t/min	支	1659.83	0.500	0.500
其他材料费占材料费	%	—	2.000	2.000
机 齿轮油泵 2.5L/min	台班	76.34	7.600	7.600
械 电动空气压缩机 9m³/min	台班	317.86	7.600	7.600
直流弧焊机 32kV·A	台班	87.75	106.743	133.428

(2)电加热

工作内容：保温被、保温被压缚机构、立柱移动装置的制作、安装、拆除,热处理装置的设置,拆除、点火升温、恒温、降温,球罐复原,整理记录等。

计量单位：台

定 额 编 号				A3-8-99	A3-8-100	A3-8-101
项 目 名 称				球罐容积(m³)		
				50	120	200
基 价（元）				29180.64	36463.25	49233.66
其中	人 工 费（元）			17877.30	21821.66	26155.36
	材 料 费（元）			11053.25	14376.50	22674.83
	机 械 费（元）			250.09	265.09	403.47
名 称		单位	单价(元)	消 耗 量		
人工	综合工日	工日	140.00	127.695	155.869	186.824
材料	白钢元母线	10m	68.38	1.250	1.250	1.250
	保温被压缚结构	kg	4.27	62.940	84.184	130.030
	玻璃布	m²	1.03	166.000	216.000	356.000
	补偿导线 EV2×1mm²	m	2.14	11.250	11.250	11.250
	低碳钢焊条	kg	6.84	15.130	17.145	24.220
	电	kW·h	0.68	4440.000	6240.000	10730.000
	电加热器	个	420.00	4.000	5.600	9.700
	电热器检查接线	组	25.64	0.300	0.400	0.700
	镀锌钢丝网 φ1.6×20×20	m²	16.24	166.000	216.000	356.000
	镀锌铁丝 φ4.0～2.8	kg	3.57	3.000	3.600	6.000
	高硅氧棉绳	kg	16.24	4.150	5.400	9.130
	硅酸铝毡	kg	8.12	17.000	24.000	42.000
	铝芯塑料绝缘电线 BLV	1000m	3076.92	0.150	0.150	0.150
	热电偶 1000℃ 1m	个	113.68	8.000	10.000	10.000
	塑料绝缘控制电缆 KVV	100m	2.14	0.600	0.600	0.600
	压根线端子	个	7.68	3.600	4.960	8.600
	氧气	m³	3.63	8.000	9.144	12.930
	乙炔气	kg	10.45	2.670	3.051	4.310
	支柱移动装置	kg	4.96	223.390	236.759	321.560
	其他材料费占材料费	%	—	2.000	2.000	2.000
机械	直流弧焊机 32kV·A	台班	87.75	2.850	3.021	4.598

工作内容：保温被、保温被压缚机构、立柱移动装置的制作、安装、拆除,热处理装置的设置,拆除、点火升温、恒温、降温,球罐复原,整理记录等。

计量单位：台

定　额　编　号				A3-8-102	A3-8-103	A3-8-104
项　目　名　称				球罐容积(m³)		
				400	650	1000
基　　　价（元）				73815.31	94124.82	118410.52
其中	人　工　费（元）			36226.54	43902.04	52864.56
	材　料　费（元）			36981.89	49462.51	64588.96
	机　械　费（元）			606.88	760.27	957.00
名　　　称		单位	单价(元)	消　　耗　　量		
人工	综合工日	工日	140.00	258.761	313.586	377.604
材料	白钢元母线	10m	68.38	1.250	1.250	1.250
	保温被压缚结构	kg	4.27	216.340	274.910	365.040
	玻璃布	m²	1.03	612.800	792.000	1059.200
	补偿导线 EV2×1mm²	m	2.14	11.250	11.250	11.250
	低碳钢焊条	kg	6.84	36.410	45.600	57.410
	电	kW·h	0.68	18000.000	24600.000	32590.000
	电加热器	个	420.00	16.200	22.000	29.000
	电热器检查接线	组	25.64	1.200	1.600	2.200
	镀锌钢丝网 φ1.6×20×20	m²	16.24	612.800	792.000	1059.200
	镀锌铁丝 φ4.0～2.8	kg	3.57	10.000	13.000	18.000
	高硅氧棉绳	kg	16.24	15.320	21.960	26.480
	硅酸铝毡	kg	8.12	70.000	96.000	127.000
	铝芯塑料绝缘电线 BLV	1000m	3076.92	0.150	0.150	0.150
	热电偶 1000℃ 1m	个	113.68	14.000	22.000	25.000
	塑料绝缘控制电缆 KVV	100m	2.14	0.600	0.600	0.600
	压根线端子	个	7.68	14.400	19.700	26.000
	氧气	m³	3.63	19.420	24.320	30.630
	乙炔气	kg	10.45	6.470	8.110	10.210
	支柱移动装置	kg	4.96	435.610	552.380	670.090
	其他材料费占材料费	%	—	2.000	2.000	2.000
机械	直流弧焊机 32kV·A	台班	87.75	6.916	8.664	10.906

三、钢板开卷与平直

工作内容：卷板展开、号料、切割、平整、堆放。　　　　　　　　　　　　计量单位：t

定　额　编　号				A3-8-105	A3-8-106
项　目　名　称				钢板厚度(mm以内)	
				5	8
基　　　　　　　　价（元）				638.06	485.12
其中	人　工　费（元）			194.04	136.50
	材　料　费（元）			186.79	144.95
	机　械　费（元）			257.23	203.67
名　　　称		单位	单价（元）	消　　耗　　量	
人工	综合工日	工日	140.00	1.386	0.975
材料	钢板 δ6～12	kg	3.18	—	40.000
	热轧薄钢板 δ2.0～6.0	kg	3.93	40.000	—
	氧气	m³	3.63	3.400	2.140
	乙炔气	kg	10.45	1.130	0.710
	其他材料费占材料费	%	—	3.000	1.800
机械	板料校平机 10×2000mm	台班	914.33	0.219	0.190
	叉式起重机 6t	台班	544.90	0.067	0.034
	电动单筒慢速卷扬机 50kN	台班	215.57	0.095	0.053

四、现场组装平台铺设与拆除

工作内容：道木摆放找平、排放钢轨(管)、铺钢板、组对点焊、拆除、材料集中堆放。　　　　计量单位：座

定　额　编　号			A3-8-107	A3-8-108	A3-8-109
项　目　名　称			钢管平台		
			100m²	150m²	300m²
基　　　价（元）			13340.54	18822.64	32235.35
其中	人　工　费（元）		3394.44	4493.16	6683.46
	材　料　费（元）		6037.38	8821.90	17574.35
	机　械　费（元）		3908.72	5507.58	7977.54
名　　　称	单位	单价（元）	消　　耗　　　量		
人工　综合工日	工日	140.00	24.246	32.094	47.739
材料　道木	m³	2137.00	0.270	0.390	0.750
低碳钢焊条	kg	6.84	5.360	7.190	13.180
钢板垫板	kg	5.13	118.690	169.080	322.060
钢管	kg	4.06	451.300	646.500	1321.600
热轧厚钢板 δ8.0～20	kg	3.20	837.300	1256.000	2512.000
氧气	m³	3.63	17.900	24.040	44.050
乙炔气	kg	10.45	5.970	8.010	14.680
其他材料费占材料费	%	—	3.000	3.000	3.000
机械　电焊条恒温箱	台班	21.41	0.610	0.798	1.192
电焊条烘干箱 60×50×75cm³	台班	26.46	0.610	0.798	1.192
剪板机 20×2500mm	台班	333.30	0.475	0.646	0.950
汽车式起重机 16t	台班	958.70	3.325	4.750	6.840
直流弧焊机 32kV·A	台班	87.75	6.080	7.980	11.924

390

工作内容：道木摆放找平、排放钢轨(管)、铺钢板、组对点焊、拆除、材料集中堆放。　计量单位：座

定　额　编　号			A3-8-110
项　目　名　称			钢管平台
			每增减10m²
基　　　价（元）			1572.46
其中	人　工　费（元）		218.40
	材　料　费（元）		1086.90
	机　械　费（元）		267.16
名　　称	单位	单价（元）	消　耗　量
人工	综合工日	工日	140.00	1.560
材料	道木	m³	2137.00	0.030
	低碳钢焊条	kg	6.84	0.430
	钢板垫板	kg	5.13	101.700
	钢管	kg	4.06	46.400
	热轧厚钢板　δ8.0～20	kg	3.20	83.700
	氧气	m³	3.63	1.440
	乙炔气	kg	10.45	0.480
	其他材料费占材料费	%	—	3.000
机械	电焊条恒温箱	台班	21.41	0.039
	电焊条烘干箱 60×50×75cm³	台班	26.46	0.039
	剪板机 20×2500mm	台班	333.30	0.038
	汽车式起重机 16t	台班	958.70	0.228
	直流弧焊机 32kV·A	台班	87.75	0.388

工作内容：道木摆放找平、排放钢轨(管)、铺钢板、组对点焊、拆除、材料集中堆放。 计量单位：座

定 额 编 号			A3-8-111	A3-8-112	A3-8-113
项 目 名 称			钢轨平台		
			100m²	150m²	300m²
基 价（元）			10768.78	15231.21	29000.71
其中	人 工 费（元）		2662.66	3524.22	6553.26
	材 料 费（元）		4965.89	7283.29	14436.78
	机 械 费（元）		3140.23	4423.70	8010.67
名 称	单位	单价（元）	消 耗 量		
人工	综合工日	工日	140.00	19.019	25.173	46.809
材料	道木	m³	2137.00	0.270	0.390	0.750
	低碳钢焊条	kg	6.84	5.360	7.190	13.180
	钢板垫板	kg	5.13	118.690	169.080	322.160
	轻便轨 24kg	kg	3.00	264.000	377.000	773.000
	热轧厚钢板 δ8.0～20	kg	3.20	837.300	1256.000	2512.000
	氧气	m³	3.63	17.900	24.040	44.050
	乙炔气	kg	10.45	5.970	8.010	14.680
	其他材料费占材料费	%	—	3.000	3.000	3.000
机械	电焊条恒温箱	台班	21.41	0.501	0.657	1.228
	电焊条烘干箱 60×50×75cm³	台班	26.46	0.501	0.657	1.228
	剪板机 20×2500mm	台班	333.30	0.380	0.517	0.950
	汽车式起重机 16t	台班	958.70	2.660	3.800	6.840
	直流弧焊机 32kV·A	台班	87.75	5.008	6.574	12.282

工作内容：道木摆放找平、排放钢轨(管)、铺钢板、组对点焊、拆除、材料集中堆放。　计量单位：座

定　额　编　号			A3-8-114
项　目　名　称			钢轨平台
			每增减10m²
基　　　价（元）			976.28
其中	人　工　费（元）		214.48
	材　料　费（元）		493.27
	机　械　费（元）		268.53
名　　称	单位	单价（元）	消　耗　量
人工	综合工日	工日	140.00	1.532
材料	道木	m³	2137.00	0.030
	低碳钢焊条	kg	6.84	0.430
	钢板垫板	kg	5.13	10.170
	轻便轨 24kg	kg	3.00	27.200
	热轧厚钢板 δ8.0~20	kg	3.20	83.700
	氧气	m³	3.63	1.440
	乙炔气	kg	10.45	0.480
	其他材料费占材料费	%	—	3.000
机械	电焊条恒温箱	台班	21.41	0.040
	电焊条烘干箱 60×50×75cm³	台班	26.46	0.040
	剪板机 20×2500mm	台班	333.30	0.038
	汽车式起重机 16t	台班	958.70	0.228
	直流弧焊机 32kV·A	台班	87.75	0.403

五、格架式抱杆安装与拆除

1.格架式金属抱杆安装与拆除

工作内容：主吊滑车系统、拖拉绳系统、封尾系统的设置,抱杆的连接、竖立、找正、封底、试吊、放倒及分解等。

计量单位：座

定 额 编 号			A3-8-115	A3-8-116	A3-8-117
项 目 名 称			抱杆规格(起重量/高度)		
			100t/50m	150t/50m	200t/55m
基 价（元）			58706.51	78768.13	85749.97
其中	人 工 费（元）		36644.16	53194.96	57125.04
	材 料 费（元）		3152.57	3927.10	4893.26
	机 械 费（元）		18909.78	21646.07	23731.67
名 称	单位	单价（元）	消 耗 量		
人工	综合工日	工日	140.00	261.744	379.964	408.036
材料	道木	m³	2137.00	0.980	1.250	1.600
	电焊条	kg	5.98	9.000	11.000	14.000
	镀锌铁丝 8号	kg	3.57	41.000	44.000	46.000
	钢板垫板	kg	5.13	42.000	54.000	68.000
	黄干油	kg	5.15	32.000	40.000	45.000
	机油	kg	19.66	12.000	14.000	16.000
	煤油	kg	3.73	28.000	30.000	33.000
	破布	kg	6.32	6.000	6.000	7.000
	石墨粉	kg	10.68	0.120	0.080	0.080
	氧气	m³	3.63	4.500	6.000	9.000
	乙炔气	kg	10.45	1.500	2.000	3.000
	其他材料费占材料费	%	—	2.148	2.116	2.060
机械	电动单筒慢速卷扬机 50kN	台班	215.57	7.600	8.550	9.500
	电动单筒慢速卷扬机 80kN	台班	257.35	3.800	4.750	5.225
	履带式拖拉机 50kW	台班	619.66	2.850	3.800	4.275
	平板拖车组 20t	台班	1081.33	0.950	0.950	0.950
	汽车式起重机 16t	台班	958.70	2.375	2.850	7.600
	汽车式起重机 32t	台班	1257.67	1.900	1.900	1.900
	汽车式起重机 8t	台班	763.67	5.700	6.650	1.900
	载重汽车 8t	台班	501.85	8.550	9.500	10.450
	直流弧焊机 20kV·A	台班	71.43	2.660	3.230	4.085

工作内容：主吊滑车系统、拖拉绳系统、封尾系统的设置,抱杆的连接、竖立、找正、封底、试吊、放倒
及分解等。

计量单位：座

定　额　编　号			A3-8-118	A3-8-119	A3-8-120
项　目　名　称			抱杆规格(起重量/高度)		
			250t/55m	350t/60m	500t/80m
基　　　价（元）			100198.80	118378.58	157346.92
其中	人　工　费（元）		62217.68	74340.14	95319.14
	材　料　费（元）		5595.27	6746.89	9215.30
	机　械　费（元）		32385.85	37291.55	52812.48
名　　称	单位	单价（元）	消　　耗　　量		
人工	综合工日	工日	140.00	444.412	531.001	680.851

名　　称	单位	单价（元）			
人工　综合工日	工日	140.00	444.412	531.001	680.851
材料　道木	m³	2137.00	1.820	2.240	3.150
电焊条	kg	5.98	16.000	18.000	26.000
镀锌铁丝 8号	kg	3.57	52.000	58.000	70.000
钢板垫板	kg	5.13	81.000	96.000	110.000
黄干油	kg	5.15	52.000	58.000	72.000
机油	kg	19.66	18.000	21.000	29.000
煤油	kg	3.73	37.000	40.000	48.000
破布	kg	6.32	8.000	8.000	10.000
石墨粉	kg	10.68	0.060	0.060	0.060
氧气	m³	3.63	12.000	15.000	21.000
乙炔气	kg	10.45	4.000	5.000	7.000
其他材料费占材料费	%	—	2.058	2.029	2.002
机械　电动单筒慢速卷扬机 50kN	台班	215.57	11.400	11.400	15.200
电动单筒慢速卷扬机 80kN	台班	257.35	5.700	7.600	11.400
履带式拖拉机 50kW	台班	619.66	4.750	5.700	7.600
平板拖车组 40t	台班	1446.84	1.425	1.425	1.900
汽车式起重机 16t	台班	958.70	8.550	9.500	13.300
汽车式起重机 50t	台班	2464.07	2.850	3.325	5.225
汽车式起重机 8t	台班	763.67	2.850	3.800	5.700
载重汽车 8t	台班	501.85	11.400	13.300	17.100
直流弧焊机 20kV·A	台班	71.43	4.750	5.700	8.170

2.格架式金属抱杆灵机安装与拆除

工作内容：灵机的组对、紧固检查与主抱杆连接、灵机主吊滑车及转向滑车设置、灵机竖立和调整、灵机与主抱杆的分解与放倒。

计量单位：组

定　额　编　号				A3-8-121	A3-8-122	A3-8-123	A3-8-124
项　目　名　称				单面吊重50t			
				抱杆高度			
				30m	40m	50m	60m
基　　　　　价（元）				9469.04	10022.46	11481.86	11979.98
其中	人　工　费（元）			4096.26	4649.68	5147.94	5646.06
	材　料　费（元）			715.91	715.91	829.77	829.77
	机　械　费（元）			4656.87	4656.87	5504.15	5504.15
名　　称		单位	单价（元）	消　　耗　　量			
人工	综合工日	工日	140.00	29.259	33.212	36.771	40.329
材料	道木	m³	2137.00	0.250	0.250	0.300	0.300
	镀锌铁丝 8号	kg	3.57	14.000	14.000	16.000	16.000
	黄干油	kg	5.15	6.000	6.000	6.000	6.000
	机油	kg	19.66	2.500	2.500	2.500	2.500
	煤油	kg	3.73	5.000	5.000	5.000	5.000
	破布	kg	6.32	1.000	1.000	1.000	1.000
	氧气	m³	3.63	1.200	1.200	1.200	1.200
	乙炔气	kg	10.45	0.400	0.400	0.400	0.400
	其他材料费占材料费	%	—	2.597	2.597	2.217	2.217
机械	电动单筒慢速卷扬机 50kN	台班	215.57	2.850	2.850	3.325	3.325
	电动单筒慢速卷扬机 80kN	台班	257.35	0.950	0.950	1.235	1.235
	汽车式起重机 16t	台班	958.70	2.375	2.375	2.755	2.755
	汽车式起重机 32t	台班	1257.67	0.380	0.380	0.475	0.475
	载重汽车 5t	台班	430.70	2.090	2.090	2.470	2.470
	载重汽车 8t	台班	501.85	0.285	0.285	0.333	0.333

工作内容：灵机的组对、紧固检查与主抱杆连接、灵机主吊滑车及转向滑车设置、灵机竖立和调整、灵机
与主抱杆的分解与放倒。

计量单位：组

定 额 编 号			A3-8-125	A3-8-126	A3-8-127	A3-8-128
项 目 名 称			单面吊重100t			
			抱杆高度			
			30m	40m	50m	60m
基 价（元）			11741.12	12128.64	13700.96	14254.52
其中	人 工 费（元）		5203.24	5590.76	6199.62	6753.18
	材 料 费（元）		959.98	959.98	1076.20	1076.20
	机 械 费（元）		5577.90	5577.90	6425.14	6425.14
名 称	单位	单价（元）	消 耗 量			
人工 综合工日	工日	140.00	37.166	39.934	44.283	48.237
材料 道木	m³	2137.00	0.350	0.350	0.400	0.400
镀锌铁丝 8号	kg	3.57	16.000	16.000	18.000	18.000
黄干油	kg	5.15	7.000	7.000	7.000	7.000
机油	kg	19.66	3.000	3.000	3.000	3.000
煤油	kg	3.73	6.000	6.000	6.000	6.000
破布	kg	6.32	1.000	1.000	1.000	1.000
氧气	m³	3.63	1.500	1.500	1.500	1.500
乙炔气	kg	10.45	0.500	0.500	0.500	0.500
其他材料费占材料费	%	—	2.183	2.183	2.159	2.159
机械 电动单筒慢速卷扬机 50kN	台班	215.57	3.325	3.325	3.610	3.610
电动单筒慢速卷扬机 80kN	台班	257.35	1.235	1.235	1.520	1.520
汽车式起重机 16t	台班	958.70	2.850	2.850	3.230	3.230
汽车式起重机 32t	台班	1257.67	0.475	0.475	0.570	0.570
载重汽车 5t	台班	430.70	2.375	2.375	2.850	2.850
载重汽车 8t	台班	501.85	0.380	0.380	0.428	0.428

工作内容：灵机的组对、紧固检查与主抱杆连接、灵机主吊滑车及转向滑车设置、灵机竖立和调整、灵机与主抱杆的分解与放倒。

计量单位：组

定 额 编 号				A3-8-129	A3-8-130	A3-8-131	A3-8-132
项 目 名 称				单面吊重150t			
				抱杆高度			
				30m	40m	50m	60m
基 价（元）				13799.68	14482.85	16136.81	16579.63
其中	人 工 费（元）			5978.14	6642.44	7251.30	7694.12
	材 料 费（元）			1114.86	1114.86	1125.55	1125.55
	机 械 费（元）			6706.68	6725.55	7759.96	7759.96
名 称		单位	单价（元）	消 耗 量			
人工	综合工日	工日	140.00	42.701	47.446	51.795	54.958
材料	道木	m³	2137.00	0.400	0.400	0.400	0.400
	镀锌铁丝 8号	kg	3.57	22.000	22.000	25.000	25.000
	黄干油	kg	5.15	8.000	8.000	8.000	8.000
	机油	kg	19.66	3.600	3.600	3.600	3.600
	煤油	kg	3.73	7.000	7.000	7.000	7.000
	破布	kg	6.32	1.000	1.000	1.000	1.000
	氧气	m³	3.63	1.800	1.800	1.800	1.800
	乙炔气	kg	10.45	0.600	0.600	0.600	0.600
	其他材料费占材料费	%	—	2.229	2.229	2.206	2.206
机械	电动单筒慢速卷扬机 50kN	台班	215.57	3.800	3.800	4.370	4.370
	电动单筒慢速卷扬机 80kN	台班	257.35	1.710	1.710	1.995	1.995
	汽车式起重机 16t	台班	958.70	3.325	3.325	3.705	3.705
	汽车式起重机 32t	台班	1257.67	0.650	0.665	0.855	0.855
	载重汽车 5t	台班	430.70	2.850	2.850	3.230	3.230
	载重汽车 8t	台班	501.85	0.428	0.428	0.570	0.570

3.转向抱杆

工作内容：转臂的组对、紧固、转盘安装转正、转盘索具安装调试、抱杆拆除放倒。　　计量单位：座

定　额　编　号				A3-8-133	A3-8-134	A3-8-135
项　目　名　称				抱杆高度15m以内		
				起重量		
				10t	20t	30t
基　　　　价（元）				18931.96	21015.99	22845.51
其中	人　工　费（元）			4871.16	5369.42	5812.24
	材　料　费（元）			1591.83	1713.35	1858.02
	机　械　费（元）			12468.97	13933.22	15175.25
名　　　称		单位	单价（元）	消　　耗　　量		
人工	综合工日	工日	140.00	34.794	38.353	41.516
材料	道木	m³	2137.00	0.560	0.590	0.630
	镀锌铁丝 8号	kg	3.57	25.000	28.000	30.000
	钢板垫板	kg	5.13	26.000	33.000	41.000
	黄干油	kg	5.15	6.500	7.000	7.500
	机油	kg	19.66	3.000	3.300	3.600
	煤油	kg	3.73	6.000	6.000	6.000
	破布	kg	6.32	1.500	1.500	1.500
	氧气	m³	3.63	2.400	2.400	2.400
	乙炔气	kg	10.45	0.800	0.800	0.800
	其他材料费占材料费	%	—	1.992	1.989	1.973
机械	电动单筒慢速卷扬机 50kN	台班	215.57	5.225	5.225	5.225
	电动单筒慢速卷扬机 80kN	台班	257.35	0.950	1.140	1.425
	履带式拖拉机 50kW	台班	619.66	2.850	3.800	4.275
	平板拖车组 40t	台班	1446.84	0.380	0.380	0.380
	汽车式起重机 16t	台班	958.70	1.140	1.425	1.710
	汽车式起重机 32t	台班	1257.67	1.425	1.425	1.425
	汽车式起重机 8t	台班	763.67	5.225	5.700	6.175
	载重汽车 8t	台班	501.85	3.800	4.180	4.655

工作内容：转臂的组对、紧固、转盘安装转正、转盘索具安装调试、抱杆拆除放倒。　　　　计量单位：座

定　额　编　号			A3-8-136	A3-8-137	A3-8-138
项　目　名　称			抱杆高度15m以上		
			起重量		
			10t	20t	30t
基　　　价（元）			27871.55	29546.95	32892.96
其中	人　工　费（元）		5646.06	6310.36	6919.36
	材　料　费（元）		2125.49	2336.91	2622.47
	机　械　费（元）		20100.00	20899.68	23351.13
名　　称		单位	单价（元）	消　　耗　　量		
人工	综合工日	工日	140.00	40.329	45.074	49.424
材料	道木	m³	2137.00	0.770	0.840	0.940
	镀锌铁丝 8号	kg	3.57	33.000	35.000	38.000
	钢板垫板	kg	5.13	26.000	33.000	41.000
	黄干油	kg	5.15	9.000	10.000	11.000
	机油	kg	19.66	4.000	4.500	5.000
	煤油	kg	3.73	7.500	7.500	7.500
	破布	kg	6.32	2.000	2.000	2.000
	氧气	m³	3.63	3.000	3.000	3.000
	乙炔气	kg	10.45	1.000	1.000	1.000
	其他材料费占材料费	%	—	2.009	1.993	1.975
机械	电动单筒慢速卷扬机 50kN	台班	215.57	6.650	6.650	6.650
	电动单筒慢速卷扬机 80kN	台班	257.35	1.900	2.280	2.565
	履带式拖拉机 50kW	台班	619.66	4.750	5.700	7.600
	平板拖车组 40t	台班	1446.84	0.475	0.475	0.475
	汽车式起重机 16t	台班	958.70	5.700	—	—
	汽车式起重机 32t	台班	1257.67	1.900	2.185	2.375
	汽车式起重机 50t	台班	2464.07	1.710	1.710	1.710
	汽车式起重机 8t	台班	763.67	—	6.460	7.220
	载重汽车 8t	台班	501.85	4.940	5.510	6.270

4.格架式金属抱杆水平位移

工作内容：抱杆位移滑道铺设及滚杠、道木铺设,索引卷扬机设置、索引滑轮组栓挂、拖拉绳索具设置、
抱杆位移、找正及固定等。

计量单位：座

定 额 编 号			A3-8-139	A3-8-140	A3-8-141
项 目 名 称			抱杆规格(起重量/高度)		
			100t/50m	150t/50m	200t/55m
基 价（元）			6744.72	8192.39	9101.75
其中	人 工 费（元）		2380.28	2767.66	3099.74
	材 料 费（元）		1709.42	2099.11	2359.12
	机 械 费（元）		2655.02	3325.62	3642.89
名 称	单位	单价（元）	消 耗 量		
人工	综合工日	工日	140.00	17.002	19.769	22.141
材料	道木	m³	2137.00	0.690	0.850	0.960
	方木	m³	2029.00	0.100	0.120	0.130
	其他材料费占材料费	%	—	1.907	1.902	1.893
机械	电动单筒慢速卷扬机 50kN	台班	215.57	2.945	3.325	3.800
	电动单筒慢速卷扬机 80kN	台班	257.35	3.325	3.325	3.800
	履带式拖拉机 50kW	台班	619.66	0.950	1.900	1.900
	汽车式起重机 16t	台班	958.70	—	—	0.475
	汽车式起重机 8t	台班	763.67	0.475	0.475	—
	载重汽车 6t	台班	448.55	0.475	0.475	0.475

401

工作内容：抱杆位移滑道铺设及滚杠、道木铺设，索引卷扬机设置、索引滑轮组栓挂、拖拉绳索具设置、抱杆位移、找正及固定等。

计量单位：座

定 额 编 号				A3-8-142	A3-8-143	A3-8-144
项 目 名 称				抱杆规格(起重量/高度)		
				250t/55m	350t/60m	500t/80m
基 价（元）				10157.25	11637.86	14511.08
其中	人 工 费（元）			3598.00	4206.86	5480.02
	材 料 费（元）			2813.96	3594.63	4395.74
	机 械 费（元）			3745.29	3836.37	4635.32
名 称		单位	单价（元）	消 耗 量		
人工	综合工日	工日	140.00	25.700	30.049	39.143
材料	道木	m³	2137.00	1.150	1.490	1.820
	方木	m³	2029.00	0.150	0.170	0.210
	其他材料费占材料费	%	—	1.885	1.858	1.861
机械	电动单筒慢速卷扬机 50kN	台班	215.57	4.275	4.275	4.275
	电动单筒慢速卷扬机 80kN	台班	257.35	3.800	3.800	5.700
	履带式拖拉机 50kW	台班	619.66	1.900	1.900	1.900
	汽车式起重机 16t	台班	958.70	0.475	0.570	0.760
	载重汽车 6t	台班	448.55	0.475	0.475	0.760

六、钢材半成品运输

工作内容：装车运输、卸车、堆放。

计量单位：10t

定 额 编 号			A3-8-145	A3-8-146	A3-8-147	A3-8-148
项 目 名 称			汽车运距		人力车运距	
			1km以内	每增加1km	1km以内	每增加1km
基 价（元）			788.06	50.71	554.85	112.50
其中	人 工 费（元）		128.52	9.52	553.42	112.14
	材 料 费（元）		14.68	0.37	1.43	0.36
	机 械 费（元）		644.86	40.82	—	—
名 称	单位	单价（元）	消 耗 量			
人工	综合工日	工日	140.00	0.918	0.068	3.953	0.801
材料	道木	m³	2137.00	0.006	—	—	—
	镀锌铁丝 8号	kg	3.57	—	—	0.400	0.100
	镀锌铁丝 Φ4.0	kg	3.57	0.400	0.100	—	—
	其他材料费占材料费	%	—	3.000	3.000	—	—
机械	汽车式起重机 16t	台班	958.70	0.428	0.026	—	—
	载重汽车 10t	台班	547.99	0.428	0.029	—	—

工作内容：装车运输、卸车、堆放。

计量单位：10t

定 额 编 号				A3-8-149	A3-8-150
项 目 名 称				拖车运距	
				1km以内	每增加1km
基 价（元）				704.97	59.39
其中	人 工 费（元）			117.60	6.30
	材 料 费（元）			22.80	21.73
	机 械 费（元）			564.57	31.36
名 称		单位	单价（元）	消 耗 量	
人工	综合工日	工日	140.00	0.840	0.045
材料	道木	m³	2137.00	0.010	0.010
	镀锌铁丝 8号	kg	3.57	0.400	0.100
机械	平板拖车组 10t	台班	887.11	0.342	0.019
	汽车式起重机 8t	台班	763.67	0.342	0.019